装备科技译著出版基金

薄膜光谱物理学导论(第2版)

The Physics of Thin Film Optical Spectra:
An Introduction (Second Edition)

【德】奥拉夫·斯坦泽尔(Olaf Stenzel) 著

刘华松 姜玉刚 冷 健 译

国防工业出版社

·北京·

著作权合同登记　图字:军-2019-018号

图书在版编目(CIP)数据

薄膜光谱物理学导论:第2版/(德)奥拉夫·斯坦泽尔(Olaf Stenzel)著;刘华松,姜玉刚,冷健译. —北京:国防工业出版社,2021.6
书名原文:The Physics of Thin Film Optical Spectra:An Introduction(Second Edition)
ISBN 978-7-118-12320-3

Ⅰ.①薄… Ⅱ.①奥… ②刘… ③姜… ④冷… Ⅲ.①薄膜-光谱学-物理学 Ⅳ.①O484

中国版本图书馆CIP数据核字(2021)第070298号

First published in English under the title.
The Physics of Thin Film Optical Spectra:An Introduction (Second Edition) by Olaf Stenzel.
Copyright © Springer International Publishing Switzerland,2016.
All right reserved.

※

国防工业出版社出版发行

(北京市海淀区紫竹院南路23号　邮政编码100048)
北京龙世杰印刷有限公司印刷
新华书店经销

*

开本710×1000　1/16　插页2　印张19¼　字数335千字
2021年6月第1版第1次印刷　印数1—2000册　定价168.00元

(本书如有印装错误,我社负责调换)

国防书店:(010)88540777　　书店传真:(010)88540776
发行业务:(010)88540717　　发行传真:(010)88540762

序

  亲爱的读者,我很高兴地看到您手里拿着我写的中文版教科书,或者在您的屏幕上阅读教科书的电子版。说实话,我是在这种不寻常,甚至不舒适的环境中写下这篇序言的;目前,德国的新冠状病毒危机还没有达到它的顶峰,我和众多科学家一样,只能在家中办公而不是在我们的研究机构中。

  当然,新冠状病毒在全球范围内的迅速传播在某种程度上也是全球化的结果,也许这是全球化的负面影响之一,我们也必须得接受这一点。尽管如此,我还是尽量保持乐观状态,因为毫无疑问,全球化有它非常积极的影响,其中之一就是科学和知识在全球范围内的传播。把这本书翻译成中文版是这一巨大全球化趋势的一点贡献。因此,还是让我们乐观一点吧!

  我想强调的是,我写的教科书在中国的传播对我个人来说有很大的价值。虽然我只去过中国两次,但我的一生都与中国的历史文化有着密切的联系。因此,作为一个男人,我喜欢阅读翻译的中国古典文学,并着迷于《水浒传》中梁山好汉的冒险故事。后来,我非常沉迷于中国咏春拳的练习。今天,我的许多学生来自中国,我非常欣赏他们对知识的渴望。

  当然,这一切都是从我母亲开始的,她学过汉学,说一口流利的普通话。我本想给她看一本我写的中文书,但不幸的是,她三个月前去世了。我必须要把这本中文译著献给我的母亲 Gertrud Stenzel,作为对她的纪念。

  我希望您从这本书中受益,祝您一切顺利,身体健康。

Olaf Stenzel

德国 耶拿

2020 年 3 月 21 日

译 者 序

　　光学薄膜在物理化学、材料科学、光电子学、光子学、太阳能转换、物理光学、半导体物理和激光等领域中广泛应用。随着人们对光谱区的认识和使用，在从 X 射线到毫米波很宽的电磁波谱内，基于不同光谱区的特征已经得到了各种各样的应用。薄膜的光谱特性是各种科学研究和工业应用的首要特性，可以实现光谱的分光、光束振幅调制、相位调控、色散修正等功能，光学薄膜元件已经成为光学望远系统、光学显微系统、光学测试仪器、光电设备等核心元件。

　　在薄膜的大量光学应用中，透明区特性是人们选择薄膜材料关注的重点。但是，对于薄膜光谱学的认识，仅仅局限于其透明区远远不够。由于光与薄膜的相互作用，透明区可以反映的信息少之又少，特别是在对薄膜的分析任务中，具有相当大的吸收光谱区比透明区更有趣。在光学干涉薄膜设计中，人们将尝试在所要求的光谱区应用具有尽可能低吸收损耗的材料。相反，在化学分析中，人们将特别关注吸收特征来判断样品的结构和化学计量比。薄膜光谱物理学不是从一般的固体或分子光谱学的观点来描述的。由于薄膜样品的特殊几何形状，与块状固体的光谱学相比，在薄膜光谱学中需要大量的数学描述修改，主要原因是薄膜的厚度通常在纳米或微米范围，而在其他两个(横向)维度上，它可能被认为延伸到无穷大。因此，从薄膜的光谱特性认识薄膜，无论对于薄膜材料的本征特性还是多层膜系统的设计都有重要的意义，而且对于光学薄膜的制备工艺具有指导意义。

　　在国内薄膜光学方面的专著较少，并且有关薄膜光谱物理方面的理论是大部分图书的一个章节，并未深入讨论薄膜光谱的物理机制。本书是目前国内外唯一的固体薄膜光谱物理方面的著作，2016 年出版了第 2 版。本书的作者 Olaf Stenzel 在夫琅禾费应用光学和精密工程研究所主要从事光学薄膜材料特性表征和开发工作，具有扎实的理论知识和丰富的实践经验，是光学薄膜技术领域内的著名科学家，在国际上具有较高的学术声誉。

　　本书包含了固体薄膜光谱中的主要物理问题，总结了分散在光谱学、光学、非线性光学、电动力学、固体物理学和理论物理学等论文和教科书中的大量事实和结果，论述了薄膜光谱的基本特征和固体薄膜光学特性的主要机理。除了各向同性的薄膜之外，本书还讨论了更复杂结构的光学特性，例如衍射光栅薄膜、金属岛膜、梯度折射率薄膜、各向异性薄膜和双折射光学元件、多层膜系统和色散镜。该书基础理论知识丰富，对于光学薄膜技术领域内的应用基础研究和工程技术研究具有重要的参考价值，适合光学薄膜技术领域工程技术人员、研究生和高年级本科生阅读和使用。

本书的主要内容包括，第一部分：光与物理相互作用的经典描述（线性介电极化率、自由电荷载流子和束缚电荷载流子的经典处理、基于振子模型的推导、克莱默斯-克罗尼格关系）；第二部分：在薄膜系统中的界面反射和干涉现象（平面界面、厚平板和薄膜、梯度折射率薄膜和多层膜、特殊几何结构）；第三部分：光与物质相互作用的半经典描述（爱因斯坦系数、介电函数的半经典处理、固体光学）；第四部分：非线性光学基础（非线性光学的一般基本效应）等。

在本书的翻译过程中，在中央军委装备发展部的装备科技译著出版基金、国家"万人计划"青年拔尖人才支持计划、天津市人才发展特殊支持计划高层次创新团队等资助下，得到了天津市人才发展特殊支持计划"高性能多层薄膜光学滤波器技术"创新团队、天津市创新人才推进计划"多功能一体化光学薄膜器件"创新团队核心骨干人员的大力支持。具体分工如下：刘华松研究员翻译了本书的序言、略缩词、第1章和第一部分（第2章到第5章）和第四部分（第13章和第14章），姜玉刚研究员翻译了本书的第二部分（第6章到第9章），冷健博士翻译了本书的第三部分（第10章到第13章），赵馨女士编辑了全文的所有公式。刘华松研究员负责全书的统稿和校对，季一勤研究员对全书的翻译文稿进行了审校。非常感谢国防工业出版社冯晨编辑的支持和帮助，没有她辛勤的工作本书也无法顺利出版。在本书的翻译过程中，还得到了单位领导和同事的理解、支持和帮助。

由于译者的学识水平所限，翻译工作中难免会存在错误或翻译不准确的地方，敬请广大读者，特别是同行专家、学者不吝赐教，提出宝贵的批评和建议，我们将不胜感激。

刘华松　姜玉刚　冷健
天津津航技术物理研究所

原 书 序

当我们打开一本新的教科书时,从一开始就回答了以下两个主要问题,这对我们非常有帮助:首先,如果读者还是大学生,那么这本书包含了哪些领域,以及它与读者的个人专业领域或他/她的计划研究领域的关系;其次,这本书展现的内容如何,以及从书中汲取所需知识需要付出多少努力。下面,我将尝试回答这两个问题。

现代科学和技术从未像现在这样具有跨学科性,这激起了广大学生对共同兴趣主题教科书的高需求,尽管这些学生以后将在不同的研究和应用领域工作。特别是薄膜光学已成为物理化学、材料科学、光电子学、光子学、太阳能转换、物理光学、半导体物理和激光等领域中非常重要的主题。本书不仅适合于准备在这些领域工作的博士生和研究生,而且对已相当了解薄膜光学的科学家和工程师也很有用。本书的内容与薄膜光谱的材料和几何结构特征有关,并且这些内容覆盖了前所未有的广度和深度,总结了分散在光谱学、光学、非线性光学、电动力学、固体物理学和理论物理学等论文和教科书中的大量事实和结果,论述了薄膜光谱的基本特征和固体薄膜光学特性的主要机理。除了各向同性的薄膜之外,教科书还讨论了更复杂结构的光学特性,例如衍射光栅薄膜、金属岛膜、梯度折射率薄膜、各向异性薄膜和双折射光学元件、多层膜系统和色散镜。这意味着本书与薄膜光学和光谱学的多个实际应用方面紧密相关。

个人认为,这本书是现代跨学科学习的最好、最合适的教材。该书的写作风格结合了物理学家的直觉和理解,并采用了高级的数学论述方法。所有新主题都以物理中基本思想的详细解释开始,这些解释都是以物理现象的理解为导向,然后进行数学上的推导。事实上,第一次阅读时可能会跳过其中的许多推导,读者可以在熟悉所研究主题的主要结果后再回到这些推导。在全书中有精心挑选的优秀实验例子来说明主要结果及其应用。总体而言,特别是对于具有本科物理学士学位基础知识水平的读者来说,这本书很容易阅读。

每位曾经给学生讲课的人都知道,一门课是如何逐年修改和完善的,这不仅是因为学生的直接反馈,而且还有讲课者本人对学生在课堂上反应的直观感觉。教材的主要内容已经呈现给大学生很多年了,他们的反馈对本书的写作风格和组织结构产生了非常积极的影响。我真的很喜欢读这本书,我希望更多读者能和我分享这种感觉。

Alexander Tikhonravov

俄罗斯　莫斯科

前　言

2014年秋天,克劳斯·阿斯彻恩(Claus Ascheron)(施普林格出版社)让我考虑本教材第二版的扩充和更新。我非常感谢给我的这个机会并很快同意了这一建议,原因如下:

(1) 从2005年第一版面世以来,我得到了包括学生、科学家、甚至是讲师在内所有读者的鼓励和积极的反馈。这个反馈对我来说非常重要,因为它使我相信,我最初的想法是写一本关于薄膜光学和光谱学基础知识的纯教科书,包括所有方程的数学推导,并将它们与基本的物理概念结合起来,这是正确并很有用的。因此,我很高兴能够改进、更新和修订这本教科书的部分内容,同时保留原始的教学概念和文本的逻辑细节。

(2) 我非常感谢安德烈亚斯·图涅尔曼(Andreas Tünnermann)教授、夫琅禾费应用光学和精密工程研究所(IOF)和弗里德里希·席勒-耶拿大学(FSU),让我有机会在耶拿大学的阿贝光子学学院撰写和阅读有关薄膜光学的课程。从2009年开始,我每年都要为物理或光子学的硕士生举办这些讲座。这些学生(实际上来自世界各地)为我的薄膜光学课程提供了至关重要的反馈。由于与我的学生们进行了卓有成效的合作,我很高兴修改本教材中的某些插图或扩展内容。

(3) 在多年的教学中,我发现了一些微小的错误以及在原版本(第一版)中一些不充分、不恰当或有误导性的解释。第二版提供了一个非常受欢迎和适当的体系,以便尽可能地改进文本和插图。

(4) 在本书的第一版出版的时候,一名德国的物理学专业学生完成了他的研究,获得了物理学硕士学位。如今,该研究分为两个部分:第一部分通过获得学士学位完成,第二部分通过获得硕士学位完成。我没有责任去判断这种变化是否有意义,无论如何,一本大学课程中使用的教科书,至少在界定受众时必须考虑到这种发展。因此,我花了一些时间学习为本科期间使用而编写的现代物理教材。我的结论是,本教材对任何已经获得物理学学士学位的人都是有用的,即具有学士学位的知识就足以从阅读本书中受益。我非常感谢施普林格出版社和沃尔特·德·格鲁伊特出版集团慷慨免费提供几本相关的现代教科书。

(5) 为读者提供在薄膜光学实践中非常有用的所有方程的推导是一件事,而另一件事则是提供合适的实例来验证理论与实践的相关性。当翻阅这本书后,你可能会觉得我的主要内容不是实验性的——我可能会让你相信你说的完全正确。对我来说,更重要的是与高技能的实验人员合作,他们同时拥有最强的理论背景知识,并且准备充分利用他们的实验设备,以证明实验和理论工作连贯互动的优越性。第一版的基本缺点是我还没有建立这样的合作,所以实例可能没有那么令人信服。在准备第二版时,我有幸与斯特芬·维尔布兰特(Steffen Wilbrandt)(IOF)进行了卓有成效的合作,他为我提供了高质量的实验样品,这些样品是在没有或有等离子体辅助的情况下通过电子束蒸发制备的。我也很感谢汉诺·海伊(Hanno Heiße)、海蒂·哈斯(Heidi Haase)和约瑟芬·沃尔夫(Josephine Wolf)提供相应的技术援助。迈克·特鲁别茨科夫(Mikhael trubetskov)和 OptiLayer 股份有限公司,很好地为我提供了色散镜的选定设计计算。彼得·弗拉奇(Peter Frach)和他的同事(Fraunhofer FEP)提供了关于溅射双带褶皱滤光片的实验资料。

我要感谢上述所有提到的人,如果没有他们的努力,我将无法提供这些实例。

在此背景下我想再次强调,本书旨在作为向读者介绍薄膜光学基本原理的教科书。据我所知,从这本书的第一版开始,这些基本原理没有改变。因此,第二版末尾的参考文献实际上与第一版相同。任何更新都与实际示例有关,为了方便起见,在这些情况下,相应的参考文献引用直接包含在正文中。因此,分散在正文中的参考文献是指具体(实验)示例的来源,而本书末尾的参考文献总结了与理解基本原理相关的主要文献。

2014 年,我撰写了另一部专著《光学薄膜:理论与实践中的材料特性》(施普林格,2014),该专著强调了薄膜光学材料方面的唯象学和说明性方法。它不是一本教科书,而是从内容和逻辑两个方面对本书进行了补充。当然,除了在阅读回顾基础知识时有些必要的重复外,这两本书不能相互取代:如果你正在寻找一种定量方法及其推导,请阅读这本书;如果你正在寻找一种关于这种定量方法如何在实践中应用,请阅读另一本书。或者更好的是把两本书都读一遍。

但我想把你们的注意力转到最后一个方面:表面光学和薄膜光学是跨学科的,具有最高的实用价值。它们对我们的日常生活影响最大,并从它们有时产生的具有挑战性的反馈中受益。因此,通过一位薄膜物理学家的眼睛来看待艺术作品、文学作品甚至风景画是我的爱好之一:寻找和发现艺术和科学之间令人兴奋的典故和类比。因此,我很高兴在《材料特性》一书中收入大量有关古典文学的引文。在本书中,由耶拿当地艺术家创作的艺术品被用来为相应的书籍章节提供背景氛围。我非常感谢布伦达·玛丽·杜赫蒂(Brenda Mary Doherty)和阿斯特丽德·莱瑞尔(Astrid Leiterer)允许在科学背景下展示他们美丽的图片或雕塑。亚历山大·斯滕达尔(Alexander Stendal)为我提供了几张漫画,突出强调了在日常经验中非均匀或色散介质中波传播的本质。

最后,我要向罗蒙诺索夫莫斯科国立大学(MSU)计算研究中心主任、我学习时代的老师亚历山大·吉洪拉沃夫(Alexander Tikhonravov)教授表示最深切的谢意,感谢他为本书的最新版本撰写了简明详尽的序言。除了他的科学声誉之外,我对亚历山大作为一名大学教师给予高度赞赏,因此本书的序言不仅为本书的潜在读者提供了有价值的信息,而且对我来说也是极大的激励和反馈。

Olaf Stenzel
德国,耶拿

第 1 版前言

本专著是固体薄膜光学特性领域的一本教材。它不是薄膜从业者的手册，即不包含干涉薄膜设计，也不是对该领域最新进展的综述。相反，它是一本跨越在光学、电动力学、量子力学、固体物理学的基础知识和典型薄膜光学研究论文中假定的更专业的知识之间鸿沟的教材。

在撰写本序言时，我觉得三点评论是有意义的，这在我看来它们是同样重要。它们来自以下三个问题(相互关联的)：

(1) 谁能从阅读本书中受益？
(2) 本书中特定选材的来源是什么？
(3) 谁在鼓励和支持我写这本书？

让我从第一个问题开始，即本书的潜在读者。它适用于任何参与薄膜样品光谱分析的人，无论样品是为光学用途还是其他用途而制备的。仅举几个例子，薄膜光谱学可能与半导体物理学、太阳能电池开发、物理化学、光电子学和光学镀膜开发有关，本书为读者提供了必要的理论方法，用于理解和建模记录的透射光谱和反射光谱的特征。

在阅读本书之前应该具备的知识包括，应对麦克斯韦方程和边界条件有一些了解，应该知道什么是哈密尔顿量以及求解薛定谔方程的好处。最后，给出了晶体固体能带结构基本知识的假设。这本书对任何在大学里听物理基础课程的人来说都是可以理解的。

本书的选材总是受到个人指导物理专业博士研究生经验的强烈影响。在很大程度上，选材源自于开姆尼茨工业大学物理研究所的教学活动。在那里我参与了大学对薄膜特性的研究，并作为讲师阅读了几门应用光谱学主体的课程，这段大学时光赋予了这本书更有"学术"特征。必须提到的是，当时我在德国出版了一本关于薄膜光学的教科书《薄膜光谱》，重点讨论了薄膜光学响应的方程化论述，但是这本专著绝不是那本德国书的译本。原因在于，在 2001 年秋季，我转到了德国耶拿的夫琅禾费应用光学和精密工程研究所(IOF)的光学薄膜部工作。从那时起，我的工作领域转向更多光学薄膜应用研究项目，主要开发可见光或近红外光谱区的光学薄膜。这本专著把 2001 年以前的大学教学和在夫琅禾费研究所更多的应用研究工作相结合在一起，决定了本专著的内容和独特的风格。

最后,请允许我感谢同行、同事和朋友对我写这本书的支持。首先,感谢克劳斯·阿斯凯罗(Claus Aschero)博士和诺伯特·凯泽(Norbert Kaiser)博士鼓励我写作,感谢诺伯特·凯泽博士批判性地阅读了手稿的几个部分。如果没有艾伦·肯普弗(Ellen Kämpfer)的技术支持,这本书永远不可能写出来。她参与编写了大量的方程、图形格式化以及最后对整个内容的整理,使得手稿得以顺利出版。马丁·比绍夫(Martin Bischoff)提供了进一步的技术支持。

关于本书中的实际例子,例如有机薄膜和无机薄膜的实测光谱,应该强调的是,所有这些都是在开姆尼茨工业大学(2001年夏天之前)和夫琅禾费应用光学和精密工程研究所IOF(2001年秋季之后)的研究工作中获得的。因此,要感谢薄膜光谱学研究小组(现在已经不存在)的前成员(在开姆尼茨工业大学物理研究所光谱和分子物理系),以及耶拿的夫琅禾费应用光学和精密工程研究所IOF光学薄膜部门的研究人员,这本书得益于这些研究机构中令人振奋的研究氛围。

Olaf Stenzel
德国,耶拿

目　　录

第1章　引言 ··· 1
　1.1　总论 ··· 1
　1.2　本书的内容 ·· 2
　1.3　一般问题 ·· 3
　1.4　关于约定的注释 ·· 5

第一部分　光与物理相互作用的经典描述

第2章　线性介电极化率 ··· 8
　2.1　麦克斯韦方程 ·· 8
　2.2　线性介质极化率 ·· 9
　2.3　线性光学常数 ·· 11
　2.4　一般性注释 ·· 13
　2.5　例：取向极化和德拜方程 ·· 14
　2.6　能量耗散 ·· 17

第3章　自由电荷和束缚电荷载流子的经典处理 ··························· 18
　3.1　自由电荷载流子 ·· 18
　　3.1.1　德鲁特方程I的推导 ·· 18
　　3.1.2　德鲁特方程II的推导 ··· 21
　3.2　束缚载流子的振子模型 ··· 23
　　3.2.1　主要思想 ·· 23
　　3.2.2　微观场 ··· 24
　　3.2.3　克劳修斯-莫索提和洛伦兹方程 ································· 26
　3.3　不同光谱区探测的物质 ··· 29
　3.4　空间色散 ·· 30
　3.5　尝试说明性方法 ·· 32

第4章　基于振子模型的推导 ··· 36
　4.1　自然线宽 ·· 36
　4.2　均匀和非均匀的谱线展宽机制 ·· 37
　　4.2.1　概述 ·· 37

XIII

- 4.2.2 碰撞展宽 ·· 38
- 4.2.3 多普勒展宽 ·· 38
- 4.2.4 布伦德尔(Brendel)模型 ··· 39
- 4.3 多自由度振子 ··· 40
- 4.4 塞默尔(Sellmeier)和柯西(Cauchy)方程 ································ 41
- 4.5 混合物的光学性质 ·· 44
  - 4.5.1 动机和例子 ·· 44
  - 4.5.2 麦克斯韦·加内特,布鲁格曼和洛伦兹混合模型 ············ 48
  - 4.5.3 金属-介电混合物及表面等离激元的注释 ······················ 51
  - 4.5.4 介电混合物和维纳边界 ··· 53
  - 4.5.5 孔隙效应 ·· 56
  - 4.5.6 用洛伦兹-洛伦茨方法研究无定形硅的折射率:模型计算 ······ 61

第5章 克莱默斯-克罗尼格(Kramers-Kronig)关系 68
- 5.1 克莱默斯-克罗尼格关系的推导 ·· 68
- 5.2 一些结论 ·· 71
- 5.3 第2~4章和本章的回顾 ··· 73
  - 5.3.1 主要结果概述 ··· 73
  - 5.3.2 问题 ·· 73

第二部分 在薄膜系统中的界面反射和干涉现象

第6章 平面界面 78
- 6.1 透射、反射、吸收和散射 ··· 78
  - 6.1.1 定义 ·· 78
  - 6.1.2 实验方面 ·· 80
  - 6.1.3 吸光度概念的说明 ··· 82
- 6.2 平面界面的影响:菲涅耳方程 ·· 83
- 6.3 光的全反射 ·· 89
  - 6.3.1 全反射的条件 ··· 89
  - 6.3.2 讨论 ·· 91
  - 6.3.3 衰减全反射 ·· 92
- 6.4 金属表面 ·· 93
  - 6.4.1 金属反射 ·· 93
  - 6.4.2 传播表面等离激元 ··· 96
- 6.5 各向异性材料 ·· 100

- 6.5.1 各向同性和各向异性材料之间的界面反射 ·················· 100
- 6.5.2 巨双折射光学 ······························· 103

第 7 章 厚平板和薄膜 ····························· 105
- 7.1 厚平板的透射率和反射率 ························· 105
- 7.2 厚板和薄膜 ······························· 109
- 7.3 薄膜的光谱 ······························· 112
- 7.4 特殊情况 ································ 114
  - 7.4.1 消阻尼 ······························ 114
  - 7.4.2 半波层 ······························ 116
  - 7.4.3 1/4 波长膜层 ··························· 117
  - 7.4.4 自支承薄膜 ···························· 118
  - 7.4.5 厚基板上的单层薄膜 ······················· 120
  - 7.4.6 逆向搜索程序的补充说明 ···················· 124

第 8 章 梯度折射率薄膜和多层膜 ······················ 133
- 8.1 梯度折射率薄膜 ····························· 133
  - 8.1.1 一般假设 ····························· 133
  - 8.1.2 s 偏振 ····························· 135
  - 8.1.3 p 偏振 ····························· 137
  - 8.1.4 透射率和反射率的计算 ····················· 138
- 8.2 多层膜系统 ······························· 143
  - 8.2.1 特征矩阵 ···························· 143
  - 8.2.2 单层均质薄膜的特征矩阵 ···················· 145
  - 8.2.3 膜堆的特征矩阵 ························ 145
  - 8.2.4 透射率和反射率的计算 ····················· 146

第 9 章 特殊几何结构 ···························· 149
- 9.1 1/4 波长膜堆和多层膜系统 ······················· 149
- 9.2 啁啾和色散镜 ······························ 153
  - 9.2.1 短脉冲光的基本特性:定性讨论 ················· 153
  - 9.2.2 啁啾反射镜设计的主要思路 ··················· 156
  - 9.2.3 一阶和二阶色散理论 ······················ 156
  - 9.2.4 色散镜的光谱目标和实例 ···················· 161
- 9.3 结构表面 ································ 165
- 9.4 共振光栅波导结构的评论 ························· 167
  - 9.4.1 总体思路 ···························· 167

9.4.2 传播模式和光栅周期 …… 168
9.4.3 传播模式之间的能量交换 …… 169
9.4.4 GWS 薄膜厚度的解析估算 …… 170
9.4.5 基于 GWS 的简单反射镜和吸收器设计示例 …… 172
9.5 第 6 章到本章的回顾 …… 177
9.5.1 主要结果概述 …… 177
9.5.2 进一步的实验实例 …… 178
9.5.3 问题 …… 183

第三部分 光与物质相互作用的半经典描述

第 10 章 爱因斯坦系数 …… 190
10.1 主要注释 …… 190
10.2 唯象学描述 …… 190
10.3 数学处理 …… 192
10.4 量子跃迁的微扰理论 …… 193
10.5 普朗克方程 …… 198
10.5.1 思路 …… 198
10.5.2 普朗克分布 …… 198
10.5.3 态密度 …… 199
10.6 偶极近似中爱因斯坦系数的表达式 …… 201
10.7 激光器 …… 204
10.7.1 粒子数反转和光放大 …… 204
10.7.2 反馈 …… 205

第 11 章 介电函数的半经典处理 …… 211
11.1 第一个建议 …… 211
11.2 用密度矩阵计算介电函数 …… 212
11.2.1 相互作用表象 …… 212
11.2.2 密度矩阵的介绍 …… 214

第 12 章 固体光学 …… 223
12.1 晶体介电函数的方程化处理（直接跃迁） …… 223
12.2 联合态密度 …… 227
12.3 间接跃迁 …… 231
12.4 无定形固体 …… 234
12.4.1 主要考虑 …… 234

12.5 第10~11章及本章内容回顾 ·················· 241
   12.5.1 主要结果概述 ·················· 241
   12.5.2 问题 ·················· 242

第四部分　非线性光学基础知识

第13章　非线性光学的一些基本效应 ·················· 250
13.1 非线性极化率:唯象学方法 ·················· 250
   13.1.1 总体思路 ·················· 250
   13.1.2 方程化处理和简单的二阶非线性光学效应 ·················· 251
   13.1.3 某些三阶效应 ·················· 257
13.2 非线性光学极化率的计算方案 ·················· 259
   13.2.1 宏观极化率和微观超极化率 ·················· 259
   13.2.2 计算光学超极化率的密度矩阵法 ·················· 260
   13.2.3 讨论 ·················· 264
13.3 本章的回顾 ·················· 267
   13.3.1 主要结果概述 ·················· 267
   13.3.2 问题 ·················· 268

第14章　结束语 ·················· 270

参考文献 ·················· 276

第1章 引 言

摘 要:薄膜光学/薄膜光谱学的主题可以作为涉及电磁辐射与物质的相互作用的更广泛现象的特殊情况来处理。这类现象的描述可以在经典力学和量子力学两个层次上进行,需要细致分析由材料特性以及特定的几何结构样品所引起的特殊效应。

1.1 总论

每当涉及电磁波的光谱实验时,电磁辐射与物质相互作用的知识是对实验结果理解的理论基础。例如,在分子和固态光学光谱中都是如此。光与物质的相互作用是许多分析测量方法的基础,这些方法在物理学、化学和生物学中都有应用。有大量的科学出版物和教科书讨论这个主题,那么写这本书的原因是什么呢?

主要原因是在本专著中,该主题是从薄膜光谱学者的特定视角来描述的,而不是从一般的固体或分子光谱学的角度来描述的。由于薄膜样品的特殊几何结构,在薄膜光谱学中,与其他物体的光谱学相比,人们需要对数学描述进行实质性修改。其原因是,薄膜的厚度通常在纳米或微米范围内,而在其他两个维度上(横向)被认为可以延伸到无穷大。当然,也有关于薄膜光学的专著(特别是光学薄膜设计)。然而,根据作者的经验,典型读者对这一主题的认识似乎与被认为理解高度专业化的科学文献的科学水平之间存在着差异。此外,光与物质的相互作用通常不作为单独的大学课程来讲授。因此,感兴趣的学生必须参考不同的课程或教科书来完善自己的知识,如普通光学、经典连续介质电动力学、量子力学和固体物理学等。

因此,作者旨在为读者提供一种关于光与物质相互作用的简洁表达方法(在适合于固体薄膜的特殊方法的范围内),从而消除读者在电动力学、量子力学基础知识与薄膜光学、光谱学的高度专业化文献之间的差距。

1.2 本书的内容

在大多数实际情况下,薄膜由固体材料制成。因此,本书中的特殊处理将主要涉及固体物质光谱学的细节。但是,在某些情况下,一般的光谱原理更容易被解释为参考物质的其他状态。谱线的非均匀展宽就是一个典型的例子,因为它最容易用在气体中观察得到的多普勒展宽来解释。在这种情况下,我们很高兴地先考虑气体的细节,以使一般原理更加清晰。

晶体固体可以是光学各向异性,很显然对于固体光谱学的全面有力度的论述必须考虑各向异性。但是,在本书中我们将主要限制在光学各向同性材料。这有几个原因:首先,基于对各向同性材料的数学上更简单的描述,可以理解许多与光谱学相关的物理原理,这对许多光学薄膜来说都是适用的。事实上,在光学薄膜的实践中,大多数情况下使用各向同性膜层模型是足够的。该规则有一些例外情况,在这些情况下必须考虑各向异性。例如,与菲涅耳方程有关的强双折射光学效应(GBO)(第 6 章)。在本书的结尾讨论非线性光学效应时(第 13 章),我们都将参考材料的各向异性。顺便说一下,本书第一部分介绍的去极化因子在一定程度上可以计算由材料形态引起的光学材料常数各向异性(第 3 章和第 4 章)。然而,这本书并没有讨论各向异性材料中波传播的细节。

在阐明了这些要点之后,让我们来谈谈这本书的总体结构。首先,应该清楚的是,假定读者具备一定的一般光学、电动力学和量子力学知识。这本书的目的不是讨论电磁波的横向性,也不是介绍线性或椭圆光偏振的术语。读者应该熟悉这样的基本知识,以及简单的热力学基础,如玻耳兹曼和麦克斯韦的统计。

基于这些知识,本书的第一部分(第 2~5 章)讨论了光学常数的经典处理。在经典处理中,电磁场和材料系统都将用经典(非量子力学)模型来描述。基于麦克斯韦方程组,我们将首先比较正式地介绍光学常数及其频率依赖性(色散),这将不得不引入诸如磁化率、极化率、介电函数和复折射率等重要术语。然后,我们将得推导出主要的经典色散模型(德拜模型,德鲁特模型和洛伦兹振子模型)。从洛伦兹方程开始,将广泛讨论混合物材料的光学特性。本书的第一部分将通过推导介电函数的 Kramers-Kronig 关系来完成。

第二部分(第 6~9 章)描述了在薄膜系统中的波传播,我们从菲涅耳方程开始讨论波在单界面上的透过和反射,这是薄膜光学中最重要的问题。由于这个原因,这些方程的讨论将是第 6 章的全部内容。为了强调这些方程的物理价值,我们将从中推导出各种光学和光谱效应。也就是说,本章将讨论布鲁斯特角、光的全反射和衰减全反射、金属反射、传播表面等离极化激元和已经提到的 GBO

效应。在第 7 章,读者将熟悉厚平板和单层薄膜的光学特性。第 8 章讨论梯度折射率薄膜和多层膜堆,特别介绍了计算光学薄膜的透射率和反射率的矩阵方法。在第 9 章中,讨论了一些特殊的情况,如简单的 1/4 波长膜堆、啁啾反射镜和光栅波导结构。

本书的第三部分(第 10~12 章)涉及光学常数的半经典处理。在这种方法中,电磁场仍然用麦克斯韦方程描述,而物质系统用薛定谔方程描述,目的是得到介电函数的半经典表达式,从而得到光学常数的半经典表达式。同样,读者被认为熟悉量子力学和固体物理学的基础知识,如波函数的一般性质、简谐振子的模型、微扰理论和布洛赫波。我们从爱因斯坦系数的推导开始(第 10 章)。作为这个推导的另一方面知识,我们熟悉了量子力学选择规则和普朗克黑体辐射方程。顺便说一下,我们获得了理解激光工作原理所必需的知识。在第 11 章中,将提出使用密度矩阵方法推导具有离散能级量子系统的介电极化率的一般半经典表达式。在第 12 章中,将推导出理论推广到固体光学常数的描述。

最后,第 13 章(本书非常短的第四部分)将讨论简单的非线性光学效应。

1.3 一般问题

我们必须考虑的基本问题是电磁辐射(光)与特定物质(薄膜系统)的相互作用。为了保持处理的简洁性,我们将把讨论限制在电偶极相互作用上。在本书中我们将假设:在电磁场多极展开的所有项中,电偶极子的贡献是占主导地位的,而其他(高阶电和所有磁)项可以忽略不计。

值得强调的是,这本书确实不涉及光学薄膜设计,它追求的是从实验中获得的薄膜光谱中提取信息的物理解释。因此,我们将从薄膜光谱学家所面临的实验情况开始。

在经典电动力学的理论体系中,任何类型的光(用于光学)都可以被看作是电磁波的叠加。光谱学(或更一般的光学表征)的想法非常简单:如果有一个要研究的物体(称之为样品),我们必须使它与电磁波(光)相互作用。电磁波与样品相互作用的结果是光的某些特性将被改变,这种电磁波特性的变化为我们提供了有关样品特性的信息。

对于足够低的光强度,这种相互作用过程不会损坏样品。因此,大多数光学表征技术属于材料科学中的非破坏性分析方法,这是光学方法的优点之一。

虽然光学表征的主要思想非常简单,但要将其应用于实践可能是一项复杂的任务。事实上,人们必须解决两个问题。第一个问题完全是实验性质的问题,光特性的改变(代表我们的信号)必须通过实验检测。对于标准任务,这个问题可以通过商用仪器来解决。第二个问题与建模更密切相关:从信号(可能只是图中的曲线)出发,得到样品的具体定量特性。

尽管研究人员具有直觉和能力来识别或开发合适的模型,但这部分可能包括严格的计算工作。因此,要想完整解决上述问题,需要研究人员熟练掌握实验技能和理论(甚至数学)。

现在让我们看图1.1。想象一下最简单的情况——单色平面光波入射到待研究的样品上。由于电偶极子相互作用的限制,我们只讨论光波的电场。在复数表示法中,光波的电场可以写成下式:

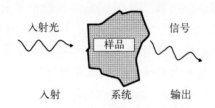

图1.1 电磁波与样品相互作用的光信号

$$E = E(t, r) = E_0 e^{-i(\omega t - kr)} \tag{1.1}$$

表征入射光的参数是已知的(角频率 ω、强度(取决于振幅 E_0)、光的偏振(E_0 的方向)、传播方向(k 的方向))。进一步想象一下,由于光与样品的相互作用,我们可以检测到电磁波特性变化,与样品相互作用可能会改变电磁波的哪些特性?

原则上,它们都可能发生了变化。与样品的相互作用绝对有可能导致光频率的变化,典型的例子是拉曼散射或某些非线性光学过程。光的偏振方向也可能改变,椭圆偏振测量技术检测偏振变化并利用它们来判断样品的特性。显然,光强度可能会改变(在大多数情况下,光强度会衰减),这就产生了许多基于强度变化测量来分析样品特性的光度分析方法。最后,大家都知道光的折射会导致光的传播方向改变,许多折射率仪都利用这种效应来测定样品的折射率。

所以我们看到,表征电磁辐射参数的多样性(实际上比这里提到的要多)可能会使光学表征技术的多样化。

我们现在已经制订了我们的任务:从分析与样品相互作用后电磁辐射的某些参数开始,我们希望获得关于样品本身特性的知识。我们可以使用哪些类型的样品?

简而言之,来自样品的电磁波包含了有关样品材料和样品几何结构的信息(以及实验上获得几何结构,但后者通常为我们所知)。如果人们对材料纯特性感兴趣,则必须通过实验或计算来消除样品几何结构对信号的影响。在更糟糕的情况下(薄膜光谱属于这些更坏的情况),几何结构信息和材料信息以非常复杂的方式混合在光谱中。在薄膜系统中,这是由各个膜层界面处光的多次内反射引起的电场相干叠加所引起的。样品几何结构的贡献通过实验消除通常是不可能的,通过相应的数学方法建立材料特性与几何结构特性的关联。结果是,我们同时获得了关于样品材料特性(例如折射率)和几何结构信息(例如薄膜厚度)。

为了使薄膜光谱的理论处理更容易理解,我们将在后续的两个步骤中发展这一理论。第一步是描述材料纯参数,如折射率、吸收系数、静态介电常数等。我们将提出几个模型来描述不同相关物理系统中的这些参数。第二步是在给定材料参数和给定几何结构的系统中求解出麦克斯韦方程组。在我们的特殊情况下,将对薄膜系统执行此操作。结果,我们获得了离开系统后波的电场,其特性取决于系统的材料和几何结构。通过计算电场,可以从理论上推导出上述的所有信号特征。在本书中,相关的描述方法都符合这一原则。

在光谱学实践中,我们将以类似的方式进行。从对样品特性的假设开始,对样品的测量光谱进行理论分析,包括其材料特性和几何结构特性。然后求解麦克斯韦方程组,并将计算结果与实验结果进行比较。由此可以判断先前对系统所做的假设是否合理,如果假设不合理则必须改变假定的样品特性,直到实验和理论达到令人满意的一致结果。

1.4 关于约定的注释

让我们对写下方程(1.1)时提出的一项隐含约定做出解释。当然,在单色平面波中电场的自然书写将只使用实函数和系数。对于这样的实电场,我们可以使用如下的描述:

$$E_{\text{real}}(t,\boldsymbol{r}) = E_{0,\text{real}} \cos(\omega t - \boldsymbol{k}\boldsymbol{r} + \varphi) \tag{1.2}$$

然而,余弦函数似乎对于我们进一步的数学处理来说很不方便。另一方面,它可以写为

$$E_{\text{real}}(t,\boldsymbol{r}) = \frac{1}{2}\left[E_{0,\text{real}} \mathrm{e}^{-\mathrm{i}(\omega t - \boldsymbol{k}\boldsymbol{r})} \mathrm{e}^{-\mathrm{i}\varphi} + E_{0,\text{real}} \mathrm{e}^{\mathrm{i}(\omega t - \boldsymbol{k}\boldsymbol{r})} \mathrm{e}^{\mathrm{i}\varphi}\right] \equiv E_0 \mathrm{e}^{-\mathrm{i}(\omega t - \boldsymbol{k}\boldsymbol{r})} + c.c \tag{1.3}$$

式中:$c.c$ 表示前面表达式的共轭复数。结果表明,初始的实电场可以表示为复数场及其共轭复数的和,而后者不包含任何新的物理信息。在此,我们引入复振幅 E_0 为

$$E_0 \equiv \frac{E_{0,\text{real}} \mathrm{e}^{-\mathrm{i}\varphi}}{2} \tag{1.4}$$

在实际中,根据方程(1.3)和方程(1.4)的复电场 $E(t,\boldsymbol{r})$ 来构建进一步的理论似乎更方便,而不是使用方程(1.2)的实数电场。因此,利用方程(1.1)定义复电场,将复共轭加到方程(1.1)时可得到初始的实电场。或者换句话说:
$$E_{\text{real}}(t,\boldsymbol{r}) = 2\text{Re}E(t,\boldsymbol{r}) \tag{1.5}$$
式中:$E(t,\boldsymbol{r})$ 由方程(1.3)和方程(1.4)给出。但是,选择方程(1.1)来描述复电场的定义是一个特殊的约定,始终贯穿本书。当我们看到方程(1.3)时,很明显可以写成下式:
$$E_{\text{real}}(t,\boldsymbol{r}) = \frac{1}{2}\left[E_{0,\text{real}}\text{e}^{+\text{i}(\omega t-\boldsymbol{k}\boldsymbol{r})}\text{e}^{+\text{i}\varphi} + E_{0,\text{real}}\text{e}^{-\text{i}(\omega t-\boldsymbol{k}\boldsymbol{r})}\text{e}^{-\text{i}\varphi}\right] \equiv E_0\text{e}^{+\text{i}(\omega t-\boldsymbol{k}\boldsymbol{r})} + c.c$$

$$E_0 = \frac{E_{0,\text{real}}\text{e}^{+\text{i}\varphi}}{2}$$

在方程(1.1)中,指数无论选择正号还是负号都没有物理意义,这只是两个不同的约定。但是,一旦我们决定了使用其中一项约定,在下文中应严格遵守以避免约定的混乱。在我们的实际表达中,将使用方程(1.1)中固定的负号。在其他资料来源中,可以使用另一种约定,这将导致下面推导出的方程不同。

在阐明了我们方法的一般特征后,现在开始介绍线性光学极化率。

第一部分 光与物理相互作用的经典描述

在圣彼得堡皇村凯瑟琳公园的大理石桥

德国耶拿阿斯特里德·莱特(Astrid Leiterer)的绘画和摄影作品(www.astrid-art.de),照片经许可转载。这幅画展示了池塘中历史悠久的俄罗斯建筑的漫反射和镜面反射的迷人相互作用。

第 2 章 线性介电极化率

摘　要：在电偶极近似中,电磁辐射与物质的相互作用导致介质的感应电极化。在此基础上,用复线性介质极化率完全定义了均匀各向同性介质的线性光学材料特性。材料的色散(即频率依赖性)来自于基本的物理原理,从极化率可以直接计算频率依赖性的复介电函数和复折射率。复折射率的实部(通常是折射率)和虚部(消光系数)构成了介质的线性光学常数对。折射率定义了在介质中电磁波的相速度,而消光系数则描述了阻尼效应。

2.1　麦克斯韦方程

　　任何光学现象都和电磁辐射与物质的相互作用有关。每当我们看到风景、照片、绘画等时,眼睛就会接收从被观察物体发出的光。这些光可能是从物体本身发出的(例如,不建议直视的太阳或雷雨中的闪电),也可能源于日光的镜面反射和漫反射,如在前一页上大理石桥绘画所表现出的色彩变化。当然,这种反射辐射的特殊特性在某种程度上是由日光与物体的相互作用过程决定的。因此,辐照包含了关于物体特性的某些信息。了解光与物质相互作用的机制,是我们以定量方式揭示这些信息的关键。

　　在理论上,可以在不同难度层级下处理光与物理的相互作用。例如,可以使用纯粹的经典描述,另一方面,有可能建立强量子力学理论。在实际应用中,许多具有重要实际意义的问题只能用经典模型来解决。因此,我们将从辐射与物质相互作用的经典描述开始处理。

　　纯粹的经典描述使用麦克斯韦方程来描述电场和磁场,使用经典模型(例如牛顿运动方程)描述任意地球物质中存在的电荷载流子动力学。相反,在电磁场的量子化(所谓的二次量子化)和物质的量子理论描述的理论体系内,量子力学方法也是可能的。当必须在很高理论能级上描述自发光效应时(非线性光学中的自发发射、自发拉曼散射或自发顺磁相互作用),这种描述是必要的。在应用光谱学中,由于数学的复杂性,精确的量子力学描述常常被省略,取而代之的是所谓的半经典处理。在这里,物质的特性用量子力学模型描述,而场则在麦克斯韦理论的体系内处理。因此,在经典和半经典方法中麦克斯韦方程都可使用,所以我们从这些方程开始讨论,如下。

$$
\begin{aligned}
&(1)\ \text{div}\ \boldsymbol{B}=0\\
&\qquad\qquad \boldsymbol{B}=\mu_0(\boldsymbol{H}+\boldsymbol{M})\\
&(2)\ \text{curl}\ \boldsymbol{E}=-\frac{\partial \boldsymbol{B}}{\partial t}\\
&(3)\ \text{div}\ \boldsymbol{D}=0\\
&(4)\ \text{curl}\ \boldsymbol{H}=\frac{\partial \boldsymbol{D}}{\partial t}\\
&\qquad\qquad \boldsymbol{D}=\varepsilon_0 \boldsymbol{E}+\boldsymbol{P}
\end{aligned}
\qquad (2.1)
$$

式中:$\boldsymbol{E}$ 和 $\boldsymbol{H}$ 分别代表电场和磁场的矢量;$\boldsymbol{D}$ 和 $\boldsymbol{B}$ 分别代表电位移和磁感应强度;$\boldsymbol{P}$ 为介质的极化强度;$\boldsymbol{M}$ 为介质的磁化强度。在方程(2.1)中,既不存在自由电荷载流子密度,也不存在电流密度。记住,光学处理的是快速振荡的电场和磁场,没有必要单独处理"自由"电荷——由于周期短,它们只会在平衡位置附近振荡,与束缚电荷非常相似。因此,在我们的描述中,位移矢量包含了自由电荷和束缚电荷的信息。在极少数情况下,带有自由电子的物质的静态响应在本书的体系中变得很重要,无法在方程(2.1)中进行处理,需要单独讨论。

在下文中,我们将假设介质通常是非磁性($\boldsymbol{M}$ 是零矢量)并且是各向同性的。光学各向异性材料将在后面的特定章节中进行处理,但为了简单起见,我们现在假设材料为各向同性。当忽略磁化效应时,从方程(2.1)可以直接获得:

$$\text{curl curl}\ \boldsymbol{E}=\text{grad div}\ \boldsymbol{E}-\Delta \boldsymbol{E}=-\mu_0\frac{\partial^2 \boldsymbol{D}}{\partial t^2} \qquad (2.2)$$

这是一个含有两个未知矢量的方程。为了进一步处理,需要在矢量 $\boldsymbol{E}$ 和 $\boldsymbol{D}$ 之间建立一个关系,这将在第 3 章中介绍。

2.2 线性介质极化率

让我们假设具有完全任意时间依赖性的快速变化的电场与物质相互作用。人们自然会期望电场通常会同时移动正负电荷,从而在材料系统中产生宏观偶极矩。极化 $\boldsymbol{P}$ 定义为单位体积的偶极矩,当然,它的时间依赖性取决于 $\boldsymbol{E}$ 的时间依赖性。目前,我们忽略了 $\boldsymbol{E}$ 和 $\boldsymbol{P}$ 的空间依赖性,因为它不是进一步推导的核心。一般来说,极化是场 $\boldsymbol{E}$ 的一个非常复杂的函数 $\boldsymbol{F}$:

$$\boldsymbol{P}(t)=\boldsymbol{F}[\boldsymbol{E}(t'\leqslant t)] \qquad (2.3)$$

当然,介质的极化是假设电场作用的结果(在这里和下文中,我们不考虑铁电体)。由于因果关系原理,在给定时间 t 的极化取决于同一时刻以及先前时刻 t' 的场,而不取决于未来的场行为。这就是条件的含义: $t' \leq t$。为了符合方程(2.3)的要求,我们假设极化与电场的函数关系如下所示:

$$\boldsymbol{P}(t) = \varepsilon_0 \int_{-\infty}^{t} \kappa(t,t') \boldsymbol{E}(t') \mathrm{d}t' \tag{2.4}$$

方程(2.4)假设,任意时刻 t 的极化主要取决于当前和之前所有时刻的场一次幂,因为它来自根据前面提到的因果关系原则选择的积分区间。系统"记住"前一时刻场强的具体方式隐藏在响应函数 $\kappa(t,t')$ 中,该函数对于任何材料都是特定的。方程(2.4)实际上是方程(2.3)展开为 $\boldsymbol{E}$ 的泰勒幂级数的第一项(线性)。

由于我们只保留了该级数的第一个(线性)项,因此从方程(2.4)产生的所有光学效应形成了线性光学领域,方程(2.4)表示线性光学中物质方程的通用写法。

通常,当材料是各向异性时 $\kappa(t,t')$ 是张量。由于我们将注意力限制在光学各向同性材料上,因此 $\boldsymbol{P}$ 始终与 $\boldsymbol{E}$ 平行,$\kappa(t,t')$ 是标量函数。由于时间的均匀性,$\kappa(t,t')$ 实际上不会分别取决于独立时间 t 和 t',而只取决于它们的差异 $\xi \equiv t-t'$。用 ξ 代替 t',我们得到:

$$\boldsymbol{P}(t) = \varepsilon_0 \int_0^\infty \kappa(\xi) \boldsymbol{E}(t-\xi) \mathrm{d}\xi \tag{2.5}$$

现在让我们来讨论谐波时间依赖性的最重要情况。我们假设电场根据下列条件进行快速振荡:

$$\boldsymbol{E}(t) = \boldsymbol{E}_0 \mathrm{e}^{-\mathrm{i}\omega t}$$

并相应地:

$$\boldsymbol{E}(t-\xi) = \boldsymbol{E}_0 \mathrm{e}^{-\mathrm{i}\omega t} \mathrm{e}^{\mathrm{i}\omega\xi}$$

注意,我们假设一个完全单色场,然后得到:

$$\boldsymbol{P}(t) = \boldsymbol{E}_0 \mathrm{e}^{-\mathrm{i}\omega t} \varepsilon_0 \int_0^\infty \kappa(\xi) \mathrm{e}^{\mathrm{i}\omega\xi} \mathrm{d}\xi = \boldsymbol{E}(t) \varepsilon_0 \int_0^\infty \kappa(\xi) \mathrm{e}^{\mathrm{i}\omega\xi} \mathrm{d}\xi \tag{2.6}$$

我们定义线性介质极化率 χ 如下:

$$\chi = \int_0^\infty \kappa(\xi) \mathrm{e}^{\mathrm{i}\omega\xi} \mathrm{d}\xi = \chi(\omega) \tag{2.7}$$

这样定义的极化率必须是复数(既有实部也有虚部),即使在方程(2.7)中进行了积分,它也取决于场的频率。这两种情况在数学上都来自于方程(2.5),在物理上来自于任何物质系统的有限惯性。显然,电荷载流子不能在快速变化的场上瞬间反应,因此它们在给定时间 t 的位置取决于系统的历史,这实际上是极化随时间复杂行为的原因。具体材料特性的信息由 $\chi(\omega)$ 给出。

我们现在可以建立单色电场的 **E** 和 **D** 之间的关系。从方程(2.6)和方程(2.7)可以看出：

$$P = \varepsilon_0 \chi E \tag{2.8}$$

结合 **D** 的定义,有：

$$D = \varepsilon_0 E + P = \varepsilon_0 [1 + \chi(\omega)] E \equiv \varepsilon_0 \varepsilon(\omega) E \tag{2.9}$$

式中我们定义的介电函数 $\varepsilon(\omega)$ 为

$$\varepsilon(\omega) = 1 + \chi(\omega)$$

方程(2.9)完全类似于电介质静电学中已知的方程,现在唯一的区别是 ε 与频率相关的复数。因此我们得出结论,在光学中场和位移矢量之间的关系与静电学中相似,不同之处在于介电常数必须由介电函数代替。

注释：在入射场不是单色的情况下,在方程(2.8)和方程(2.9)中,所有矢量必须替换为其相应的傅里叶分量振幅。我们有：

$$D_\omega = \varepsilon_0 \varepsilon(\omega) E_\omega \tag{2.9a}$$

式中：D_ω 表示对应矢量的傅里叶分量。

2.3　线性光学常数

现在我们可以回到方程(2.2)。请记住,我们的讨论仅限于场的谐波振荡,在方程(2.2)中关于时间的二阶导数可以用乘以 $-\omega^2$ 代替。用方程(2.9)代替 **D** 得到：

$$\operatorname{curl} \operatorname{curl} E - \frac{\omega^2 \varepsilon(\omega)}{c^2} E = 0 \tag{2.10}$$

这里我们使用了恒等式：

$$\varepsilon_0 \mu_0 = c^{-2}$$

式中：c 为真空中光速。对于多色场,必须以类似的方式分别处理单个傅里叶分量。我们现在记住了向量恒等式：

$$\operatorname{curl} \operatorname{curl} E = \operatorname{grad} \operatorname{div} E - \Delta E$$

在实例中 $\varepsilon \neq 0$,从 $\operatorname{div} D = 0$ 有 $\operatorname{div} E = 0$。最后我们得到：

$$\Delta E + \frac{\omega^2 \varepsilon(\omega)}{c^2} E = 0 \tag{2.11}$$

这里由于假定的各向同性,矢量场已被标量场所代替,对于磁场可以得到完全相同的方程。

在这一点上,要注意,由于假定的光学各向同性,我们通常会从矢量的数学描述转向标量的数学描述。在本书中,在这些情况下我们将简单地不再使用粗体符号,恕不另行告知。

假设介电函数不依赖于坐标本身(均匀介质),我们正在寻找以下形式的解:

$$E(t,\boldsymbol{r}) = E_0 \mathrm{e}^{-\mathrm{i}(\omega t - \boldsymbol{k}\boldsymbol{r})} \tag{2.12}$$

式中:$\boldsymbol{k}$ 为波矢量。当满足下式时方程(2.11)存在非平凡解:

$$\boldsymbol{k} = \pm \frac{\omega}{c}\sqrt{\varepsilon(\omega)} \tag{2.13}$$

假设 $\boldsymbol{k}$ 平行于笛卡儿坐标系的 z 轴,方程(2.12)描述了沿 z 轴行进的平面波。方程(2.13)的符号表示波的正向或反向行进。我们选择正向行进波,并得到:

$$E = E_0 \mathrm{e}^{-\mathrm{i}\left(\omega t - \frac{\omega}{c}\sqrt{\varepsilon(\omega)}z\right)} \tag{2.14}$$

式中 E_0 为 $z=0$ 处的场振幅。让我们更详细地来看方程(2.14)。

如第2.2节所示,介电函数可能是复数,因此它可能有一个虚部。当然,平方根也是一个复数。因此有:

$$\sqrt{\varepsilon(\omega)} = \mathrm{Re}\sqrt{\varepsilon(\omega)} + \mathrm{i}\mathrm{Im}\sqrt{\varepsilon(\omega)}$$

根据下式,方程(2.14)描述了一个阻尼波:

$$E = E_0 \mathrm{e}^{-\frac{\omega}{c}\mathrm{Im}\sqrt{\varepsilon(\omega)}z} \mathrm{e}^{-\mathrm{i}\left(\omega t - \frac{\omega}{c}\mathrm{Re}\sqrt{\varepsilon(\omega)}z\right)} \tag{2.15}$$

与 z 相关的振幅为

$$E_{\mathrm{ampl}} = E_0 \mathrm{e}^{-\frac{\omega}{c}\mathrm{Im}\sqrt{\varepsilon(\omega)}z} \tag{2.16}$$

相位为

$$相位 = \omega t - \frac{\omega}{c}\mathrm{Re}\sqrt{\varepsilon(\omega)}z$$

让我们计算在恒定相位平面上(在我们的例子中是一个平面)任意点的速度 $\mathrm{d}z/\mathrm{d}t$。将相位作为常数,对上面最后一个方程进行时间微分,根据下式得到所谓的波的相速度:

$$\frac{\mathrm{d}z}{\mathrm{d}t} \equiv v_{\mathrm{phase}} = \frac{c}{\mathrm{Re}\sqrt{\varepsilon(\omega)}} \equiv \frac{c}{n(\omega)} \tag{2.17}$$

这里我们引入折射率 $n(\omega)$ 作为复介电函数平方根的实部。当然,折射率也与频率相关(所谓的折射率色散)。在折射率为 n 的介质中,根据方程(2.17)得到电磁波相速度相对真空的变化。

作为方程(2.17)的概括,通常将复折射率定义为

$$\hat{n}(\omega) = n(\omega) + \mathrm{i}K(\omega) \equiv \sqrt{\varepsilon(\omega)} \tag{2.18}$$

其实部与方程(2.17)中定义的常规折射率相同,虚部(即消光系数)K表征波的阻尼。实际上,回到方程(2.16)我们可以得到波的振幅:

$$E_{ampl} = E_0 e^{-\frac{\omega}{c}Kz}$$

由于波的强度 I 与场振幅模量的平方成正比,所以强度在介质内部的衰减为

$$I = I(z=0) e^{-2\frac{\omega}{c}Kz} \equiv I(z=0) e^{-\alpha z} \qquad (2.19)$$

对于在有损介质中传播的波,光强度的指数衰减是众所周知的比尔吸收定律,依赖于频率的吸收系数 α 定义为

$$\alpha(\omega) = 2\frac{\omega}{c}K(\omega) \qquad (2.20a)$$

根据以下等式:

$$v \equiv \frac{1}{\lambda} = \frac{\omega}{2\pi c}$$

式中:v 是波数;λ 是真空中的波长。我们得到一个更熟悉的表达式:

$$\alpha(v) = 4\pi v K(v) \qquad (2.20b)$$

虽然折射率 n 和消光系数 K 是无量纲的,但是吸收系数的单位是长度倒数,通常以厘米倒数来表示。吸收系数的倒数有时称为穿透深度。n 和 K 构成了材料的线性光学常数对。

注释:在整个推导过程中,我们根据 $e^{-i\omega t}$ 假设了时间依赖性。因此,我们将复折射率定义为 $n+iK$。假设场的时间依赖性为 $e^{i\omega t}$,也可以建立相同的理论。然而在这种情况下,折射率将是 $n-iK$。这两种方法都是正确的,可以在文献中找到,不应相互混淆。

2.4 一般性注释

在实践中,人们常常需要对不同的光谱进行计算,以便与实验测量的光谱进行比较,最简单的任务之一是计算吸收光谱。虽然我们还没有定义"吸收光谱"这一术语的含义,但很明显(至少在简单的情况下),这种吸收光谱应该类似于所研究材料吸收系数的波长依赖关系。根据到目前为止所描述的理论资料,我们发现任何吸收光谱的计算将至少包含两个不同的部分:首先,必须寻找包含有关材料信息介电函数的合适模型,然后,才可以计算光学常数。其次,有了这个

介电函数模型,我们必须解出波动方程(2.11),以解释(给定或假设的)实验中有效的特定几何结构。在用真实边界条件求解波动方程后,得到了可以转换为光强度的电场和/或磁场,进而可以与实验数据进行比较。尽管材料可能是相同的,但是改变系统的几何结构将改变输出的强度。例如在第2.3节中,我们已经解出了波动方程,但是假设了介质函数在任何点上都是相同的。换句话说,我们假设了完全均匀的介质,特别是没有任何界面的介质,这就得到了比尔定律方程(2.19)。但是该方程不能应用于其他几何结构,例如在薄膜光谱学中(尽管它经常这样做),在任何光谱计算中都必须考虑材料和几何结构特性。

在现实生活中还有一个复杂的问题。到目前为止我们所描述的是正向搜索的原理:从模型开始,计算光学常数,求解波动方程,最后计算强度。就图1.1中引入的术语而言,也就是说,假设输入和系统特性已知来计算系统输出。在实践中,人们经常会面对逆向搜索任务:已经测量了吸收(或任何其他)光谱(输出),并计算光学常数。在这种情况下,当假定输入和输出已知时,任务是获取有关系统特性的信息。在一些几何结构中(特别是在薄膜光谱学中),逆向搜索过程比正向搜索复杂得多。下一节将举例说明正向搜索的一部分,即计算由永久微观偶极子组成的材料的介电函数。

2.5 例:取向极化和德拜方程

让我们假设一种由永久性微观电偶极子构成的材料。偶极子可以在一定阻尼下自由旋转,这是由极性分子(例如水)构成的液体中的典型情况。当不施加外部电场时,偶极子的随机热激活运动将不能产生宏观极化。然而,在外部电场作用下,偶极子将或多或少地与场对准,从而产生宏观极化。我们将寻找这种材料的介电函数(以及相应的光学常数)的频率依赖性。

我们将直接应用方程(2.7)来解决这个问题。因为我们仍然不知道响应函数$\kappa(\xi)$,所以从以下思想开始实验。

假设静态电场已经施加到系统足够长的时间,从而已经很好地建立了液体的静态极化。让我们进一步假设在$t=0$时刻关闭电场,通过电场模拟这种情况:

$$E(t)=E_0[1-\theta(t)]$$

式中:$\theta(t)$为阶跃函数,在$t \geq 0$时为零。假设极化随着消失的外场而瞬间消失是没有意义的。相反我们假设,由于粒子的热运动,宏观极化平滑地减小并且渐近地接近零值。这种情况可以用时间常数为τ的指数下降行为来描述,如下式:

$$P(t) = P_0 \mathrm{e}^{-\frac{t}{\tau}}; t>0$$

此外,从方程(2.5)我们得到:

$$P(t) = P_0 \mathrm{e}^{-\frac{t}{\tau}} = \varepsilon_0 \int_0^\infty \kappa(\xi) E_0 [1 - \theta(t-\xi)] \mathrm{d}\xi$$

阶跃函数的唯一作用是缩短积分区间:

$$P_0 \mathrm{e}^{-\frac{t}{\tau}} = -\varepsilon_0 E_0 \int_\infty^t \kappa(\xi) \mathrm{d}\xi$$

我们对时间进行微分,并利用等式:

$$f(x) = \frac{\mathrm{d}}{\mathrm{d}x}\left[\int_a^x f(\xi) \mathrm{d}\xi\right]$$

据此我们得到响应函数 $\kappa(t)$ 的以下表达式:

$$\kappa(t) = \frac{P_0}{\varepsilon_0 E_0 \tau} \mathrm{e}^{-\frac{t}{\tau}} \equiv \kappa_0 \mathrm{e}^{-\frac{t}{\tau}} \tag{2.21}$$

在获得响应函数之后,进一步的处理就很简单了,由方程(2.7)和方程(2.9)得到介电函数:

$$\varepsilon(\omega) = 1 + \chi(\omega) = 1 + \int_0^\infty \kappa(\xi) \mathrm{e}^{\mathrm{i}\omega\xi} \mathrm{d}\xi$$

$$= 1 + \kappa_0 \int_0^\infty \mathrm{e}^{\left(\mathrm{i}\omega - \frac{1}{\tau}\right)\xi} \mathrm{d}\xi = 1 + \frac{\kappa_0 \tau}{1 - \mathrm{i}\omega\tau}$$

或

$$\varepsilon(\omega) = 1 + \frac{\chi_{\mathrm{stat}}}{1 - \mathrm{i}\omega\tau} \tag{2.22}$$

式中:χ_{stat} 是静态极化率值($\omega=0$)。介电函数的实部和虚部可以写成下式:

$$\mathrm{Re}\varepsilon \equiv \varepsilon' = 1 + \frac{\chi_{\mathrm{stat}}}{1 + \omega^2 \tau^2}$$

$$\mathrm{Im}\varepsilon \equiv \varepsilon'' = \frac{\chi_{\mathrm{stat}} \omega \tau}{1 + \omega^2 \tau^2} \tag{2.23}$$

由此得到的介电函数代表了适用于极性黏性介质中介电函数的德拜方程的简化版本。在图2.1中,给出了该特定介电函数的实部和虚部光谱形状,图2.2显示了相应的光学常数。在这些图中,假设类似于普通水的静态极化率为 $\chi_{\mathrm{stat}} = 80$。显然,介质中存在的永久偶极子会导致高静态介电常数,而对于更高频率介电函数的实部可能更低。因此,在可见光谱区,水的介电函数实部约为1.77,折射率为1.33。这种行为与德拜方程的预测一致,其中折射率随着频率的增加而稳定地下降。

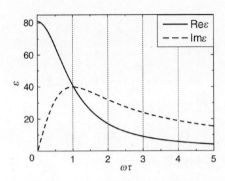

图 2.1　根据方程(2.23)得到的电介质函数的实部和虚部

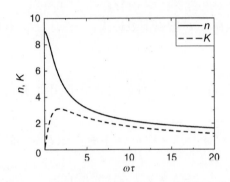

图 2.2　在图 2.1 中所示介电函数在更宽光谱区的光学常数 n 和 K

从图 2.1 中可以看出另一个有趣的事实,介电函数的虚部恰好在角频率 $\omega = \tau^{-1}$ 处具有最大值。因此,光谱测量的结果(确定 $\mathrm{Im}\varepsilon$ 的峰值位置)揭示了关于系统动态行为的信息(极化的衰减时间)。这是更普遍的基本原理有效性的例子。在光学中,光谱($\chi(\omega)$)和时域($\kappa(t)$)包含了相同的信息并且可以彼此传递。实际上,方程(2.7)是响应函数的傅里叶变换,但由于因果关系的原因,只在半无限区间内进行傅里叶变换。可以正式地将响应函数乘以阶跃函数:

$$\widetilde{\kappa}(\xi) = \kappa(\xi)\theta(\xi) \tag{2.24}$$

由此得到的修正响应函数可以在整个时间间隔内进行积分,因此我们得到:

$$\chi(\omega) = \int_{-\infty}^{\infty} \widetilde{\kappa}(\xi) e^{i\omega\xi} d\xi \tag{2.25}$$

在方程(2.25)中,极化率是修正后响应函数的傅里叶变换。

注释:在第 2.5 节中的推导实际上是正向和逆向搜索过程紧密相互作用的一个例子,这在实践中经常被观察到。显然,从材料模型(旋转永久偶极子)计算极化率应该被理解为正向搜索任务。然而,在这个推导过程中,我们还必须执行逆向搜索,即根据像电场(输入)这样的阶跃函数引起的极化时间依赖性(系统输出)来计算响应函数。

2.6 能量耗散

高消光系数(高阻尼)不一定与介电函数的高虚部有关。例如,一个负实数的介电函数将导致一个纯虚数的折射率,即可能有很高的消光系数。这种看似奇异的情况实际上是金属光学中一个典型的假设模型,后面将在专门章节中讨论全内反射情况。这里的穿透波确实是阻尼的,但光线是反射而不是吸收。因此,普遍接受的术语"吸收系数"在特殊情况下可能具有误导性。事实上,对于光吸收(能量耗散)必须使 $\mathrm{Im}\varepsilon \neq 0$。

让我们来证明这个事实。实际上,从电磁场中耗散的功率体密度可以写成:

$$\frac{\partial W_{\mathrm{diss}}}{V \partial t} = jE$$

该符号对应于实数场 E 和电流密度 j,为了用它们的复数表示实函数,我们简单地利用方程(1.5)并得到:

$$\frac{\partial W_{\mathrm{diss}}}{V \partial t} = 4\mathrm{Re}j\mathrm{Re}E$$

进一步利用:

$$\frac{\partial P}{\partial t} = \frac{1}{V}\sum_l q_l \dot{r}_l = j \tag{2.26}$$

考虑到波中电场的谐波时间依赖性,可以写为

$$j = -\mathrm{i}\varepsilon_0 \omega (\varepsilon - 1) E$$

因此,有:

$$\mathrm{Re}j = \varepsilon_0 \omega \left[(\mathrm{Re}\varepsilon - 1)\mathrm{Im}E + \mathrm{Im}\varepsilon \mathrm{Re}E \right]$$

$$\Rightarrow \mathrm{Re}j\mathrm{Re}E = \varepsilon_0 \omega \left[(\mathrm{Re}\varepsilon - 1)\mathrm{Im}E\mathrm{Re}E + \mathrm{Im}\varepsilon (\mathrm{Re}E)^2 \right]$$

我们最后使用方程(2.15)来表示电场。电场的实部以余弦函数振荡,电场的虚部以正弦函数振荡,则一段时间内的时间平均值为

$$\left\langle \frac{\partial W_{\mathrm{diss}}}{V \partial t} \right\rangle = 2\varepsilon_0 \omega \mathrm{Im}\varepsilon |E_0|^2 \mathrm{e}^{-\alpha z} \tag{2.27}$$

因此,当满足 $\mathrm{Im}\varepsilon \neq 0$ 时才能观察到光吸收(或能量耗散)。

第3章 自由电荷和束缚电荷载流子的经典处理

摘　要:在经典物理学中,德鲁特理论和洛伦兹振子模型可以用于描述金属和介质光学材料的重要特征。折射和吸收似乎被描述为相互关联的光学现象。在透明区中,介质表现出正常的色散,而出现在有强吸收的光谱区表现为反常色散。材料密度对绝缘体光学特性的影响可以用洛伦兹方程来处理。

3.1　自由电荷载流子

3.1.1　德鲁特方程 I 的推导

在本节中,我们讨论固态光学中具有很高实用价值的问题,即凝聚态物质中自由电荷载流子部分(在许多情况下是电子)的光学响应,这在金属光学中具有极其重要的意义。当然,高掺杂半导体的光学特性也会受到自由电荷载流子的影响。

让我们从一个更一般的表述开始。在第2.5节中,我们推导出描述永久偶极子光学响应的方程。在本章中,考虑自由电子,下一步将讨论束缚电子的贡献。因此,我们手头至少有三个模型,每个模型都针对特殊应用情况订制的,但实际问题要复杂得多。例如,金属有自由电子和束缚电子。类似地,水的光学特性不仅是由水分子的永久偶极矩所决定,束缚电子的相对运动也很重要。一旦水成为电流的导体,它就必须有一定浓度的自由电荷载流子,核芯的分子内振动也会增加它们的贡献。

幸运的是,由于电荷是可以累加的,实际物质中的所有自由度都将贡献它们的偶极矩,最终极化是介质中所有偶极矩之和。因此,对应不同自由度(用 j 编号)的极化率加起来就是完全极化率,因此介电函数为:

$$\varepsilon(\omega) = 1 + \sum_j \chi_j(\omega) \tag{3.1}$$

式中:χ_j 为对应的偶极子组的极化率。

在做完这个解释后,现在让我们转向讨论自由电子在光学中的作用。在带有正电的原子核周围运动的自由电子极化率的最简单推导是基于牛顿的运动方程。由于核芯比电子重得多,可认为核芯是固定的,因此在我们的模型中,当施加谐波电场时只有电子运动。

假设电子的运动被限制在一个比波长小得多的区域,我们可以这样描述单个电子的运动:

$$qE = qE_0 e^{-i\omega t} = m\ddot{x} + 2\gamma m\dot{x} \tag{3.2}$$

式中:m 和 q 分别为电子的质量和电荷;γ 为考虑电子阻尼运动的阻尼常数。假设电场沿 x 轴极化,因此我们只考虑电子沿 x 轴的运动。对于非相对论速度,洛伦兹力与库仑力相比可以忽略不计,因此只有库仑力在方程(3.2)中是明显的。

根据 $x(t) = x_0 e^{-i\omega t}$,我们从方程(3.2)中得到:

$$\frac{qE}{m} = -\omega^2 x - 2i\gamma\omega x$$

因此,电子围绕其平衡位置的振荡会产生振荡偶极矩:

$$p = qx = -\frac{q^2 E}{m}\frac{1}{\omega^2 x + 2i\gamma\omega}$$

如果 N 是单位体积中的电子数(我们称之为电子浓度),那么极化 P 由下式给出:

$$p = Np = \frac{q^2 NE}{m}\frac{1}{\omega^2 x + 2i\gamma\omega}$$

因此,根据方程(2.8)得到极化率为:

$$\chi(\omega) = -\frac{Nq^2}{\varepsilon_0 m}\frac{1}{\omega^2 + 2i\gamma\omega} \tag{3.3}$$

式中:$Nq^2/\varepsilon_0 m$ 代表等离子体频率的平方,定义如下:

$$\omega_p = \sqrt{\frac{Nq^2}{\varepsilon_0 m}} \tag{3.4}$$

在第 2.5 节中,推导了具有频率依赖性的复极化率结果,相应的介电函数由下式给出:

$$\varepsilon(\omega) = 1 - \frac{\omega_p^2}{\omega^2 + 2i\gamma\omega} \tag{3.5}$$

图 3.1 显示了方程(3.5)给出的介电函数的实部和虚部基本形状,以及相应的光学常数。最显著的特征出现在折射率上,在宽光谱区折射率预计小于 1。实际上复折射率的虚部可能比实部大得多。这是金属典型的现象,正如第 6 章所述,它导致了众所周知的金属亮度。

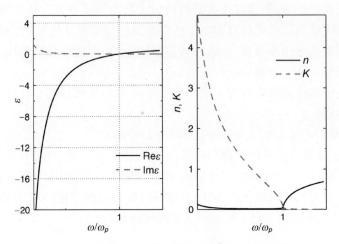

图 3.1 方程(3.5)给出的介电函数和光学常数

注释：由于 $n<1$，金属中光的相速度可能高于真空。这与相对论并不冲突，因为光信号（例如波包）在空间中不会以方程(2.17)引入的相速度传播。相反，至少在低于等离子体频率的情况下，任何光信号都会因为高 K 值而迅速衰减。在透明介质中，群速度与信号传播有一定的相关性。详情请参阅后面的第 9.2.3 节。

对方程(3.5)的简单讨论（有时称为德鲁特函数）证实了以下渐近行为：

$$\omega \to \infty : \text{Re}\varepsilon \to 1; \text{Im}\varepsilon \to 0; n \to 1; K \to 0 \tag{3.6}$$

注意，这与德拜函数方程(2.23)的行为完全相同。原因很简单：由于电子的有限惯性，它们将无法适应太快的场振荡。因此，对于 $\omega \to \infty$，电子不会与场相互作用，因此场不会"感觉"到电子。因此，系统的光学常数接近真空的光学常数（$n=1$；$K=0$）。由德拜方程(2.23)描述的负责色散的永久偶极子比电子重得多，因此更加具有惯性，对于高频它们不会产生光学响应。

静态情况更难处理，德鲁特函数方程(3.5)将产生以下行为：

$$\omega \to 0; \text{Re}\varepsilon \to 1 - \frac{\omega_p^2}{4\gamma^2}; \text{Im}\varepsilon \to \frac{\omega_p^2}{2\omega\gamma}; n \approx K \to \frac{\omega_p}{2\sqrt{\omega\gamma}} \tag{3.7}$$

在静态情况下，只有介电函数的实部趋近于有限值，而其他函数则无限大。这在直观上是清楚的，因为在静态电场中，自由电子远离核芯而不会振荡，从而产生有限的电流，但产生了无限大的偶极矩。

3.1.2 德鲁特方程 II 的推导

正如我们在第 2.1 节中提到的,在光学中,在麦克斯韦方程中分离自由电子和束缚电子是没有意义的,因为这两种电子都在它们的平衡位置附近进行振荡。同时,我们注意到静态情况($\omega=0$)不能以这种方式处理。为了适应这种特殊情况,讨论电流密度 j 比讨论感应偶极矩更方便。

极化矢量(仅限感应极化)的定义可以写成:

$$P = \frac{1}{V} \sum_l q_l (r_l - r_{0l})$$

式中:V 为体积;l 为体积中包含的所有电荷载流子;r_{0l} 是第 l 个电荷载流子的平衡位置;r_l 是它的实际位置。将极化矢量对时间微分:

$$\frac{\partial P}{\partial t} = \frac{1}{V} \sum_l q_l \dot{r}_l = j \tag{3.8}$$

因此 $j = \partial P/\partial t$。通过比较方程(2.6)和方程(3.8),我们得出结论:对于谐波场,j 和 E 之间的关系必须与 P 和 E 之间的关系相同,因此我们将其与静力学作了充分的类比:

$$j = \sigma E \tag{3.9}$$

式中:σ 为电导率。对于已经打开长时间的静态场,人们会期望介质中的电流密度恒定。在 $t=0$ 时刻关闭场之后,由于电荷载流子的惯性,电流不会瞬间下降到零。相反,电流密度预计将按照以下方程衰减:

$$j = j_0 e^{-\frac{t}{\tau}}$$

这种情况完全类似于第 2.5 节中讨论的情况,唯一的区别是我们处理的是电流密度而不是偶极矩。因此,我们将"猜测"电导率与频率相关的表达式为:

$$\sigma(\omega) = \frac{\sigma_{\text{stat}}}{1 - i\omega\tau}$$

即类似于方程(2.22)。σ_{stat} 为熟悉的静态电导率值。

这为从电导率出发推导出德鲁特方程提供了可能性。对于谐波场,对时间的导数可以按照下式计算:

$$\frac{\partial}{\partial t} \longrightarrow *(-i\omega)$$

从方程(3.8)可以得到非零频率:

$$P = \int j \, dt = \frac{j}{-i\omega} = \frac{\sigma E}{-i\omega} = -\frac{\sigma_{\text{stat}}}{\omega^2 \tau + i\omega} E$$

和因此得到的极化率:

$$\chi(\omega) = -\frac{\sigma_{\text{stat}}/\varepsilon_0}{\omega^2 \tau + i\omega} \tag{3.10}$$

比较方程(3.3)和方程(3.10)得出以下关系:

$$\frac{Nq^2}{\varepsilon_0 m} = \omega_p^2 = \frac{\sigma_{\text{stat}}}{\varepsilon_0 \tau} \tag{3.11}$$

$$2\gamma = \tau^{-1} \tag{3.12}$$

因此,"经典"金属的电学和光学特性是直接相关的。对于典型的金属,ω_p 和 τ 的量级分别为 $10^{15}\,\text{s}^{-1}$ 和 $10^{-13}\,\text{s}$。

因此,得到了另一个版本的德鲁特方程,其推导方式与我们在第二章中推导德拜方程的方式类似。但这又引出了另一个问题:为什么我们不能直接使用方程(2.7)或方程(2.25)得到德鲁特方程呢?

这些方程本身给出了答案。将方程(2.25)中的指数函数展开为一个级数,我们得到:

$$\chi(\omega) = \int_{-\infty}^{\infty} \widetilde{\kappa}(\xi) e^{i\omega\xi} d\xi$$

$$= \int_{-\infty}^{\infty} \widetilde{\kappa}(\xi) d\xi + i\omega \int_{-\infty}^{\infty} \widetilde{\kappa}(\xi) \xi d\xi + \left(-\frac{\omega^2}{2}\right) \int_{-\infty}^{\infty} \widetilde{\kappa}(\xi) \xi^2 d\xi + \cdots \tag{3.13}$$

这意味着,光学极化率(高频)对应于一个无穷级数:

$$\chi(\omega) = a_0 + a_1\omega + a_2\omega^2 + a_3\omega^3 + \cdots \tag{3.14}$$

式中:ω 中的偶数阶对应于实部,而奇数阶决定了极化率或介电函数的虚部。a_j 值是常量。对于 $\omega \to 0$,$\chi \to a_0$。因此,正如我们从方程(3.7)中看到的那样,德鲁特函数无法用这种方式描述。对于 $\omega \to 0$,它的行为如下:

$$\chi^{\text{Drude}}(\omega)\big|_{\omega \to 0} \approx i\frac{\sigma_{\text{stat}}}{\varepsilon_0 \omega}$$

或者:

$$\chi^{\text{Drude}}(\omega)\big|_{\omega \to 0} \approx i \cdot \frac{Nq^2}{\varepsilon_0 m} \cdot \frac{1}{2\gamma\omega}$$

因此,就导体而言人们会期望:

$$\chi^{\text{conductor}}(\omega) = i\frac{\sigma_{\text{stat}}}{\varepsilon_0 \omega} + a_0 + a_1\omega + a_2\omega^2 + a_3\omega^3 + \cdots \tag{3.15}$$

这通常与方程(2.25)不兼容,但对于足够高(光学)的频率,方程(3.15)中的第一项没有明显意义,因此方程(2.25)或方程(2.7)仍然有效。从方程(3.7)可以看出,对于 $\omega > 2\gamma$,a_0 的模量比方程(3.15)中的第一项大。

在本节中进行的相当正式的讨论似乎与应用光谱学实践无关。但是,当评估 Kramers-Kronig 关系时方程(3.15)将变得很重要(这将在第 5 章中介绍),因此无论如何我们都必须回到这个问题。

3.2 束缚载流子的振子模型

3.2.1 主要思想

即使在金属中,尽管自由电子对于金属的特殊光学行为至关重要,但是大多数电子也会被束缚。众所周知,银、金和铜等金属具有完全不同的光学外观,这是束缚电子部分的响应结果。当然,电介质的光学特性完全由束缚电荷载流子的运动所决定。

关于负电子和带正电荷核芯的不同作用,还有一个更普遍的问题。一般来说,当电子和核芯被外部电场激发时,它们都可以进行运动,但核芯相对要重得多。在经典物理学中,系统的本征振动频率是由系统回复力和组分的质量决定的。假设一个典型的核芯比电子重 10^4 倍,可以预期核芯运动的本征频率是同样紧束缚电子的本征频率约为 1/100(就量子力学而言,这些是价电子)。因此,在高频率下可以忽略核芯的运动。在较低频率(通常是红外光谱区),核芯的运动决定了材料的光学特性。

另一方面,并不是所有电子都有同样的紧束缚。尽管这又是一个量子力学问题,我们仍可以正式地假设,有一组电子(核芯电子)承受着比其他电子(价电子)更高的回复力。因此,存在具有不同本征频率的不同电子群。

以下推导出的振子模型非常通用。它可以用于核的分子内运动(在红外光谱中),也可以用于束缚电子。因此,我们将在下面简单地讨论感应偶极矩,而不关心它们的物理起源。

所以让我们考虑电荷载流子的运动,它被一个弹性回复力束缚在它的平衡位置上($x=0$)。振荡场可能导致电荷载流子的微小运动($x \ll \lambda$),从而诱导与电场相互作用的偶极子。与方程(3.2)相反,单个电荷载流子的运动方程为:

$$qE = qE_0 e^{-i\omega t} = m\ddot{x} + 2\gamma m\dot{x} + m\omega_0^2 x \qquad (3.16)$$

这是本征频率为 ω_0 的阻尼谐振子受迫振动方程,所有其他符号与之前的含义相同。与第 3.1 节的方法完全相同,我们得到了单个感应偶极矩 $p=qx$:

$$p = \frac{q^2 E}{m} \frac{1}{\omega_0^2 - \omega^2 - 2i\omega\gamma}$$

因此,电场诱导了大量的微观偶极子,从而形成介质的宏观极化。让我们通过以下方式定义线性微观极化率 β:

$$p = \varepsilon_0 \beta E \qquad (3.17)$$

然后极化率变为复数,并且具有如下的频率依赖性:

$$\beta = \frac{q^2}{\varepsilon_0 m} \frac{1}{\omega_0^2 - \omega^2 - 2i\omega\gamma} \qquad (3.18)$$

方程(3.18)描述了当场的角频率 ω 接近偶极子的本征频率时微观偶极子的共振行为。在这种共振条件下,辐射与物质的相互作用是最有效的。

注意,线性极化率具有体积的维度,这里描述的模型通常被称为洛伦兹振子模型。

3.2.2 微观场

从方程(3.17)和方程(3.18)来看,从感应偶极矩计算宏观极化矢量 P 似乎很简单,也可以得到极化率。但是在凝聚态物质光学中存在另一个问题,涉及方程(3.17)中固定的电场。

问题如下:方程(2.5)描述了介质的宏观响应,在方程(2.5)中固定电场是介质中的平均电场,它是由外场和介质中偶极子场形成的。相反,方程(3.17)描述了微观偶极矩,该场是作用于所选偶极子上的微观(或局域)场。问题是这些场是否相同?

在一般情况下,这些场是不同的,本节的目的是推导出一个方程,使我们可以计算光学各向同性材料在特殊情况下的微观场。

让我们考虑介质中的单个感应偶极子。作用于偶极子上的场是由两部分组成:外部场和除了考虑的偶极子以外的所有其他偶极子引起的场。当然,没有人会从外部场开始计算,然后加上 10^{23} 个偶极子的响应。相反,我们会使用叠加原理,从介质中的平均场中减去所考虑的偶极子场,这样就可以得到作用于偶极子本身的场。

在连续介质电动力学中,这种计算很容易进行,即将偶极子视为直径远小于波长的球体(根据假设的各向同性),因此可以假定平均场 E 在空间中是均匀的。这就是所谓的准静态情况,在这种情况下场随时间振荡,但是相对于所讨论的偶极子的尺寸而言是均匀的。例如,后者可以是立方体晶体中的基本晶胞、形状相当于球形的分子或者仅仅是一个原子。

图 3.2 给出了这种情况。左边是里面有一个微小球形腔的连续介质。这个腔内的场对应于上述的微观场,因为它可以被认为是致密介质中的场减去均匀极化球体中的场。因此,我们有:

$$E_{\text{micr}} = E - E_{\text{sphere}} \qquad (3.19)$$

由于极化球中的场等于 $-P/3\varepsilon_0$,从方程(3.19)得到:

$$E_{\text{micr}} = E + \frac{P}{3\varepsilon_0} \quad (3.20)$$

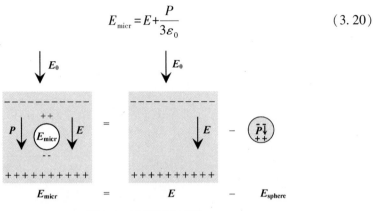

图 3.2　微观场的计算

最后,得到宏观极化 **P**:

$$P = Np = N\varepsilon_0 \beta E_{\text{micr}} = N\varepsilon_0 \beta E + \frac{N\varepsilon_0 \beta}{3\varepsilon_0} \times P$$

$$P = \frac{N\beta\varepsilon_0 E}{1 - \frac{N\beta}{3}}$$

式中:N 为偶极子的浓度,则极化率为:

$$\chi = \frac{N\beta}{1 - \frac{N\beta}{3}} \quad (3.21)$$

式中:β 由方程(3.18)给出。

对于小浓度($N \to 0$),极化率等于 $N\beta$,这对稀薄气体是有效的。

在讨论方程(3.21)之前,我们先谈一点。因为 $P = \varepsilon_0 \chi E = \varepsilon_0(\varepsilon - 1)E$,从方程(3.20)可以得到:

$$E_{\text{micr}} = \frac{\varepsilon + 2}{3} E \quad (3.22\text{a})$$

这对于连续介质中假设的球形腔是有效的。对于 $\varepsilon > 1$,由于空腔边界处的表面电荷,微观场超过了平均场,如图 3.2 所示。实际上,我们的处理还可以解释光学各向异性的简单情况。在这种情况下,必须用另一种合适的空腔形状代替球形空腔形状,这导致了方程(3.22a)的修改。因此,对于平行于 **E** 的细针状空腔,空腔的底部和顶部的表面电荷影响可以忽略不计,因此:

$$E_{\text{micr}} = E \quad (3.22\text{b})$$

相反,在垂直于 **E** 的饼状腔中,腔内的表面电荷会完全补偿电介质外边界

处的表面电荷,因此腔内的微观场等于电介质的外部电场。因此,饼状腔微观电场为:

$$E_{\text{micr}} = \varepsilon E \qquad (3.22c)$$

这些方程可以写成如下的通用形式:

$$E_{\text{micr}} = [1 + (\varepsilon - 1)L]E \qquad (3.22d)$$

式中:L 为去极化因子。对于重要情况,表 3.1 总结了去极化因子。

表 3.1　去极化因子 L

腔　型	E 平行于腔轴	E 垂直于腔轴
椭圆体的主轴 l_a, l_b, l_c	$L_\xi = \dfrac{l_a l_b l_c}{2} \int_0^\infty \dfrac{\mathrm{d}s}{(s+l_\xi^2)\sqrt{(s+l_a^2)(s+l_b^2)(s+l_c^2)}}; \xi = a,b,c$	
球形	1/3	
针形	0	1/2
饼形	1	0

注:为了完整起见,包含了沿三个主轴 l_a、l_b 和 l_c 的椭球体计算 L 的一般表达式(不推导)

3.2.3　克劳修斯-莫索提和洛伦兹方程

从方程(3.21),得到介质的介电函数与局域场效应的关系如下:

$$\varepsilon = 1 + \dfrac{N\beta}{1 - \dfrac{N\beta}{3}} \qquad (3.23)$$

这给出了克劳修斯-莫索提方程:

$$\dfrac{\varepsilon - 1}{\varepsilon + 2} = \dfrac{N\beta}{3} \qquad (3.24)$$

或洛伦兹方程:

$$\dfrac{\hat{n}^2 - 1}{\hat{n}^2 + 2} = \dfrac{N\beta}{3} \qquad (3.25)$$

$$\hat{n} = n + iK$$

这些相当简单的方程的重要性在于,它们将微观光学参数(极化率 β)与宏观可测量的参数(光学常数)联系起来。换句话说,在宏观尺度上测量得到材料的光学常数,进一步获得微观参数,如分子或原子极化率。实际上,这是分析光谱学的起点。

让我们看一下结果。根据方程(3.18)得到了微观极化率,根据方程(3.23)得到了介电函数,将两者结合起来得到下式:

$$\varepsilon(\omega) = 1 + \frac{\omega_p^2}{\omega_0^2 - \omega^2 - 2i\omega\gamma - \dfrac{\omega_p^2}{3}} \equiv 1 + \frac{\omega_p^2}{\widetilde{\omega_0^2} - \omega^2 - 2i\omega\gamma} \qquad (3.26)$$

其中:

$$\widetilde{\omega_0^2} \equiv \omega_0^2 - \frac{\omega_p^2}{3} \qquad (3.27)$$

这是介电函数的有效共振频率。介电函数具有与极化率完全相同的光谱形状,但是 ε 中的共振位置相对于极化率是红移的,密度越大红移越大。对于任意退极化因子 L,方程(3.27)的广义表达式如下:

$$\widetilde{\omega_0^2} = \omega_0^2 - L\omega_p^2$$

图 3.3 为从方程(3.26)得到的介电函数的实部和虚部,图 3.4 为相应的光学常数。在共振频率附近,介电函数和折射率的虚部均有局部极大值,这意味着在该频率下光波被有效地衰减。因此,介电函数的虚部描述了具有特征形状的吸收线,这被称为洛伦兹线。在强阻尼频率区,折射率 n 随频率的增加而减小(反常色散)。相反,在阻尼可以忽略的透明区, n 随着频率的增加而增加(正常色散)。方程(3.6)对于高频的关系仍然是有效。

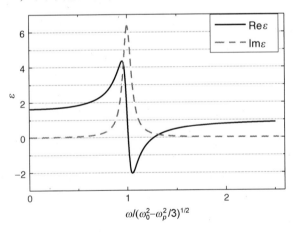

图 3.3 根据方程(3.26)得到的介电函数

注释:首先,我们基于电荷载流子经典运动方程推导出两个介电函数经典模型。在两个模型中,通过阻尼因子 γ 引入了能量耗散。从方程(3.5)和方程(3.26)中可以看出,能量耗散的引入导致介电函数的虚部不为零。这与第 2.6 节的结果是一致的,在第 2.6 节中可以证明它是介电函数的虚部,表示存在光吸收,即能量从电磁场转移到介质中的

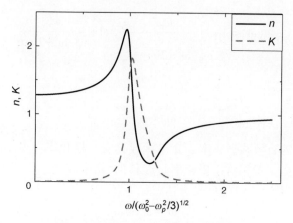

图 3.4 根据图 3.3 得到的光学常数

特定自由度。图 3.1(金属光学)的大消光系数导致了高反射而不是光吸收,而在该光谱区中介电函数的虚部可忽略不计。

下面的注释涉及第 3.2.2 节中讨论的局域场效应。在我们的处理中,假设微观偶极子本身的特性不随粒子密度增加而改变。这显然是一个经典的方法,因为实际上,当分子足够靠近在一起以使其电子壳层重叠时,就会发生化学反应。然而,在没有共价键的材料中,这个简单的理论(事实上已经有 150 年的历史了)可以很好地满足固体的聚集密度特性。然而,在没有共价键合的材料中,这个简单的理论完美地解决了固体的聚集密度特性问题。

进一步的注释涉及前一节中推导出的德鲁特函数。在这种情况下,我们没有区分微观和平均宏观场。为什么?

至少在低频时,经典的自由电子可以运动相当长的路径,直到变化的场方向迫使它返回到起始位置。因此,在振荡期间电子感觉到是平均场而不是局域场。振荡自由电子"探测"的空间类似于具有消失去极化因子的针状空腔,因此用微观场方程(3.22b)表示而不是方程(3.22a)。这是一个正式的论据,目前尚不清楚如何处理高频或场强非常低的情况。

在这种情况下,我们必须记住处理的模型。在每个特殊情况下,都必须准确地检查给定模型的应用是否有意义。关于方程(3.22a)的有效性,在什么时候应该使用它或什么时候不应该使用它,事实上并没有普遍的方法。根据经验,在具有良好束缚电子的光学各向同性介质中,方程(3.22a)的应用是有意义的。目前,对于具有对称性或更自由运动的电荷载流子的介质,还没有一个通用的理论。表 3.2 总结了文献中关于局域场理论应用的一些建议。

表 3.2 从相关教科书中收集的关于何时应用局域场修正的建议

来源	系统	局域场修正的适用性
费曼(R. Feynman)(诺贝尔奖获得者)费曼物理讲座	金属	否
	介质	是
布洛姆伯根(N. Bloembergen)(诺贝尔奖获得者)非线性光学	离子晶体(例如 CuCl)	偏向是
	诸如 GaAs 晶体半导体中的价电子	否
	液晶	是
	具有复杂元胞的固体	偏向是
达维多夫(A. S. Davydov)	量子力学 具有离散能级的系统	是
	固体理论 具有能带的系统 $E=E(k)$	否

注:E 表示能量

3.3 不同光谱区探测的物质

总之,我们现在已经熟悉了三种经典模型,这些模型可以用于描述凝聚态物质的光学特性。永久分子偶极子的定向和排列是非常有惰性的,并且它仅在微波(MW)或远红外(FIR)光谱区中才能引起显著的光学响应。在液体中以及在一些固体(例如冰)中,它可以通过使用德拜方程来处理。德鲁特函数描述了自由电荷载流子的光学特性,根据载流子的浓度,该模型可以用于从微波到可见光(VIS)甚至紫外(UV)光谱区。洛伦兹振子模型适用于描述具有不同谱线的吸收和色散,在中红外(MIR)中,它可以用来描述分子和固体中核芯振动的响应。原子或分子中的价电子激发在可见光或紫外(UV)光谱区中引起吸收线,而核芯电子的激发在 X 射线区中占主导地位。关于凝聚态物质光谱的概述如图 3.5 所示,从表 3.3 可以获得更多的定量信息。

表 3.3 光谱区概述

光谱区	真空波长 λ/nm	波数 v/cm^{-1} $v=1/\lambda$	角频率 ω/s^{-1} $\omega=2\pi vc$	吸收的起源(例子)
微波(MW)	$10^9 \sim 10^6$	0.01~10	$1.9\times10^9 \sim 1.9\times10^{12}$	自由载流子;取向/旋转
太赫兹(THz)	$10^6 \sim 10^5$	10~100	$1.9\times10^{12} \sim 1.9\times10^{13}$	
远红外(FIR)	$10^6 \sim 5\times10^4$	10~200	$1.9\times10^{12} \sim 3.8\times10^{13}$	

(续)

光谱区	真空波长 λ/nm	波数 v/cm^{-1} $v=1/\lambda$	角频率 ω/s^{-1} $\omega=2\pi vc$	吸收的起源（例子）
中红外(MIR)	$5\times10^4 \sim 2.5\times10^3$	$200 \sim 4000$	$3.8\times10^{13} \sim 7.5\times10^{14}$	自由载流子；振动
近红外(NIR)	$2.5\times10^3 \sim 8\times10^2$	$4000 \sim 12500$	$7.5\times10^{14} \sim 2.4\times10^{15}$	自由载流子；振动泛频
可见光(VIS)	$8\times10^2 \sim 4\times10^2$	$12500 \sim 25000$	$2.4\times10^{15} \sim 4.7\times10^{15}$	价电子激发
极紫外(UV)	$4\times10^2 \sim 10$	$25000 \sim 10^6$	$4.7\times10^{15} \sim 1.9\times10^{17}$	
X射线(X)	$10 \sim 0.005$	$10^6 \sim 2\times10^9$（特别的）	$1.9\times10^{17} \sim 3.8\times10^{20}$	核芯电子激发

注：不同来源的波长（和相关）数据可能略有不同

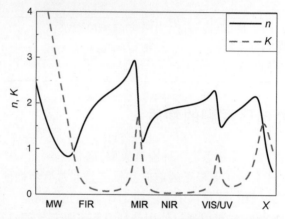

图 3.5　不同光谱区的光学常数色散曲线的基本形状

3.4 空间色散

为了完整起见，我们将讨论扩展到另一种称为空间色散的现象。在目前对色散的讨论中，我们假设了极化系统包含了某种记忆，即在 t 时刻介质的极化取决于当前以及之前时刻的场。作为一个很自然的结论，我们发现描述的系统在频域中对单色场响应的介电函数必然与频率相关，称之为色散现象。此外，从目前讨论的例子来看，当电场（来自电磁波）的周期时间接近于介质特征的固有时间（如德拜弛豫时间或特征共振周期），可以明显地观察到最强的色散。

另一方面，当光的波长与介质的特征空间尺度相当时，会观察到特殊的光学现象。我们在这里不讨论非均匀性，仍然关注均质材料。但即使在均匀介质中,某点 r 中的极化完全有可能取决于该点附近空间的电场强度。如果"激活"区域的尺度与光的波长相当,我们就会得到进一步被称为空间色散的有关现象。

让我们回到物质方程(2.4)。它将时间 t 处的极化定义为在各个先前时间 $t'<t$ 的电场的函数,但这显然不是最一般的写法。当某点 r 中的极化取决于相邻点 r' 中的电场强度时,我们得到了这类方程的更通用形式,这就是有时所说的系统响应的非局域性。然后,代替方程(2.4),我们可以这样写:

$$P(t,r) = \varepsilon_0 \int_{-\infty}^{t} \int_V \kappa(t,t',r,r') E(t',r') dt' dr' \tag{3.28}$$

同样,κ 包含了有关材料细节的信息,包括先前讨论过的系统"记忆"。同时,它现在也包含了有关相邻点 r' 中的电场在点 r 处极化有多大影响的信息。对 r' 在全体积 V 内积分,其中 κ 不等于零。

我们以常规的方式进一步讨论。在时间上引入均质性,我们假设 κ 不显著地依赖于 t 和 t',而只依赖于它们的差 ξ(延迟):

$$\xi = t - t'$$

在完全类似的情况下,我们要求空间同质性,只需要将 κ 对 r 和 r' 的显式依赖性替换为对它们空间距离差 R 的依赖性:

$$R = r - r'$$

这就得到:

$$\kappa(t,t',r,r') = \kappa(t-t', r-r') = \kappa(\xi, R)$$

代替方程(3.28),我们得到:

$$P(t,r) = \varepsilon_0 \int_0^\infty \int_V \kappa(\xi, R) E(t-\xi, r-R) d\xi dR$$

再假设一个单色波:

$$E(t,r) = E_0 e^{-i(\omega t - kr)}$$

然后我们可以写:

$$E(t-\xi, r-R) = E_0 e^{-i(\omega t - kr)} e^{i(\omega \xi - kR)}$$

并获得:

$$P(t,r) = \varepsilon_0 E(t,r) \int_0^\infty \int_V \kappa(\xi, R) e^{i(\omega \xi - kR)} d\xi dR$$

与方程(2.8)比较得到:

$$\chi = \int_0^\infty \int_V \kappa(\xi, R) e^{i(\omega \xi - kR)} d\xi dR \equiv \chi(\omega, k) \tag{3.29}$$

结果表明,在这里讨论的假设下,即包含非局域性,线性介质极化率确实依赖于假定的单色电磁波在介质中传播的频率和波矢,这种对波矢的明确依赖性被称为空间色散。

在薄膜光学实践中,空间色散通常是无关紧要的。只要波长远大于介质的相应空间参数,通常的色散就占主导地位。实际上,当假设仅在距离 $R \ll \lambda$ 处 κ 不为零时,在有效体积中积分就会得到:

$$e^{-ikR} \approx 1$$

因此,在这种情况下方程(3.29)与方程(2.7)相同。

然而,在接近很强窄吸收线的频率时,折射率可能显著增加(比较图3.4),这导致介质中波长相应地减小。然后,空间色散可能变得显著,并且极化率对波矢明显依赖甚至可能导致在相关光谱区中出现双折射,尽管该材料在其他波长区上看起来是光学各向同性的。

3.5 尝试说明性方法

这一讨论使我们对光与物质的相互作用有了更全面的了解。显然,当与介质固有动力学有关的特征时间接近电磁波的周期时间时,预期会产生最强的相互作用效应。当波长接近材料内部的特征空间距离时,与光波相互作用的特性也会发生变化。

在图3.6中,用两个例子来说明此一般原理。这两个例子尤其是在可见光谱区具有很强的说服力。这两幅图展示了在日光下从两个完全不同的自然表面观察到的颜色外观。

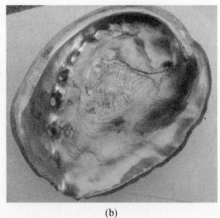

(a)　　　　　　　　　　　　(b)

图3.6　(a)仙客来白天开花时的颜色外观;(b)海螺内表面的珍珠层颜色外观。照片由德国耶拿的约瑟芬·沃尔夫(Josephine Wolf)提供

在图 3.6(a)中,我们看到仙客来的花朵和叶子中的染料分子引起的美丽色彩。这些分子的特征共振频率与可见光中的特定频率相同时,入射光被选择性地吸收,这导致花朵颜色的出现,其与吸收的光频率互补。在这里,光源和观察者的相对位置几乎没有关系。

在图 3.6(b)中,展示的珍珠层的情况有所不同。珍珠层显示出彩虹色,其外观取决于观察者的实际位置。其原因在于珍珠层的内部结构:它是由具有亚微米厚度的多层文石(一种碳酸钙形式)构成,通过薄的生物聚合物层彼此分开。这里的彩虹色是由可见光波长与文石层的厚度相当(500nm)引起的,这种效应明显取决于光传播方向与表面之间形成的角度。

我们得出结论,时间和空间行为的共振都可能会产生颜色外观。

与珍珠层有关的效应不应与空间色散混淆。我们在这里发现的仅是材料的空间非均匀性,其特征长度相当于光的波长。空间色散比较难以描述,但我们仍将试图发展一个相应的说明。

让我们从图 3.6 中的例子开始。它们的本质是,介质的特征时间和空间参数可以变得与光波的相应参数相当,这将会导致强烈的相互作用。这两种效应都可以通过日常经验来理解。

想象一下这样的情况,您不得不将婴儿车移到不太理想的路面上,如图 3.7 所示。将婴儿车用两个参数表征:一个是空间参数,即轴之间的距离 l;另一个是特征时间,即由一些弹簧的质量和弹性常数定义的特征振动周期。在我们的图片中,将移动的婴儿车与传播的光波相关联。然后,轴距对应于波长,本征振动周期对应于光波电场强度的振荡周期。

现在,就像材料特性对电磁波传播的影响一样,路面的特性对婴儿车的移动有同样的影响。想象一个如图 3.7 左上图所示的路面。当与本书作者提供的影子相比时,路面的特定横向空间尺寸 Λ 很明显肯定与婴儿车的相应参数不一致。在"正常"速度下,在这种路面上的移动不会引起特别的麻烦。但是你可以将婴儿车的速度调整到一个值,即在波纹路面上的运动引起的弱拍频率接近于婴儿车的本征频率(图 3.7 左下方,在实践中有机会您可以用合适的自行车观察这种效果)。通常情况下,这会使移动婴儿车的人感到一些不适,并且他自然会尝试降低传播速度。这在某种程度上类似于光波在色散介质中的传播,其中接近本征频率的强色散导致折射率增加(图 3.4),从而导致相速度降低。在共振时,光波将被有效地吸收并且强度降低。在共振条件下移动婴儿车的人将感觉到相应的疲劳。

图 3.7 中右上图显示的路面则不同。在这里,路面的特征空间尺寸接近于婴儿车的特征空间尺寸,结果是婴儿车的移动受到严重阻碍(右下图)。试一

试!您将观察到能量有效地降低,在相应空间的非均匀介质中传播的波也是如此(能量被反射或散射)。

图 3.7　上图为德累斯顿-新城(Dresden-Neustadt)路面的示例;下图是在这样的路面上移动婴儿车的细节。这些漫画由亚历山大·斯滕达尔(Alexander Stendal)提供并经许可印刷。作者还感谢德国萨克森州德累斯顿-新城的行政人员,他们保留了这些非常好的人行道建筑,使得作者可以在 2015 年 2 月 16 日大约中午时分拍摄令人印象深刻的照片。

尽管如此,上面所描述的情况也并不能很好地模拟空间色散,因为空间色散并不一定与非均匀性有关。实际上,为了使空间色散可视化,路面与婴儿车空间参数的一致性应当保持不变,但效果的强度不应取决于婴儿车的实际位置(与图 3.7 右下图所示的情况相反)。图 3.8 所示的情况可能更真实地反映了通过具有空间色散介质的传播特性。

图 3.8 与具有空间色散介质中类似的传播。该漫画由亚历山大·斯滕达尔(Alexander Stendal)提供,并经许可印刷。

第4章 基于振子模型的推导

摘 要:基于振子模型和局域场理论,推导出实际应用的光学常数色散和密度依赖模型。介绍了洛伦兹多振子模型,以及麦克斯韦·加内特(Maxwell Garnett)和布鲁格曼(Bruggeman)模型等几种混合物模型。实例包括金属岛状薄膜和多孔薄膜。

4.1 自然线宽

从迄今为止得到的色散模型来看,振子模型是最重要的模型,德鲁特模型就是该模型在 $\widetilde{\omega}_0 = 0$ 下的特殊情况。因此,本章更详细地讨论隐藏在简单方程(3.26)中的物理原理。

让我们从方程(3.18)开始,即单个微观振子极化率 β 的表达式。如果阻尼很弱,则有 $\gamma^2 \ll \omega_0^2$。在共振频率附近假设 $\omega_0 \approx \omega$,然后极化率的虚部变为:

$$\text{Im}\beta \approx \frac{q^2\gamma}{2\omega_0\varepsilon_0 m}\frac{1}{(\omega_0-\omega)^2+\gamma^2}$$

虚部曲线形状被称为洛伦兹对称线形。它是用经典振子模型描述了吸收线的形状。正如第 3.2.3 节中所述,介电函数的虚部具有与极化率相同的线形状,如图 3.3 中以虚线表示的曲线。除了共振外,$\text{Im}\beta$ 和 $\text{Im}\varepsilon$ 减少到最大值 50% 位置所对应的频率为:

$$\omega - \omega_0 = \pm\gamma$$

因此 2γ 的值代表了所谓的半高峰全宽度(FWHM),这是谱线的重要特征。在目前的经典理论中,谱线的宽度完全由阻尼决定。

前面定义的 FWHM 与阻尼振子的衰减时间密切相关。实际上,让我们假设振子在过去的任何时候都处于激发状态,而现在处于阻尼振荡。很显然,随着时间能量从振子中耗散。阻尼振子的自由运动用以下方程描述:

$$m\ddot{x} + 2\gamma m\dot{x} + m\omega_0^2 x = 0$$

假设方程具有以下的解:

$$x = x_0 e^{\xi t}$$

则有：

$$\xi = -\gamma \pm \sqrt{\gamma^2 - \omega_0^2} = -\gamma \pm i\sqrt{\omega_0^2 - \gamma^2}$$

我们进一步假设弱阻尼：

$$\omega_0^2 \gg \gamma^2$$

并获得：

$$x \approx x_0 e^{-\gamma t} e^{\pm i\omega_0 t} \tag{4.1}$$

方程(4.1)描述了振荡振幅的预期阻尼,其衰减时间为 $\tau_{amplitude} = \gamma^{-1}$。由于能量与振幅的平方成正比,它将以衰减时间的一半耗散,因此得到：

$$\tau_E = (2\gamma)^{-1} \tag{4.2}$$

因此,能量 τ_E 的衰减时间等于 FWHM 的倒数,而 FWHM 是以角频率单位给出的。能量在系统中保留的时间越长,相应的吸收线就越窄。由方程(4.2)定义的线宽称为振子的自然线宽,这是系统的时间响应与其光谱行为之间强关联的另一个例子。如果可以通过实验测量自然线宽,那么就可以计算衰减时间。

但这为什么有趣呢?

我们将衰减时间定义为能量从微观振子中耗散所需的时间。更准确地说,它是能量减少到 1/e 的时间。如果我们把原子或分子看作是微观振子,这个经典定义的衰变时间对应于原子或分子激发态的量子力学寿命。如第 10 章所述,寿命反过来又与描述分子或原子在量子力学水平上的动力学的函数有关,因此可以提供有关其基本物理学的信息。

对于强吸收谱线,寿命值约为 10^{-8} s,而对于亚稳态能级,可能约为 $10^{-1} \sim 10^{-5}$ s 的量级。

4.2 均匀和非均匀的谱线展宽机制

4.2.1 概述

实际上,测量由方程(4.2)确定的自然线宽并不容易,因为在实际情况中,不仅是能量耗散影响吸收线的宽度,其他机制也可能很重要。首先,实际上大多数测量都是使用一组振子完成的,而不是单个振子,这使情况更加复杂。我们已经假设一个受激振子可以随时间而释放能量,在若干个激发振子的情况下,它们可能会发生相互作用(例如碰撞),破坏振荡的相位但不影响其振幅。如果在能量衰减时间 τ_E 期间发生几次这样的相位中断,则将观察到谱线展宽效应。因为相位中断使周期性失真,从而使得振荡的傅里叶频谱变宽。如果所有振子都处于相同的物理条件下,那么它们都将以相同的方式受到这种展宽机制的影响。在这种情况下,我们讨论的是均匀展宽机制。

当振子处于不同的物理条件时,还存在另一种情况。例如,在无序的凝聚态物质中,粒子(分子、原子)可能"感觉"到不同的局域场,根据方程(3.27)将产生不同的光谱位移。结果是一些振子以略微不同的频率吸收。虽然每个单独的振子显示窄吸收线,但是多个振子的组合可以具有相当宽的吸收线。宏观上探测到的宽吸收线似乎是在不同物理条件下的振子产生的大量窄吸收线的叠加,这种谱线展宽称为非均匀谱线展宽。显然,在非均匀展宽的情况下,线形与洛伦兹线形明显不同。

作为谱线的均匀和非均匀展宽机制的标准例子,我们将简要讨论气体中谱线的展宽碰撞和多普勒展宽机制。

4.2.2 碰撞展宽

粒子间的随机弹性碰撞可能会破坏它们的振动相位。假设两次碰撞之间的平均时间 $\tau_{\text{collision}}$ 远小于能量衰减时间 τ_E,当宏观极化以 $e^{-t/\tau_{\text{collision}}}$ 衰减时,根据方程(4.1),得到线宽方程:

$$\varGamma = \tau_{\text{collision}}^{-1} \Rightarrow \text{FWHM} \equiv 2\varGamma = \frac{2}{\tau_{\text{collision}}} \quad (4.3)$$

如此定义的 FWHM 为谱线的均匀宽度。由于我们对介电函数或光学常数的处理总是涉及大量振子,从现在开始我们将在介电函数中使用 $\varGamma$ 而不是在微观振子使用的 γ。值得注意的是,在碰撞展宽中,由于假设宏观极化的指数衰减,洛伦兹光谱形状保持不变。

在一般情况下,当能量耗散和碰撞展宽都对观测到的 FWHM 有贡献时,将方程(4.2)和方程(4.3)合并得到更一般的方程:

$$\text{FWHM} \equiv 2\varGamma = \frac{2}{\tau_{\text{collision}}} + \frac{1}{\tau_E} \quad (4.4)$$

根据方程(4.4),在相位失真可以忽略的情况下,前面讨论的自然展宽是均匀线宽的特殊情况。

4.2.3 多普勒展宽

与碰撞展宽相比,气体中的多普勒展宽是一种非均匀展宽机制。在平衡状态下,气体粒子相对于它们速度的分布是对称的,其中一些粒子朝光源的方向上飞行,而另一些则远离光源。由于多普勒效应,静止的观察者将探测到:朝着光源方向运动的分子吸收的光频率可能比远离光源的分子吸收的光频率稍低。因此,分子对于光吸收过程所必需的物理条件是不同的。由于多普勒效应,完整吸收线是由相互移位的大量窄吸收线组成,这是谱线非均匀展宽的典型情况。

这个特殊的情况可以用精确的方式进行数学描述。假设光波沿 z 轴传播,由于麦克斯韦分布,在给定分子速率 z 方向上的分子数为:

$$N(v_z)\mathrm{d}v_z \propto e^{-\frac{mv_z^2}{2k_B T}}\mathrm{d}v_z$$

式中: m 为分子的质量; k_B 为玻耳兹曼常数; T 为热力学温度。设 ω_0 为静止时分子的共振频率。由于分子沿 z 方向运动,分子吸收频率不再是 ω_0,而是偏移的频率 ω_D:

$$\omega_D = \omega_0\left(1+\frac{v_z}{c}\right)$$

那么在 ω_D 处吸收的分子数量为

$$N(v_z)\mathrm{d}(v_z) = N(v_z)\frac{\mathrm{d}v_z}{\mathrm{d}\omega_D} \equiv N(\omega_D)\mathrm{d}\omega_D$$

最终得到:

$$N(\omega_D) = \left[N(v_z)\frac{\mathrm{d}v_z}{\mathrm{d}\omega_D}\right]_{v_z=f(\omega_D)} \tag{4.5}$$

方程(4.5)揭示了气体分子或原子组合中多普勒频移吸收频率 ω_D 的概率密度分布。在这种分布比均匀线宽大得多的情况下,系统的吸收线形状将由方程(4.5)决定,然后得到高斯光谱形状,其 FWHM 如下所示:

$$\Delta\omega_D = \frac{2\omega_0}{c}\sqrt{\frac{2\ln 2 k_B T}{m}}$$

当然,这也取决于温度。

这两个例子表明,在实验中不太容易获得关于自然线宽的重要信息,因为谱线展宽机制会使谱线变宽,甚至有可能改变光谱形状。对于多普勒展宽的特殊情况,我们得到了高斯线形,但在非均匀展宽的系统中也可以使用其他线形。

4.2.4 布伦德尔(Brendel)模型

布伦德尔模型可以作为方程(3.26)的推广。它面向的是无定形光学材料的特性,无定形材料的特点是具有短程有序而缺少长程有序(参阅后面的第12章)。结果,材料的局部密度可能会发生波动,从而产生非均匀的展宽机制。确实,根据第 3.2.3 节中绘制的经典图,密度波动会导致各个共振频率在某个中心值 $\overline{\omega}_0$ 附近的空间波动。

假设这些共振频率是高斯分布,则通过以下方程对"平均"介电函数进行近似计算:

$$\varepsilon(\omega) = 1 + \frac{1}{\sqrt{2\pi}\sigma}\int_{-\infty}^{\infty} \exp\left[-\frac{(\xi-\overline{\omega}_0)^2}{2\sigma^2}\right]\frac{\omega_p^2}{\xi^2-\omega^2-2\mathrm{i}\Gamma\omega}\mathrm{d}\xi$$

这里,σ 是假设高斯分布的标准偏差,再次定义了由 ε 的虚部定义的吸收线宽的非均匀展宽贡献,而 Γ 是洛伦兹振子的典型均匀线宽。吸收线的形状现在由 σ 和 Γ 之间的关系定义:在 $\sigma \gg \Gamma$ 的情况下,将观察到高斯线形,而对于 $\sigma \ll \Gamma$,则观察到洛伦兹线形。当两个线宽贡献相互接近时($\sigma \approx \Gamma$),然后我们得到所谓的 Voigt 线形。Voigt 线形或者高斯线形拟合在薄膜光学中可能显得非常有用,例如在可见光/紫外光的有机染料薄膜或金属岛状薄膜中,或主要在红外光谱区用于无定形薄膜的本征振动光谱拟合中。

4.3 多自由度振子

我们将把振子模型推广到所谓的多振子模型。现在不是一个共振频率,而是一组离散共振频率 $\{\omega_{0j}\}$。注意,前面讨论的布伦德尔模型只是多振子模型的特殊情况。方程(3.25)自然就变为:

$$\beta = \frac{q^2}{\varepsilon_0 m}\sum_{j=1}^{M}\frac{f_j}{\omega_{0j}^2-\omega^2-2\mathrm{i}\omega\Gamma_j} = \frac{3}{N}\frac{\hat{n}^2-1}{\hat{n}^2+2} = \frac{3}{N}\frac{\varepsilon-1}{\varepsilon+2} \quad (4.6)$$

因子 f_j 根据不同的自由度描述吸收线的相对强度。例如,如果我们处理分子,则可以考虑核芯不同的正常振动或各种电子振荡。图 4.1 比较了用多振子模型描述的材料介电函数和光学常数的色散。

介电函数的静态值受所有共振的影响,并且可以根据方程(4.6)假设 $\omega=0$ 来计算:

$$\beta_{\mathrm{stat}} = \frac{q^2}{\varepsilon_0 m}\sum_{j=1}^{M}\frac{f_j}{\omega_{0j}^2} = \frac{3}{N}\frac{\varepsilon_{\mathrm{stat}}-1}{\varepsilon_{\mathrm{stat}}+2}$$

顺便说一下,该表达式体现了先前排除的铁电体情况,即极限情况 $\beta_{\mathrm{stat}} \to 3N^{-1}$。在此极限情况下 $\varepsilon_{\mathrm{stat}} \to \infty$。根据方程(2.9),即使没有施加外场,铁电体的特性也会导致静态极化不等于零。

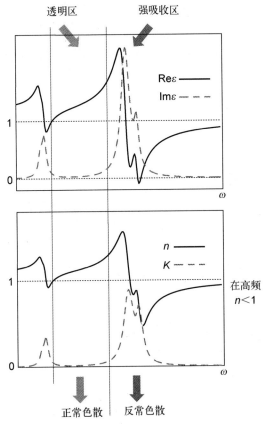

图 4.1 多振子模型中介电函数(在顶部)和光学常数(底部)之间的比较

4.4 塞默尔(Sellmeier)和柯西(Cauchy)方程

本节不会产生任何新的物理知识。已有的多种常见的色散方程,都可以视为方程(4.6)的特殊情况。它们经常在文献中被引用,因此值得一提。

如图 4.1 所示,在多振子模型中,可能存在介电函数几乎是实数的光谱区,但是需要满足如下的条件:

$$(\omega_{0j}-\omega)^2 \gg \Gamma_j^2 \quad \forall j$$

这些是实际材料的透明区,对于它们作为光学材料的使用至关重要。在非共振的情况下,方程(4.6)的介电函数可以被简化。

让我们从多振子模型的介电函数开始。通常由方程(4.6)介电函数可以写成:

$$\varepsilon = 1 + \frac{Nq^2}{\varepsilon_0 m} \sum_{j=1}^{M} \frac{\tilde{f}_j}{\tilde{\omega}_{0j}^2 - \omega^2 - 2i\omega \Gamma_j} \quad (4.7)$$

同样,$\tilde{f}_j$ 表示光谱线的强度。在接下来的推导过程中,精确地写出方程(4.6)得到的全部经典强度表达式是没有意义的,因为必须根据稍后的半经典力学处理才能得到相关表达式。我们在这里只提到,方程(4.7)总是可以通过从方程(4.6)中对部分分式的展开得到。这也将分别给出$\tilde{f}_j$ 和 $\tilde{\omega}_{0j}$的最终表达式。注意,如果涉及多个共振,则方程(3.27)是无效的。

远离任何共振之外,方程(4.7)可以写成:

$$\varepsilon \approx \mathrm{Re}\,\varepsilon = 1 + \frac{Nq^2}{\varepsilon_0 m} \sum_{j=1}^{M} \frac{\tilde{f}_j}{\tilde{\omega}_{0j}^2 - \omega^2}$$
$$\mathrm{Im}\,\varepsilon \to 0$$

用 λ 代替 ω:

$$\omega = 2\pi \frac{c}{\lambda}$$

和利用

$$\frac{\lambda^2}{\lambda^2 - \tilde{\lambda}_{0j}^2} \equiv 1 + \frac{\tilde{\lambda}_{0j}^2}{\lambda^2 - \tilde{\lambda}_{0j}^2}$$

方程(4.7)可以写成:

$$\varepsilon - 1 = n^2 - 1 = a + \sum_j \frac{b_j}{\lambda^2 - \tilde{\lambda}_{0j}^2} \quad (4.8)$$

式中 a 和 b_j 是常系数。由于折射率必须在波长接近 0 时趋于 1 的要求,它们之间是相互关联的。方程(4.8)表示了塞默尔色散方程的一种写法。在图 4.2 中,绘制了方程(4.8)的适用性示例。

将方程(4.8)展开成幂级数时,可获得另一个常见的色散方程。改写方程(4.8)如下:

$$n^2(\lambda) = 1 + a - \sum_{\tilde{\lambda}_{0j} > \lambda} \frac{b_j}{\tilde{\lambda}_{0j}^2 - \lambda^2} + \sum_{\tilde{\lambda}_{0j} < \lambda} \frac{b_j}{\lambda^2 - \tilde{\lambda}_{0j}^2}$$

其中第一和项包含了长波的共振波长,第二和项包含了短波的共振波长。将第一和项展开为$(\lambda/\tilde{\lambda}_{0j})^2$ 的幂级数,第二和项展开为$(\lambda/\tilde{\lambda}_{0j})^{-2}$的幂级数:

$$\frac{1}{1-x} = 1 + x + x^2 + x^3 + \cdots$$

我们发现:

$$n^2 = A + B\nu^2 + C\nu^4 + \cdots - B'\nu^{-2} - C'\nu^{-4} - \cdots \quad (4.9)$$

这里,A、B 和 C 值是新的常数。方程(4.9)同样适用于图 4.2 所示的范围。

为了说明这一点,本文还介绍了光学玻璃折射率的实验测定方法。关于这一问题的更多细节见第7.1节。

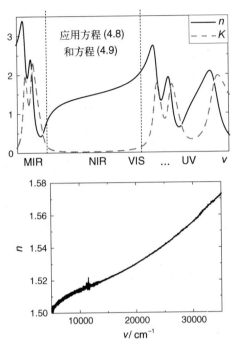

图4.2 上图为模拟光学材料的透明区,限制在两条垂直虚线之间。透明区与可应用方程(4.8)和方程(4.9)的光谱区重合。下图为测量的光学玻璃折射率

有时候,方程(4.9)被称为Cauchy的色散方程。在其他来源中,"Cauchy方程"仅适用于气体,由于在气体中颗粒浓度低所以折射率接近1。在这种情况下有:

$$n^2 - 1 = (n+1)(n-1) \approx 2(n-1)$$

代替方程(4.9)得到:

$$n = A + B v^2 + C v^4 + \cdots - B' v^{-2} - C' v^{-4} - \cdots \tag{4.10}$$

式中A,B和C值通常不同于方程(4.9)中的值。

这种简化的色散方程的另一种形式经常应用于红外光谱区。在共振光谱中,将方程(4.7)中的共振贡献($\widetilde{\omega}_{0j} \approx \omega$ 表示的项)与完整介电函数的其他部分分离是有意义的。因此,我们将对极化率的共振贡献定义为

$$\chi_{\text{res}} \equiv \frac{Nq^2}{\varepsilon_0 m} \sum_{\omega \approx \widetilde{\omega}_{0j}} \frac{\tilde{f}_j}{\widetilde{\omega}_{0j}^2 - \omega^2 - 2i\omega \Gamma_j}$$

方程(4.7)的其他项构成非共振贡献χ_{nr}。我们发现:

$$\varepsilon(\omega) = 1 + \chi_{res}(\omega) + \chi_{nr}(\omega)$$

在红外光谱中,非共振贡献主要源自高频电子共振。因此,通常忽略非共振项的色散,并将纯实数的"背景"介电函数 ε_∞ 定义为

$$\varepsilon_\infty = 1 + \chi_{nr}$$

在这种表示中,可以用以下方式重写迄今为止推导出的色散方程:

$$\text{德拜}: \varepsilon = \varepsilon_\infty + \frac{\varepsilon_{stat} - \varepsilon_\infty}{1 - i\omega\tau}$$

$$\text{德拜}: \varepsilon = \varepsilon_\infty - \frac{1}{\omega^2\tau + i\omega} \frac{\sigma_{stat}}{\varepsilon_0}$$

$$\text{单洛伦兹振子}: \varepsilon = \varepsilon_\infty + \frac{Nq^2}{\varepsilon_0 m} \frac{\tilde{f}}{\widetilde{\omega_0^2} - \omega^2 - 2i\omega\Gamma}$$

所有这些方程都代表了前面讨论的方程(3.1)的特殊情况。按照本文描述的特殊方式,它们在分离接近共振频率区的极化机制近似有效,但是不适用于描述远离共振的渐近行为。

4.5 混合物的光学性质

4.5.1 动机和例子

在实践中,通常对处理混合物材料的光学特性感兴趣。很自然地假设,混合物的光学常数表示其组分的光学常数的某种叠加,但问题是如何叠加组分的光学常数。

首先,让我们假设编号 j 的组分占据材料的体积分数为 V_j,并且通过以下方式确定该体积分数下材料的填充因子 p_j 为:

$$P_j \equiv \frac{V_j}{V}$$

式中:V 为混合物占据的全部体积。显然:

$$\sum_j p_j = 1$$

现在可以假设,线性叠加组分的介电函数是有意义的,并通过以下方式得到混合物的有效介电函数为:

$$\varepsilon_{eff} = \sum_j p_j \varepsilon_j \tag{4.11}$$

让我们看一个示例,说明如何使用这种简单的方法。

让我们看一下由氧化铝 Al_2O_3 和嵌入的小银颗粒组成的材料。术语"小"的

含义是:颗粒的直径和它们的平均距离与波长相比较小。因此材料看起来是光学均匀的,尽管它在纳米尺度上可能是非均匀的。这种复合材料很容易通过在真空条件下蒸发制备,其漂亮的外观颜色令人惊讶。当然,对于实际应用(例如在吸收器设计中),必须准确地知道它们的光学常数,因此这个例子将贯穿本节内容。

但是在开始光学讨论之前,让我们先看看这种复合材料的真实结构。图4.3显示了该材料的透射电子显微镜(TEM)图像。图像底部左角的条表示长度为20nm。在该图像中黑点为银颗粒。很显然,它们在大小、形状和相对方向上彼此不同。

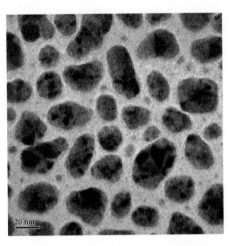

图4.3 Al_2O_3 中嵌入 Ag 粒子的复合薄膜的 TEM 图像

然而,团簇尺寸远小于可见光谱区中的波长,因此我们将材料视为光学均匀的。特别是,这意味着可以使用准静态近似。在本样品中,银颗粒的体积填充因子约为 0.3,因此 Al_2O_3 的体积填充因子为 0.7。

现在让我们讨论如何使用方程(4.11)。

图4.4显示了混合物各组分(Ag 和 Al_2O_3)的介电函数。与实部相比,Al_2O_3 介电函数的虚部在讨论的光谱区可忽略不计,因此未在图中给出。银的介电函数使用德鲁特方程表征(比较图3.1),在接近图4.2中心区的 Al_2O_3 色散用塞默尔型色散表征。

现在可以直接使用方程(4.11)中提到的填充因子。结果如图4.5所示,同时给出了实验测定的数据。

从图4.5可以看出,实验与理论的一致性还有待改进。在任何科学著作中,这样的说法总是有这样的含义:根本没有一致性。因此,至少在本例中,介电函数的简单线性叠加完全不适合混合物光学行为的建模。

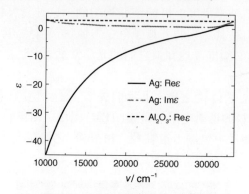

图 4.4　Ag 和 Al_2O_3 的介电函数

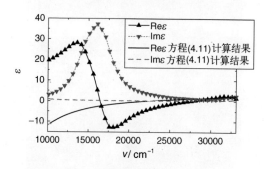

图 4.5　复合材料的介电函数

但有什么不对？是否已经到了必须转向量子力学描述？或者在经典理论的理论体系中还有什么解释吗？

首先，记住方程(4.11)不是推导出来的，而是纯粹猜测出来的。这个猜想是错误的，至少在图 4.3 所示的复合薄膜中是这样。

其次，我们指出(幸运的是)仍然没有必要应用量子力学的方法。对于图 4.5 中的介电函数的行为，只有在对复合材料光学行为的理论描述进行了认真修正之后，可以根据经典电动力学理论再现。顺便说一句，让我们提前说明，方程(4.11)在特定情况下可能会很好的应用，稍后将详细说明。我们目前的任务是了解出了什么问题，并推导出一个比方程(4.11)更通用的混合物的介电函数方程。

通过实验观察得到的如图 4.5 所示色散类型揭示了一个关键点：介电函数类似于如图 3.3 所示的形状，所以它适合于系统的振子模型，但只是针对束缚电子得到的。相反，块状银的光谱行为接近于德鲁特金属的光谱行为，这是由自由电子决定。关键在于,由于如图 4.3 所示的小颗粒(团簇)的约束,"自由"电子并非真正自由而是"束缚"在团簇中。当施加静电场时,不会有明显的电流流过这样的系统。因此,直接使用方程(4.11)描述银的介电响应是不正确的。

对这一假设的有效性进行实验性的交叉验证是很容易的。我们唯一要做的就是用相同的材料制备一个材料体系,使银粒子彼此相互不孤立,从而形成一个封闭的网络,这样直流电就可以流动(团簇的渗透)。该材料体系如图 4.6 所示。

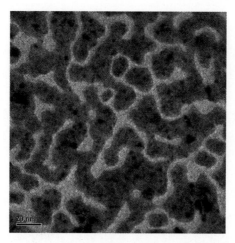

图 4.6　嵌入 Al_2O_3 的银颗粒构成的复合薄膜 TEM 图像

如果我们的假设是正确的,那么这个材料体系的光学行为应该与图 4.3 中的完全不同(也许更接近于方程(4.11)预测的行为),图 4.7 回答了这个问题。

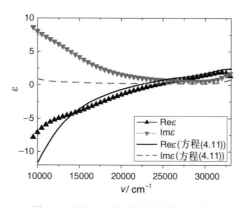

图 4.7　图 4.6 所示材料的介电函数

很明显,复合材料的介电函数对复合材料的形貌非常敏感。虽然组成材料基本上是相同,但图4.3和图4.6所示系统的光学行为完全不同。很显然,在方程(4.11)中完全没有考虑到材料的形态,这可能是我们到目前为止所犯的错误。

顺便说一下,方程(4.11)的输出结果至少在质量上与渗透系统的行为相当。因此,现在的任务是推导出一种更通用、更精密的数学方法,用于描述混合物材料的光学特性。

4.5.2 麦克斯韦·加内特,布鲁格曼和洛伦兹混合模型

让我们再看一下图4.3。很显然,一种材料颗粒(嵌入物)嵌入另一种材料(主体)中。与第3.2.2节的思想完全类似,我们将从球形嵌入物开始讨论。而且,我们将假设嵌入物可以被视为均匀电场中的极化球(准静态近似)。与第3.2.2节的不同之处在于球体现在嵌入了具有介电函数不同的主体材料中。

这将导致微观场表达式的改变,而不是方程(3.22a)。现在有:

$$E_{\text{micr}} = \frac{\varepsilon + 2\varepsilon_h}{3\varepsilon_h} E \tag{4.12a}$$

式中:E是球体中的平均场;ε是嵌入物材料的介电函数;ε_h是主体材料的介电函数。在主介电常数等于1的情况下,方程(4.12a)和方程(3.22a)是相同的。方程(4.12a)的推导可以在电动力学的教科书中找到(例如 L. D. Landau, E. M. Lifschitz: Lehrbuch der theoretischen Physik, Band VIII: Elektrodynamik der Kontinua; Akademie-Verlag Berlin 1985)。

为了使讨论更加完整,我们将嵌入其他形状的嵌入物方程(3.22d)表示为:

$$E_{\text{micr}} = \frac{\varepsilon_h + (\varepsilon - \varepsilon_h) L}{\varepsilon_h} E \tag{4.12b}$$

式中L与方程(3.22d)和表3.1中的含义相同。特别地,对于$L=0$(针形),有$E_{\text{micr}} = E$;对于$L=1$(饼形),$\varepsilon_h E_{\text{micr}} = \varepsilon E$。这些是熟悉的电场切向和垂直于表面的常见边界条件。

剩下的步骤是计算极化。每个嵌入物可以通过其线性极化率β来表征。因为嵌入物和主体材料β_h的极化率不同,所以在嵌入物的边界处形成过量的偶极矩。它可以通过如下计算:

$$p = \varepsilon_0 (\beta - \beta_h) E_{\text{micr}} = \varepsilon_0 (\beta - \beta_h) \frac{\varepsilon_h + (\varepsilon - \varepsilon_h) L}{\varepsilon_h} E \tag{4.13}$$

设N是每个占有体积的嵌入物数量。它们的偶极子有助于完全极化,根据下式,

$$N_p = \varepsilon_0(\chi - \chi_h)E = \varepsilon_0(\varepsilon - \varepsilon_h)E = N\varepsilon_0(\beta - \beta_h)\frac{\varepsilon_h + (\varepsilon - \varepsilon_h)L}{\varepsilon_h}E$$

从这里立即获得:

$$(\beta - \beta_h) = \varepsilon_h V \frac{(\varepsilon - \varepsilon_h)}{\varepsilon_h + (\varepsilon - \varepsilon_h)L}$$

这里,V 是单个嵌入物占据的平均体积。现在让我们假设有编号为 j 的不同种类嵌入物,每种嵌入物在相同的主体材料中极化。它们导致的完全极化率为:

$$\sum_j (\beta_j - \beta_h) = \varepsilon_h \sum_j V_j \frac{(\varepsilon_j - \varepsilon_h)}{\varepsilon_h + (\varepsilon_j - \varepsilon_h)L} \tag{4.14}$$

同时,可以认为介质由相同的(虚构的)结构单元构成,以占据体积 V 嵌入到具有平均"有效"介电函数 ε_{eff} 的主体材料中。当然,它们的极化率 β_{eff} 必须等于实际偶极子提供的极化率。因此,对于"有效"的介质,我们假设:

$$\beta_{eff} - \beta_h = \varepsilon_h V \frac{(\varepsilon_{eff} - \varepsilon_h)}{\varepsilon_h + (\varepsilon_{eff} - \varepsilon_h)L}; V = \sum_j V_j \tag{4.15}$$

和需要:

$$\sum_j (\beta_j - \beta_h) = \beta_{eff} - \beta_h \tag{4.16}$$

然后,从方程(4.14)到方程(4.16)最终得到一般的混合物方程:

$$\frac{(\varepsilon_{eff} - \varepsilon_h)}{\varepsilon_h + (\varepsilon_{eff} - \varepsilon_h)L} = \sum_j p_j \frac{(\varepsilon_j - \varepsilon_h)}{\varepsilon_h + (\varepsilon_j - \varepsilon_h)L} \tag{4.17a}$$

对于球形嵌入物 $L = 1/3$,方程(4.17a)变为

$$\frac{\varepsilon_{eff} - \varepsilon_h}{\varepsilon_{eff} + 2\varepsilon_h} = \sum_j p_j \frac{\varepsilon_j - \varepsilon_h}{\varepsilon_j + 2\varepsilon_h} \tag{4.17b}$$

方程(4.17a)或方程(4.17b)表示光学混合的一般方程。当然,这里所有介电函数都是复数并和频率相关的。混合物的有效介电函数似乎取决于介质的成分、填充因子和形态(使用 L 表示)。然而,它仍然是在推导开始时引入的某些可疑值 ε_h 的函数,但不幸的是最终没有抵消。处理 ε_h 有以下的方法。

麦克斯韦·加内特(MG)方法

将其中一种成分(例如,第 l 种)作为主体材料,其他成分作为嵌入物可能是最自然的选择。在图 4.3 所示的情况下,将银视为嵌入物并将电介质视为主体显然是有意义的。这就是麦克斯韦·加内特方法的思想。在这种情况下得到:

$$\frac{(\varepsilon_{\text{eff}} - \varepsilon_l)}{\varepsilon_l + (\varepsilon_{\text{eff}} - \varepsilon_l)L} = \sum_{j \neq l} p_j \frac{(\varepsilon_j - \varepsilon_l)}{\varepsilon_l + (\varepsilon_j - \varepsilon_l)L} \qquad (4.17c)$$

注意,右边的填充因子之和现在小于1。在应用中,必须记住方程(4.17c)取决于主体函数的选择:材料1是嵌入材料2中还是相反的过程是有区别的。

洛伦兹方法:

如在第3.2.2节的洛伦兹方法,假设所有嵌入物在真空极化($\varepsilon_h = 1$)。因此得到:

$$\frac{(\varepsilon_{\text{eff}} - 1)}{1 + (\varepsilon_{\text{eff}} - 1)L} = \sum_j p_j \frac{(\varepsilon_j - 1)}{1 + (\varepsilon_j - 1)L} \qquad (4.17d)$$

有效介质方法(EMA)或布鲁格曼方法

另一种可能性是假设有效介电函数本身是嵌入物的宿主介质。由此得出以下混合方程

$$0 = \sum_j p_j \frac{(\varepsilon_j - \varepsilon_{\text{eff}})}{\varepsilon_{\text{eff}} + (\varepsilon_j - \varepsilon_{\text{eff}})L} \qquad (4.17e)$$

这些方法中没有哪种方法最有效和通用的。通常,当组分明显可以细分为嵌入物和主体材料时,MG理论最有效。相反,在掺入分子混合物的情况下,EMA的应用可以获得最佳结果。最后,高度多孔的材料使用LL方法可能很合适。

在将新推导的方程应用于实验数据合成之前,让我们对方程(4.11)做出最终评论。在哪些情况下应用方程(4.11)是有意义的?

让我们假设电场垂直于腔轴的饼形结构。从表3.1中我们发现$L=0$,方程(4.17a)立即变为与方程(4.11)相同:

$$\varepsilon_{\text{eff}} = \sum_j p_j \varepsilon_j \qquad (4.17f)$$

由于$L=0$,系统可以看作为分层结构,而电场矢量平行于平面。另一方面,准静态近似仍然成立,因此分层厚度必须远小于波长(见图4.8)。在这种情况下,系统的行为类似于并联组合的一对电容器。这些电容加起来就是总电容,这样很自然就得到了方程(4.11)结论。

另一方面,当电场矢量与平面垂直时,就相当于导致电容器串联的说法。在这种情况下,人们会期望:

$$\varepsilon_{\text{eff}}^{-1} = \sum_j p_j \varepsilon_j^{-1} \qquad (4.17g)$$

实际上,为了处理这种情况,我们现在必须假设$L=1$,并使用方程(4.17e)或方程(4.17a)很容易得到方程(4.17g)。

图4.8 由无定形硅(a-Si,深色)和有机材料(铜酞菁 CuPc)组成的超薄多层结构。与之前的图像相比,该图是横断面图像。每个 a-Si 层具有平均厚度约 3.5nm,并且每个 CuPc 层平均厚度约 2nm。在可见光区中,厚度值远小于波长,因此对于电磁波的面内极化可以应用方程(4.11)

4.5.3 金属-介电混合物及表面等离激元的注释

现在让我们回到实际的例子。我们推导出一些方程,这些方程有助于再现实验观测到的色散现象。图 4.9 显示了在假设 $L=1/3$(球形嵌入物)的情况下,通过方程(4.17c)~方程(4.17e)获得的有效介电函数。

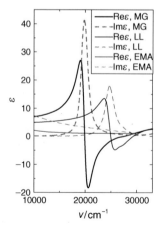

图4.9 从不同混合模型获得的介电函数; $L = 1/3$

结果表明,不同的模型给出了有效介电函数的不同结果。无论如何,我们都成功地从图 4.5 定性地再现了实验观察到的介电函数行为:至少在 MG 和 LL 模型中,我们得到了一条明显的吸收线,它与我们在实验中观察到的行为有一些相似之处。因此,这些模型似乎再现了我们在现实生活中测量的主要特征。

但是吸收线的起源是什么?如前所述,在小的金属岛中,先前的"自由"电子的运动被限制在粒子内部,因此电子的光学行为类似于束缚电子。这些电子可以进行集体振荡(等离子振荡)。显然,电子具有惰性并且受到回复力作用。因此,它们的振荡会引起共振吸收行为,这就是观察到吸收线的物理原因。

在量子物理学的描述中,电子的集体运动与被称为等离激元的基本振动叠加是相同的。术语"表面等离激元"源于这样一个事实:即在小的金属粒子中,净电荷只出现在粒子内部的表面,而在粒子内部,电子的电荷由核芯的正电荷所补偿,其方式与在大块金属中所发生的方式相同。表面电荷可以形成粒子的偶极矩,有效地耦合到入射光中,这样通过电磁辐射的吸收很容易激发表面等离激元。

为了区分小金属粒子中提到的表面等离激元与沿平面表面等离激元极化子的传播(参阅第6.4.2节),小金属粒子中自由电子的集体激发通常被称为局域表面等离激元。

本章的目的不是在此详细说明。我们只提到共振行为在数学上来源于如方程(4.17c)中的那些消失的小分母。对于电介质主体材料中的小金属颗粒,当满足以下条件时发生共振:

$$|\varepsilon_h(\omega)+[\varepsilon_{\text{metal}}(\omega)-\varepsilon_h(\omega)]L|\to\min \tag{4.18}$$

由于金属介电函数的实部通常是负值,因此存在一个或多个频率满足方程(4.18)条件。对该条件的进一步分析表明,共振频率取决于颗粒形状(通过 L)和嵌入介质的介电函数值。根据经验,主体材料介电函数的增加会降低表面等离激元的共振频率,而 L 的增加则使共振频率增加。

最后,直接比较麦克斯韦·加内特模型的结果和实验数据。正如预期的那样,因为我们处理了主体材料中的孤立嵌入物,MG 数据在这里获得了最好的结果。然而,由于共振频率之间的不匹配,图4.9中理论与实验之间的一致性仍然是定性的,这是由假定的球形几何形状($L=1/3$)引起的。通过选择另一个对应于中等细长颗粒的去极化因子 $L=0.21$ 可以克服该问题,结果如图4.10所示。

实验和理论之间的一致性现在得到了改善。显然,从图4.3可以看出,关于球形嵌入物的假设非常粗糙。大部分的银材料都集中在细长的团簇中,所以 $L<1/3$ 的共振显著影响了系统的响应。在实际中,它们会引起吸收线的红移。此外,粒子在形状和方向上也有统计分布,这就导致了谱线的非均匀展宽。因此,实验获得的共振比简单通过 MG 计算预测的更宽。当然,存在更复杂的方法将方程(4.17a)推广到具有不同去极化因子的粒子的统计叠加,这显然会使理论和实验更一致。我们将不深入讨论这些细节,但在此将指出,可以根据迄今为止

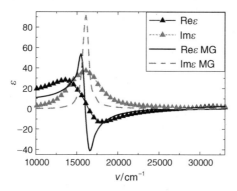

图 4.10　麦克斯韦·加内特方法计算和实验数据,假设去极化因子为 0.21(细长颗粒)

推导出的方程再现混合物介电函数的一般特征。伯格曼理论、米氏理论在对球形团簇集合上的推广,以及严格耦合波近似(RCWA)提供了更强的算法来计算这种复合系统的响应。感兴趣的读者可以查阅专门文献。

最后,以具体的例子说明银岛状膜的光学外观。图 4.11(上半部分)显示了嵌入氟化镧中银岛状膜的颜色。下面是每个样品上面积为 170nm×170nm 的透射电子显微照片,黑点是银岛。可以清楚地看到,样品的不同颜色对应于完全不同的银岛几何结构,因为它们是每个单独样品的特征。

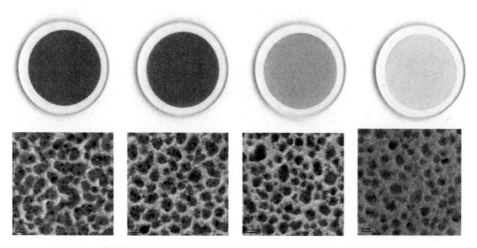

图 4.11　氟化镧(上部)中银岛薄膜的光学外观和样品的透射电子显微照片

4.5.4　介电混合物和维纳边界

从方程(4.18)可以明显看出,由于金属和绝缘体的介电函数不同,我们的数学模型可以再现金属-介质混合物光学特性的显著特征。进一步的结果是，混合模型的选择似乎是至关重要的：LL、MG 和 EMA 方法对这种金属-介质混合物的有效介电函数行为得出了完全不同的预测（图 4.9）。幸运的是，这种情况在只有电介质混合的情况下就不那么重要了，只要它们的介电函数被认为是正实数即可。

已经提到，在 $L=0$ 和 $L=1$ 的极端情况下，一般混合方程(4.17a)分别简化为更简单的方程(4.17f)和方程(4.17g)，这是独立于所选的主体介电函数方法获得的。换句话说，当 L 趋近于 0 或 1 时，所有讨论的混合模型都收敛于相同的表达式。另一方面，这些值代表了 L 的极限允许值。因此，将方程(4.17f)和方程(4.17g)看作正实数介电函数组分混合物的有效介电函数的上边界和下边界似乎是合理的。

在仅由两个组分（二元介质混合物）组成的混合物中，第一个组分占体积分数 p，第二种占据其余部分，方程(4.17a)可以用更正式的方式写出：

$$\varepsilon_{\text{eff}}(v) = f(\varepsilon_1(v), \varepsilon_2(v), p, L) \qquad (4.19)$$

在这种情况下，方程(4.17f)和方程(4.17g)代表了有效介电函数的维纳边界。无论混合物的具体拓扑结构如何，我们都可以严格证明：

$$\varepsilon_{\text{lb}}(v) \leq \varepsilon_{\text{eff}}(v) \leq \varepsilon_{\text{ub}}(v) \qquad (4.20)$$

并且

$$\varepsilon_{\text{lb}}(v) \equiv \frac{\varepsilon_1(v)\varepsilon_2(v)}{(1-p)\varepsilon_1(v) + p\varepsilon_2(v)} \qquad (4.21)$$

$$\varepsilon_{\text{ub}}(v) \equiv p\varepsilon_1(v) + (1-p)\varepsilon_2(v)$$

函数 $\varepsilon_{\text{lb}}(v)$ 和 $\varepsilon_{\text{ub}}(v)$ 定义了任何拓扑的二元混合物有效介电函数的维纳下边界和上边界。通过使用：

$$n(v) = \sqrt{\varepsilon(v)}$$

从方程(4.20)和方程(4.21)，得到了混合物实折射率的相应边界。

虽然这不是本书的重点，但我们在此提到，对于复介电函数的情况也可以给出相应的界限。

这为我们提供了一种重要的方法，用于在体积比已知时估算二元混合物的折射率：对于给定的 p，折射率似乎被限制在对应于维纳边界的两个极值之间（方程(4.21)）。如图 4.12 所示，它表示由给定的高折射率组分的体积填充因子 p_{exp}，由维纳边界定义的允许折射率 Δn 的范围（虚线箭头）。

另一方面，在完全类似的情况下，可以通过使用相同的边界，来估算与实验确定的混合物折射率值 n_{exp} 一致的填充因子范围 Δp（图 4.12 中的实线箭头）。

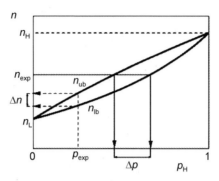

图 4.12 限制在 n_{ub} 和 n_{lb} 之间的折射率范围,可以在单一波长下获得高(n_H)和低(n_L)折射率组分的混合物。p_H 是高折射率组分的填充因子

然而,在实际中我们从实验中得到完整的色散曲线 $n_{exp}(v)$,而不是单波长的折射率,因此必须针对不同的频率重复图 4.12 所示的过程。由于实验确定折射率的精度有限,Δp 估计的结果可能在不同波长下不同。

尽管如此,维纳边界提供了估算二元光学混合物薄膜组成的方法。设第一种组分具有高折射率 n_H,第二种组分具有低折射率(n_L),p 现在是高折射率组分的体积填充因子。根据方程(4.21),给定 p 的混合物折射率的上限和下限可分别写为:

$$n_{ub}(v,p) = \sqrt{pn_H^2(v)+(1-p)n_L^2(v)}$$
$$n_{lb}(v,p) = \frac{n_L(v)n_H(v)}{\sqrt{pn_L^2(v)+(1-p)n_H^2(v)}} \quad (4.22)$$

图 4.13 中上图显示了与真实混合物折射率 n_{mix} 相关的 n_H, n_L, n_{ub} 和 n_{lb} 的预测结果。但是,在实际情况中,只有 p 的粗略信息,而不是真正的混合折射率 n_{mix}。我们可能有一些实验用来建立色散曲线 $n_{exp}(v)$,但是由于系统测量误差、随机测量误差和不可避免的残差模型不足,后者总是与实际的色散曲线有些不同。为了仍然使用 p 的估计,可以应用如下的步骤:

通过从值 1 开始减小填充因子 p,向下移动 n_{ub} 色散曲线,直到它以任何波长或频率从上方(图 4.13 中下图)接触到测量的色散曲线。这个过程只适用于消光系数可以忽略的光谱区。以这种方法定义的相应填充因子进一步称为 p_{ub}:

$$n_{ub}(v,p_{ub}) = \min\{n_{ub}(v,p):n_{ub}(v,p) \geq n_{exp}(v)\};\forall v:K_{exp(v)} \approx 0$$

预计该值将低于真实的 p。

完全类似地,我们通过增加假设的 p 值(从 $p = 0$ 开始),将 n_{lb} 曲线向上移动,当 n_{lb} 曲线从下面开始接触测量到的色散曲线时,这个过程就结束了。相应

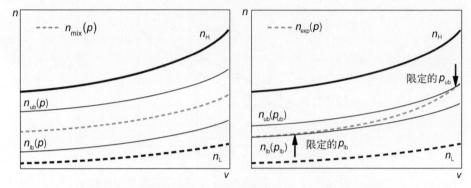

图 4.13 典型的高、低、混合折射率相关的色散曲线排列,以及根据方程(4.22)计算出的界限;下图是说明 p_{ub} 和 p_{lb} 的示意图

的填充因子进一步称为 p_{lb}:

$$n_{lb}(v,p_{lb}) = \max\{n_{lb}(v,p) : n_{lb}(v,p) \geq n_{exp}(v)\}; \forall v: K_{exp}(v) \approx 0$$

预计该填充因子将高于真实 p。

这样,我们将测量的色散曲线限制在两个合适的边界之间,由下式定义。

$$上边界: n_{ub}(v,p_{ub}) \equiv \sqrt{p_{ub}n_H^2(v) + (1-p_{ub})n_L^2(v)}$$

$$下边界: n_{lb}(v,p_{lb}) = \frac{n_L(v)n_H(v)}{\sqrt{p_{lb}n_L^2(v) + (1-p_{lb})n_H^2(v)}}$$

当然,高折射率(n_H)和低折射率(n_L)材料的折射率应该从独立测量中获得。

由此获得的 p_{ub} 和 p_{lb} 值定义了所确定的色散曲线可能填充因子的范围,这个假设非常有用。如果需要,混合物的填充因子最终估计为确定的 p 极值的算术平均值:

$$p_{ar} = \frac{p_{ub} + p_{lb}}{2}$$

在分析实践中,确定混合物组分的常用方法当然是通过合适的光谱反卷积技术讨论其吸收特征。当在可用测量范围内未检测到吸收时,这种广泛使用的方法将失效。我们利用维纳边界的方法是完全互补的,并且它表明,即使折射率测量也可能有助于估计混合物中各组分的相对浓度。

4.5.5 孔隙效应

作为本章的最后一个例子,将讨论另一个与薄膜光学材料实际相关的问题。虽然我们还没有涉及光学薄膜,但是从第 1.3 节可以直观地看出,光学薄膜的光学响应是由材料特性和几何结构所决定的。由于目前大多数光学薄膜都是在真空条件下"从下到上"以相当高的生长速率生长的,很明显,薄膜可能含有大量的缺陷,其中包括孔隙。这些孔隙可能是空的或充满了水的,在任何情况下,它们将影响实际薄膜材料的光学常数(有效)。

多孔薄膜容易产生所谓的热漂移和真空漂移,因为当薄膜在室温下暴露于空气时水可以渗透到孔隙中。这里,热漂移定义为由温度变化引起的薄膜光学厚度的相对变化(即折射率和薄膜几何厚度的乘积(见第7.3节)。在许多情况下,通过在大气条件下加热样品来测量热漂移。真空漂移表示当薄膜从真空进入空气时在恒温下光学厚度的相应变化。在中等和强多孔隙的情况下,观察到的光学厚度变化通常由折射率的变化决定,而折射率的变化又是由样品被排空或加热时孔隙中水含量的变化引起的。

为了在理论中定量地考虑孔隙的影响,最简单的是将薄膜材料看作是"纯固体材料"(折射率为n_0)和孔隙(折射率为n_v)的二元混合物。固体组分p的填充系数通常称为薄膜的聚集密度。然后,这个问题作为在第4.5.2节中发展的理论的一种特殊情况,通常使用方程(4.17c)的方法来解决。为了方便起见,我们假设折射率是纯实数,但这并不影响模型的通用性。

注释:要强调的是,这种将多孔薄膜分类为具有两个明确折射率的二元混合物的方法仍是一种极大的简化。孔隙可以部分被水填充,这会导致孔隙部分折射率有显著的增加。此外,薄膜的固体部分也不一定有明确的定义:各种固相(不同的无定形态和改性晶体、氢氧化物等)可能在实际的薄膜中共存,这取决于薄膜的材料,可能导致固体部分折射率的某些变化。在使用维纳边界方程(4.21)时,可以从以下方面粗略估算相应的影响。

$$上边界: n^2 = pn_0^2 + (1-p)n_v^2$$

$$下边界: n^{-2} = pn_0^{-2} + (1-p)n_v^{-2}$$

由于孔隙通常充满空气或水,因此它们的折射率应假定在1.0和1.33之间。因此,在大多数实际相关的情况下,我们有$n_0 > n_v$。折射率n_0和n_v的不确定性以及聚集密度p对多孔薄膜折射率的影响与实际制备的薄膜材料的光学特性的再现性高度相关。可以通过区分上述方程来解决该问题。

$$上边界: dn = \frac{1}{n}\left[pn_0 dn_0 + (1-p)n_v dn_v + \frac{1}{2}(n_0^2 - n_v^2)dp\right]$$

$$下边界: dn = n^3\left[p\frac{dn_0}{n_0^3} + (1-p)\frac{dn_v}{n_v^3} + \frac{1}{2}\left(\frac{1}{n_v^2} - \frac{1}{n_0^2}\right)dp\right]$$

在这两个方程中,折射率的变化似乎是由固体折射率分数(第一项)、孔隙折射率分数(第二项)和聚集密度本身(第三项)的不确定性贡献组成的。注意,在致密的薄膜($p\rightarrow 1$)中,第二项(也是导致偏移的项)变得可以忽略不计。然而,在中等密度的情况下,特别是当薄膜的拓扑结构导致混合模型的行为接近维纳边界的下限时,第二项就有可能严重影响到薄膜的有效折射率。

在最高聚集密度的实际情况中,有 $p\rightarrow 1$ 和 $n\approx n_0$。然后,维纳边界如下。

$$\text{上边界};p\rightarrow 1:\mathrm{d}n\approx \mathrm{d}n_0+\frac{n}{2}\left(1-\frac{n_v^2}{n^2}\right)\mathrm{d}p$$

$$\text{下边界};p\rightarrow 1:\mathrm{d}n\approx \mathrm{d}n_0+\frac{n}{2}\left(\frac{n^2}{n_v^2}-1\right)\mathrm{d}p$$

注意,对于致密薄膜,聚集密度的残余不确定性对高折射率薄膜的折射率影响最大,而对低折射率薄膜的影响可忽略不计。

无论如何,维纳边界留下了足够的空间用来考虑由不同类型形态和不同的"孔隙材料"(空孔隙中的真空/空气,或水)的不同光学常数引起的特殊效应。剩下的任务是根据目前讨论的混合模型推导出一个计算薄膜材料光学常数的显式表达式。读者自己可以很容易地做到这一点,我们仅限于一个实际重要的特殊情况,即独立圆柱杆微结构薄膜的情况。这是一个模型系统,通常应用于具有柱状结构的薄膜,这类薄膜可以通过蒸发技术生长获得。为了便于说明,图 4.14 显示了具有这种柱状结构的五氧化二铌薄膜的电子显微图。

对于正入射,电场矢量垂直于圆柱。根据我们在第 3 章的分类,这些圆柱应该与先前讨论过的针形相对应。因此,从表 3.1 可以看出,对应的去极化因子必须接近 0.5。假设圆柱嵌入到折射率为 1 的空气或真空中,方程(4.17c)将得到(在特殊情况下与方程(4.17d)相同):

$$n^2=\frac{2+(n_0^2-1)(1+p)}{2+(n_0^2-1)(1-p)} \tag{4.23a}$$

在更一般的孔隙填充情况下,方程(4.23a)变成:

$$n^2=n_v^2\left.\frac{n_v^2+[L(1-p)+p](n_0^2-n_v^2)}{n_v^2+L(1-p)(n_0^2-n_v^2)}\right|_{L=\frac{1}{2}}$$

$$=n_v^2\frac{2n_v^2+(1+p)(n_0^2-n_v^2)}{2n_v^2+(1-p)(n_0^2-n_v^2)}=\frac{(1-p)n_v^4+(1+p)n_v^2 n_0^2}{(1+p)n_v^2+(1-p)n_0^2} \tag{4.23b}$$

图 4.14 五氧化二铌薄膜的柱状结构,由 Laseroptik GmbH,Garbsen,Germany 制备,右下方的条对应于50nm 的长度。详情请见"O. Stenzel, S. Wilbrandt, N. Kaiser, M. Vinnichenko, F. Munnik, A. Kolitsch, A. Chuvilin, U. Kaiser, J. Ebert, S. Jakobs, A. Kaless, S. Wüthrich, O. Treichel, B. Wunderlich, M. Bitzer, M. Grössl, "The correlation between mechanical stress, thermal shift and refractive index in HfO_2, Nb_2O_5, Ta_2O_5 and SiO_2 layers and its relation to the layer porosity", Thin Solid Films 517, (2009), 6058-6068"

式中:n_v是孔隙材料(通常是水)的折射率。很幸运,从第2.5节我们已经对水的光学常数有了一些了解。由于水在可见光的折射率为1.33,仍然比目前常用的光学材料低。方程(4.23b)被称为布拉格(Bragg)和皮帕德(Pippard)的混合方程。

让我们更详细地看一下这个方程。显然,对于消失的聚集密度,折射率接近孔隙的折射率。如果聚集密度等于1,则薄膜的折射率等于纯薄膜材料的折射率。对于中等聚集密度,将得到介于n_v和n_0之间的折射率。另一方面,薄膜的质量密度ρ为:

$$\rho = p\rho_0 + (1-p)\rho_v \tag{4.24}$$

因此,方程(4.17c~g)和方程(4.24)定义了质量密度和折射率之间的关系,这些关系可以通过实验获得,并且原则上可以用于确定哪种可能的混合模型最能描述给定的薄膜材料。特别是对于空孔隙和可忽略的吸收的情况,人们会发现折射率通常随着质量密度的增加而增加。这似乎是可以理解的,因为当有更多的振子可用时,系统的响应预计会变得更强,这与更高的质量密度是一致的。

事实上,可以用这个好的结果结束本章。唯一的问题是我们的方法确实有效,但不幸的是并非总是如此。

我们已经提到过，固体薄膜通常是在真空条件下蒸发制备的。这是一种常用的方法，但也有其他的技术，例如溅射技术，制备的薄膜通常具备蒸发膜所不具备的其他特性。特别是溅射薄膜的密度往往高于蒸发的薄膜。在溅射的薄膜中，孔隙可能要小得多。例如，在溅射无定形硅和锗薄膜中，发现了直径约 0.7nm 的孔洞，薄膜的折射率基本上高于完全致密（晶体或无定形）薄膜。我们如何解释这种行为？

在这一点上，我们讨论了混合模型中所假设的嵌入物尺寸的一般重要问题。在我们目前描述的模型中，只要嵌入物比光的波长小得多，它的大小就不会起任何作用。如果它们变得太大，介质就不能再被认为是光学均匀的，这将产生光散射导致出现混浊的外观。在这种情况下，我们的理论显然有很大的不足。然而，我们现在面临的新事实是嵌入物不应该太小，对于非常小的嵌入物，我们的理论也可能给出误导的结果。

我们在这里发现的新现象称为尺寸效应。当嵌入物的大小开始起作用时，方程(4.17a~g)就不再有效。当嵌入物的尺寸与光的波长相比变得太大时，我们讨论的是外在尺寸效应。这些外在尺寸效应是纯粹的古典特性，可以用著名的米氏理论来计算。相反，当嵌入物太小时，用传统的介电函数来描述它们就不再正确了。介电函数本身是一种宏观测量，精确定义为与热力学相关的体振子数量。如果嵌入物仅仅由几个原子组成，它的介电行为就会偏离于整体原子——这是由于经典的原因以及量子力学的原因，在此基础上产生的尺寸效应就称为内在尺寸效应。

根据经典物理学，当嵌入物的表面原子数相对于体原子不可忽略时，会出现内在尺寸效应。显然，嵌入物（或孔隙）越小，表面振子和体内振子之间的比率就越高。由于表面原子的行为通常不同于体原子的行为，光学行为则取决于嵌入物的大小。

在应用于非常小的孔隙时，简单的洛伦兹-洛伦茨方程(3.25)就足以表明，孔隙的出现可能会导致混合物折射率的增加，让我们看看这是如何发生的。

我们从致密的固体开始，通过去除单位体积内的 j 个原子来产生孔隙。同时，我们自动创建 N_s 个表面振子（例如悬空键），每个振荡子具有极化率 $\beta_{s,u}$。我们在这里强调使用术语"表面振子"而不是"表面态"，仍然在一个完全经典的唯象中工作。致密固体的折射率为

$$n_0^2 = 1 + \frac{N_0\beta}{1 - \frac{N_0\beta}{3}}$$

在移除了一些 j 原子之后,我们得到两种类型的振子,新的折射率可以写为

$$n^2 = 1 + \frac{(N_0-j)\beta + N_s\beta_{s,u}}{1 - \frac{(N_0-j)\beta + N_s\beta_{s,u}}{3}} \quad (4.25)$$

很明显,移除 j 个原子满足下述条件而导致折射率降低:

$$j\beta > N_s\beta_{s,u} \Leftrightarrow \frac{j}{N_s} > \frac{\beta_{s,u}}{\beta}$$

另一方面, j 与特征孔径 l^3 成比例(体积),而 N_s 与 l^2(表面)成比例。因此,为了观察随着密度的增加而折射率增加的现象,我们得到了如下条件:

$$l \propto \frac{j}{N_s} > \frac{\beta_{s,u}}{\beta}$$

因此, j 必须超过某个阈值,即孔隙必须不能太小。相反,当孔隙小于由上述条件定义的界限时,孔隙的出现会导致折射率的增加。让我们估算特征"临界"孔隙的半径,其中折射率相对密度的导数改变其符号。

为了得到这样的估计,我们需要做一些模型假设。假设孔隙是半径为 R 的球形,并具有孔隙浓度 N_p 和原子间距 a,则有:

$$j \approx \frac{4\pi}{3} N_p \frac{R^3}{a^3}; N_s \approx 4\pi N_p \frac{R^2}{a^2}$$

假设极化率几乎相等 $(\beta \approx \beta_{s,u})$,立即得到:

$$R > 3a$$

当原子间距约为 0.2nm 时,应该至少具有 1.2nm 的孔径,才能获得随着孔隙率的增加而折射率降低的结果,这与上述实验结果一致。

这些考虑表明,折射率不一定是质量密度的明确函数,诸如方程(4.17a~g)这样的简单混合方程是否适用,将取决于孔隙的具体情况。一般的结论是,对于应用方程(4.17a~g),孔隙的大小应该是一定的量级以满足以下条件:

$$1\text{nm} < l \ll \frac{\lambda}{n}$$

当然,我们可以考虑固有的尺寸效应,通过用与尺寸相关的自组织介电函数代替嵌入物的常规介电函数,但这并不改变本章的主要结论。

4.5.6 用洛伦兹-洛伦茨方法研究无定形硅的折射率:模型计算

让我们对所讨论的亚纳米孔隙做最后一点评论。亚纳米孔隙的作用不是对

块体折射率产生小的修正,相反他们可能会彻底改变现状。因此,在近红外光谱区晶体硅的折射率接近3.55,已发现溅射无定形硅膜在相同光谱区中显示出高达4.2的折射率。这是一个非常大的差异,但是具有很高的使用价值,对于我们的经典混合物模型而言具有挑战性。

图4.15收集了不同来源的实验数据,以证明无定形态硅薄膜的质量密度与近红外折射率之间的关系,正如各种研究中报道的那样。折射率数据的强离散性是由于不同的原因造成的,我们在这一点上已经提到过,从引用的文献来看并不总是很清楚是在哪个波长下的折射率。因此,部分离散性显然是由折射率色散造成的。然而,一些折射率数据远高于从晶体中获得的折射率值的趋势还是很明显的。我们还从数据中认识到,氢化无定形硅(a-Si:H)薄膜的折射率往往低于未氢化硅(a-Si)薄膜,尽管它们的密度可能相同(图4.15)。特别是,a-Si:H 的 $n(\rho)$ 似乎更接近于简单洛伦兹-洛伦茨模型的预测结果(方程(4.17d)中,$L = 1/3$,红色的线)。

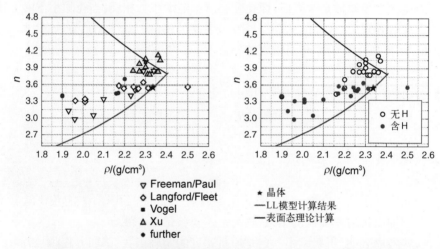

图4.15 氢化和非氢化无定形硅薄膜得折射率和密度的文献数据综述
左图中不同的符号对应不同的来源;右图中红色的圆对应着 a-Si:H,黑色的
圆对应着 a-Si。红线使用方程(3.25)计算,深蓝色线使用方程(4.27)计算,
在建模时未考虑报道的实验密度值(2.5g/cm³)(见彩插)

第二个观察结果反映了一个事实,就是氢化倾向于钝化无定形硅中的表面态,从而减少了方程(4.25)中不饱和表面态的数量(下标"u"代表"不饱和")。将表面态细分为不饱和(N_s, u)和饱和(氢化)(N_s, H),并用具有相应极化率的经典表面振子组替换方程(4.25)我们得到:

$$n_{\text{a-Si:H}}^2 = 1 + \frac{(N_0-j)\beta + N_{s,u}\beta_{s,u} + N_{s,H}\beta_{s,H}}{1 - \dfrac{(N_0-j)\beta + N_{s,u}\beta_{s,u} + N_{s,H}\beta_{s,H}}{3}}$$

$$N_s = N_{s,u} + N_{s,H} \Rightarrow \qquad (4.25a)$$

$$n_{\text{a-Si:H}}^2 = 1 + \frac{(N_0-j)\beta + N_{s,u}(\beta_{s,u}-\beta_{s,H}) + N_s\beta_{s,H}}{1 - \dfrac{(N_0-j)\beta + N_{s,u}(\beta_{s,u}-\beta_{s,H}) + N_s\beta_{s,H}}{3}}$$

显然,为了符合实验折射率数据,必须假设满足以下条件:

$$\beta_{s,u} - \beta_{s,H} > 0$$

这导致:

$$N_{s,u}(\beta_{s,u}-\beta_{s,H}) + N_s\beta_{s,H} \leq N_s(\beta_{s,u}-\beta_{s,H}) + N_s\beta_{s,H} = N_s\beta_{s,u}$$

因此,我们终于获得:

$$1 + \frac{(N_0-j)\beta}{1 - \dfrac{(N_0-j)\beta}{3}} \leq n_{\text{a-Si:H}}^2 \leq 1 + \frac{(N_0-j)\beta + N_s\beta_{s,u}}{1 - \dfrac{(N_0-j)\beta + N_s\beta_{s,u}}{3}} \qquad (4.26)$$

在实践中,无论处理 a-Si 还是 a-Si:H,我们总是不得不期望表面态的一部分是饱和的,而其余部分是不饱和的("悬挂键")。基于简单的洛伦兹理论,我们得出结果是,真正测量的折射率可能在很宽的范围内离散,而洛伦兹-洛伦茨方程(3.25)从下到上限制了折射率的变化,而方程(4.25)则从上到下限制了折射率的变化,这就是方程(4.26)的本质。不饱和表面态的浓度越低,方程(4.25a)预测的折射率越接近方程(3.25)的预测值。因此,不会令人惊讶的是,图 4.15 中右图的 a-Si:H 数据与红色理论曲线更趋于吻合,而 a-Si 数据则没有。

实验数据的来源:

"Freeman/Paul": E. C. Freeman, W. Paul, Optical constants of rf sputtered hydrogenated amorphous Si; Phys. Rev. B 20, 1979, 716-728

"Langford/Fleet": A. A. Langford, M. L. Fleet, B. P. Nelson, W. A. Lanford, N. Maley, Infrared absorption strength and hydrogen content of hydrogenated amorphous silicon, Phys. Rev. B 45, 1992, 13367-13377

"Vogel": M. Vogel, O. Stenzel, A modified floatation method as an accurate tool for determining the macroscopic mass density of optical interference coatings, Proc. SPIE 2253, (1994), 655-666

"Xu": Q. Xu, Characterization of magnetron-sputtered amorphous silicon layers, Master Thesis, Abbe School of Photonics @ Friedrich Schiller Universität Jena, Germany, 2014

"further":Freeman/Paul 报道的参考数据。

虽然方程(3.25)给出了折射率下限的可靠估计,但到目前为止我们还没有定量测量上限的方法。关键是在方程(4.25)中,数字 j 和 N_s 尚未相互关联。为了进行定量估计,我们需要在 j 和 N_s 之间建立具体的关系。

在文献中报道了一种描述无定形锗折射率的量子力学方法。这种方法的思想是把孔隙看作从完全协调的原子网络中移除的原子簇。如果是这样,移除的原子簇分数为 f,它的键就出现在簇的表面上,并而 $0 \leqslant f \leqslant 1$ 成立。然后,可以推导出以下方程:(对比 G. A. N. Connell, Optical Properties of Amorphous Semiconductors, in: M. H. Brodsky (Ed.): Amorphous Semiconductors; Springer-Verlag, Berlin, Heidelberg, New York, 1985):

$$n^2(\omega=0) = 1+\mathrm{const}\left[\frac{\rho}{\rho_0}\right]^{1-4f} \tag{4.27}$$

这里的常数不取决于实际的薄膜密度,而只取决于完全协调(密集)网络上的参数。对于非常大的孔隙,f 接近零,并且在这种情况下根据方程(4.27),密度降低时长波折射率降低。这是与我们混合模型预测一致的典型情况,并且当孔隙很大时才能观察到,即表面效应由体效应支配。当孔隙变小时,情况完全改变。一旦 f 超过 0.25 值,密度的降低似乎导致折射率的增加。在这种情况下,折射率由表面效应决定。在从网络中移除单个原子的极端情况下,$f=1$,然后当密度降低时折射率显示最大的增加,这种特殊情况如图 4.15 所示为深蓝线。从图中可以看出,高密度的 a-Si 数据确实分布在该线周围。对于较低密度的 a-Si,孔隙确实变得更大,其数据与深蓝线不相关,但应对较低的 f 值放宽相应的依赖关系。

结果表明,考虑了方程(4.27)中的表面效应,为我们提供了理解 a-Si 薄膜折射率异常行为的理论。在本章结束时,我们将尝试根据洛伦兹理论建立与方程(4.27)经典的类比。

如在方程(4.25)中所述,我们从一个在单位体积中有 N_0 个原子的完全协调网络开始。在该思想中,我们通过以任意步长的方式去除单个原子来降低材料的密度,将剩余的原子细分为"体"(N_B)和"表面"(N_S)原子。在我们的处理中,只要它们与另外四个相同原子共价键合(就像典型的硅原子一样),我们就将它们视为体原子,将其余的原子称为表面原子。在第 j 步,即移除了 j 个原子后,得到:

$$N_j = N_0 - j = N_{B,j} + N_{S,j}$$

我们将极化率 β_B 归因于体原子,并将 β_S 归因于表面原子(无论表面原子是有一个、两个或三个不饱和键——这是一个非常强的简化)。

注释:值得注意的是,这些极化率具有与方程(4.25)中引入的极化率 β 和 $\beta_{s,u}$ 具有不同的含义。的确,当回到方程(4.25)时,

$$(N_0-j)\beta + N_s\beta_{s,u} = (N_{B,j} + N_{S,j})\beta + N_s\beta_{s,u}$$

在做出第 j 步表面原子数 $N_{S,j}$ 大约等于表面振子的实际数量 N_S 的粗略假设时,我们可以写:

$$(N_0-j)\beta + N_s\beta_{s,u} \approx N_{B,j}\beta + N_{S,j}(\beta + \beta_{s,u})$$

这意味着先前引入的极化率 β 对应于 β_B,而 $\beta_{s,u}$ 必须视为描述表面振子之外的额外响应的过剩极化率。因此:

$$\beta_B \approx \beta \text{ ; } \beta_S \approx \beta_B + \beta_{s,u}$$

让我们进一步介绍在第 $j+1$ 步,1 个体原子($W_{B,j}$)或 1 个表面原子($W_{S,j}$)被移除的概率 W。当以随机的方式移除原子时,我们可以这样写:

$$W_{S,j} = \frac{N_{S,j}}{N_j} \text{ ; } W_{B,j} = \frac{N_{B,j}}{N_j} = 1 - W_{S,j}$$

$$N_{S,0} = 0 \text{ 和 } N_{B,0} = N_0$$

现在我们移除第 $j+1$ 原子,有:

$$j \to j+1 \Rightarrow N_{j+1} = N_j - 1$$

在移除 1 个体原子的情况下,最多可以产生 4 个新的表面原子。我们已经知道,明确考虑表面状态会导致计算的折射率增大。因此,在我们的模拟中,将限制在这种简单的情况下,以便识别折射率的上边界。因此,在我们的模型中,从网络中移除 1 个体原子会导致表面原子的数量显著增加(多于 4 个表面原子),同时,体原子的数量减少 5 个(移除 1 个体原子,4 个体原子变成表面原子)。

注释:实际上,新产生的表面原子的数量可能更少,这可能是晶格弛豫过程的结果(对比 P. Y. Yu and M. Cardona, Fundamentals of Semiconductors. Physics and Material Properties, 4th ed., Springer-Verlag, Berlin, Heidelberg 2010, p. 182)。此外,在第 j 步中考虑的被移出的体原子的 1 个或几个相邻原子可能之前已经是表面原子。因此,我们这样处理就确定了折射率可能的上限。

在表面原子被移走的情况下,一定数量先前的体原子可能会转变为新的表面原子,这取决于移走表面原子附近的键几何结构。让我们引入参数 $\langle \Delta N_{s,j} \rangle$,它等于先前体原子的平均数量,在第 j 步通过移除另一个相邻表面原子而变成表面原子。我们没有关于它的行为的具体信息,但是可以假设当 j 趋于 N_0 时,这个参数显示出从初始值 3(在最小的 j 值)下降到 0 的趋势是有意义的,但可能非常复杂。然后,第 $j+1$ 步处的体原子和表面原子的数量可以估计为:

$$\langle N_{S,j+1} \rangle \leqslant N_{S,j+1} \equiv N_{S,j} + 4W_{B,j} + W_{S,j}(\langle \Delta N_{S,j} \rangle - 1)$$

$$\langle N_{B,j+1} \rangle \geqslant N_{B,j+1} \equiv N_{j+1} - N_{S,j+1}$$

一旦体原子数计算出来为 0,这个序列就会结束。这样我们就建立了一个粗略的递归方程,用于估算每一步的表面原子数和体原子数。为了研究 n 与 ρ 的依赖关系,我们最后写道:

$$\langle n_j^2 \rangle \leqslant 1 + \frac{N_{B,j}\beta_B + N_{S,j}\beta_S}{1 - \frac{N_{B,j}\beta_B + N_{S,j}\beta_S}{3}}$$

$$= 1 + \frac{N_j\beta_B + N_{S,j}(\beta_S - \beta_B)}{1 - \frac{N_j\beta_B + N_{S,j}(\beta_S - \beta_B)}{3}} \quad (4.28)$$

$$\rho_j \propto N_0 - j$$

方程(4.28)给出了计算假设折射率理论行为的方法,该方程应限制上面的 a-si(:H) 的实验数据。最后在图 4.16 中给出了相应模型的计算结果(实线),与传统的洛伦兹-洛伦茨方程计算的结果(虚线)一起展示,两条线基本约束了 a-Si(:H) 折射率的允许范围。在该计算中,假设 $\langle \Delta N_{S,j} \rangle$ 随着 j 的增加而线性减小,而 $\beta_S \approx 1.45\beta_B$。这个经典估计再次导致了宽范围的允许折射率,并再次向我们证实了经典洛伦兹-洛伦茨方法背后物理概念的力量。

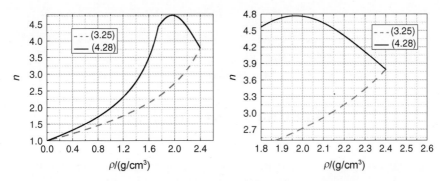

图 4.16 根据方程(3.25)和方程(4.28)建模的折射率对质量密度的依赖性

第5章 克莱默斯-克罗尼格 (Kramers-Kronig) 关系

摘 要：克莱默斯-克罗尼格关系建立了介电函数实部和虚部色散的基本关系。这样，光的折射和能量的耗散似乎是相互关联的现象。利用广义函数理论，推导出绝缘体和导体的克莱默斯-克罗尼格关系，也推导出了简单的求和规则。

5.1 克莱默斯-克罗尼格关系的推导

这是本书第一部分的最后一章，它涉及线性光学常数的经典理论。本章的目的是强调介电函数的一些一般解析性质，因为它们符合因果关系的基本物理原理。

让我们从电介质的例子开始。由第2.5节方程(2.25)可知，电介质的线性介电极化率可以写成：

$$\chi(\omega) = \int_0^\infty \kappa(\xi) e^{i\omega\xi} d\xi = \int_{-\infty}^\infty \widetilde{\kappa}(\xi) e^{i\omega\xi} d\xi = \int_{-\infty}^\infty \widetilde{\kappa}(\xi)\theta(\xi) e^{i\omega\xi} d\xi$$

这些恒等式直接符合因果关系原理，使得响应函数与阶梯函数 $\theta(t)$ 的乘积保持不变。现在让我们按照以下方式进行傅里叶变换：

$$\widetilde{\kappa}(\xi) = \frac{1}{2\pi}\int_{-\infty}^\infty \chi(\omega) e^{-i\omega\xi} d\omega$$

$$\theta(\xi) = \frac{1}{2\pi}\int_{-\infty}^\infty \Theta(\omega) e^{-i\omega\xi} d\omega$$

这导致：

$$\chi(\omega) = \frac{1}{(2\pi)^2}\int_{-\infty}^\infty e^{i\omega\xi} d\xi \int_{-\infty}^\infty \Theta(\omega_1) e^{-i\omega_1\xi} d\omega_1 \int_{-\infty}^\infty \chi(\omega_2) e^{-i\omega_2\xi} d\omega_2$$

$$= \frac{1}{(2\pi)^2}\int_{-\infty}^\infty \int_{-\infty}^\infty \Theta(\omega_1)\chi(\omega_2) d\omega_1 d\omega_2 \int_{-\infty}^\infty e^{i(\omega-\omega_1-\omega_2)\xi} d\xi$$

$$= \frac{1}{2\pi}\int_{-\infty}^\infty \int_{-\infty}^\infty \Theta(\omega_1)\chi(\omega_2)\delta(\omega-\omega_1-\omega_2) d\omega_1 d\omega_2$$

$$= \frac{1}{2\pi}\int_{-\infty}^{\infty}\Theta(\omega_1 - \omega_2)\mathcal{X}(\omega_2)\mathrm{d}\omega_2$$

其中恒等式带有 $\delta(x)$ -狄拉克 δ 函数：

$$\int_{-\infty}^{+\infty}\mathrm{e}^{\mathrm{i}(\omega-\omega_1-\omega_2)\xi}\mathrm{d}\xi = 2\pi\delta(\omega-\omega_1-\omega_2)$$

阶跃函数的傅里叶谱可以根据以下方程计算：

$$\Theta(\omega) = \int_{-\infty}^{\infty}\theta(\xi)\mathrm{e}^{\mathrm{i}\omega\xi}\mathrm{d}\xi = \int_{0}^{\infty}\mathrm{e}^{\mathrm{i}\omega\xi}\mathrm{d}\xi = \lim_{T\to\infty}\int_{0}^{\infty}\mathrm{e}^{-\frac{\xi}{T}}\mathrm{e}^{\mathrm{i}\omega\xi}\mathrm{d}\xi$$

$$= \lim_{T\to\infty}\frac{1}{\left(-\frac{1}{T}+\mathrm{i}\omega\right)} = \lim_{T\to\infty}\frac{1}{-\mathrm{i}\omega+\frac{1}{T}} = \lim_{T\to\infty}\frac{T^{-1}}{T^{-2}+\omega^2} + \lim_{T\to\infty}\frac{\mathrm{i}\omega}{T^{-2}+\omega^2}$$

$$= \pi\delta(\omega) + \frac{\mathrm{i}}{\omega}$$

以便获得：

$$\Theta(\omega-\omega_2) = \pi\delta(\omega-\omega_2) + \frac{\mathrm{i}}{\omega-\omega_2} \to$$

$$\mathcal{X}(\omega) = \frac{1}{2\pi}VP\int_{-\infty}^{\infty}\left[\pi\delta(\omega-\omega_2) + \frac{\mathrm{i}}{\omega-\omega_2}\right]\mathcal{X}(\omega_2)\mathrm{d}\omega_2$$

因此，得到了这样的关系：

$$\mathcal{X}(\omega) = \frac{\mathrm{i}}{\pi}VP\int_{-\infty}^{\infty}\frac{\mathcal{X}(\omega_2)}{\omega-\omega_2}\mathrm{d}\omega_2$$

其中 VP 为柯西主值积分。分离实部($\mathcal{X}'$)和虚部($\mathcal{X}''$)，得到结果：

$$\mathcal{X}'(\omega) = -\frac{1}{\pi}VP\int_{-\infty}^{\infty}\frac{\mathcal{X}''(\omega_2)\mathrm{d}\omega_2}{\omega-\omega_2} = \frac{1}{\pi}VP\int_{-\infty}^{\infty}\frac{\mathcal{X}''(\omega_2)\mathrm{d}\omega_2}{\omega_2-\omega}$$

$$\mathcal{X}''(\omega) = \frac{1}{\pi}VP\int_{-\infty}^{\infty}\frac{\mathcal{X}'(\omega_2)\mathrm{d}\omega_2}{\omega-\omega_2} = -\frac{1}{\pi}VP\int_{-\infty}^{\infty}\frac{\mathcal{X}'(\omega_2)\mathrm{d}\omega_2}{\omega_2-\omega}$$

在应用于介电函数的实部和虚部(ε' 和 ε'')时，最终得到 Kramers–Kronig 关系：

$$\varepsilon'(\omega) = 1 + \frac{1}{\pi}VP\int_{-\infty}^{\infty}\frac{\varepsilon''(\omega_2)\mathrm{d}\omega_2}{\omega_2-\omega} \tag{5.1}$$

$$\varepsilon''(\omega) = -\frac{1}{\pi}VP\int_{-\infty}^{\infty}\frac{[\varepsilon'(\omega_2)-1]\mathrm{d}\omega_2}{\omega_2-\omega} \tag{5.2}$$

重要的结论是，由于因果关系，介电函数实部和虚部的色散通过方程(5.1)和方程(5.2)积分变换相互关联。

在目前的形式下,这些方程只对电介质有效。原因很清楚:积分区间涉及参数 $\omega_2 = 0$,但正如我们在 3.1.2 节中提到的那样,方程(2.25)不能用于描述导体的低频行为。相反,关于方程(3.13)的方法,方程(2.25)必须被类似方程(3.15)的方法所取代。这使我们有可能将方程(5.1)和方程(5.2)推广到导体的情况。实际上,级数(3.15)可以重写为

$$\chi^{\text{conductor}}(\omega) \equiv i\frac{\sigma_{\text{stat}}}{\varepsilon_0 \omega} + \chi^{\text{opt}}(\omega)$$

当然,对于方程(3.13)这样的幂级数展开,χ_{opt} 表现为"规则"。因此,对于 χ_{opt} Kramers–Kronig 关系为

$$\chi'^{\text{opt}}(\omega) = \frac{1}{\pi} VP \int_{-\infty}^{\infty} \frac{\chi''^{\text{opt}}(\omega_2) d\omega_2}{\omega_2 - \omega}$$

$$\chi''^{\text{opt}}(\omega) = -\frac{1}{\pi} VP \int_{-\infty}^{\infty} \frac{\chi'^{\text{opt}}(\omega_2) d\omega_2}{\omega_2 - \omega}$$

因为方程(3.15)第一项是纯虚数,因此有:

$$\chi'(\omega) = \chi'^{\text{opt}}(\omega)$$

对于导体有:

$$\chi''(\omega) = \chi''^{\text{opt}}(\omega) + \frac{\sigma_{\text{stat}}}{\varepsilon_0 \omega} \Rightarrow$$

$$\chi''(\omega) = -\frac{1}{\pi} VP \int_{-\infty}^{\infty} \frac{\chi'(\omega_2) d\omega_2}{\omega_2 - \omega} + \frac{\sigma_{\text{stat}}}{\varepsilon_0 \omega} \quad (5.3)$$

和

$$\chi'(\omega) = \chi'^{\text{opt}}(\omega) = \frac{1}{\pi} VP \int_{-\infty}^{\infty} \frac{\chi''^{\text{opt}}(\omega_2) d\omega_2}{\omega_2 - \omega}$$

$$= \frac{1}{\pi} VP \int_{-\infty}^{\infty} \frac{\chi''(\omega_2) d\omega_2}{\omega_2 - \omega} - \frac{\sigma_{\text{stat}}}{\pi \varepsilon_0} \underbrace{VP \int_{-\infty}^{\infty} \frac{d\omega_2}{\omega_2(\omega_2 - \omega)}}_{= 0 @ \omega \neq 0} \quad (5.4)$$

$$\Rightarrow \chi'(\omega) = \frac{1}{\pi} VP \int_{-\infty}^{\infty} \frac{\chi''(\omega_2) d\omega_2}{\omega_2 - \omega}$$

在方程(5.1)~方程(5.4)中,必须定义正负频率下的极化率或介电函数,这不会导致任何问题。根据方程(3.13)和方程(3.15),介电函数的虚部必须被视为频率的奇函数,而实部是频率的偶函数(基于该深层次的原因,第 4.4 节中的塞默尔和柯西方程仅包含波长或波数的偶数幂)。因此,方程(5.3)和方程(5.4)可以用更熟悉的方式重写为

$$\varepsilon'(\omega) = 1 + \frac{2}{\pi} VP \int_0^\infty \frac{\varepsilon''(\omega_2)\omega_2 d\omega_2}{\omega_2^2 - \omega^2} \tag{5.5}$$

$$\varepsilon''(\omega) = -\frac{2\omega}{\pi} VP \int_0^\infty \frac{[\varepsilon'(\omega_2) - 1]}{\omega_2^2 - \omega^2} d\omega_2 + \frac{\sigma_{stat}}{\varepsilon_0 \omega} \tag{5.6}$$

5.2 一些结论

让我们简短地介绍一些直接从方程(5.5)和方程(5.6)开始的有用关系。我们从推导一个简单的色散方程(Wemple色散方程)开始,该色散方程是用于计算远低于吸收区频率的折射率色散。我们假设吸收(介电函数的非零虚部)仅限于频率范围$[\omega_A, \omega_B]$。根据中值定理,我们有:

$$\varepsilon'(\omega) = n^2(\omega) = 1 + \frac{2}{\pi} VP \int_0^\infty \frac{\varepsilon''(\omega_2)\omega_2 d\omega_2}{\omega_2^2 - \omega^2} = 1 + \frac{2}{\pi} \int_{\omega_A}^{\omega_B} \frac{\varepsilon''(\omega_2)\omega_2 d\omega_2}{\omega_2^2 - \omega^2}$$

$$= 1 + (\omega_B - \omega_A) \frac{\varepsilon''(\overline{\omega})\overline{\omega}}{\overline{\omega}^2 - \omega^2} \cong 1 + \frac{const. \cdot \overline{\omega}}{\overline{\omega}^2 - \omega^2} = n^2(\omega)$$

并且

$$\overline{\omega} \in [\omega_B, \omega_A]; \omega \ll \omega_A < \omega_B; \varepsilon''(\omega) = 0$$

从结构上看,这个色散方程类似于单振子的塞默尔方程。事实上,在我们的推导中,全吸收结构已经被一个以$\overline{\omega} \in [\omega_A, \omega_B]$为中心的单振子所取代。

另一个结论涉及非导电材料的静态介电常数。从方程(5.5)开始,对于$\omega = 0$,我们得到:

$$\varepsilon_{stat} = 1 + \frac{2}{\pi} \int_0^\infty \frac{\varepsilon''(\omega)}{\omega} d\omega \tag{5.7}$$

因此,我们发现静态介电常数的值与$\text{Im}\varepsilon$的高频特性直接相关。在电介质中,它总是大于1。另一方面,对于非常高的频率,我们从方程(5.5)中发现:

$$\varepsilon'(\omega)|_{\omega \to \infty} \to 1 - \frac{2}{\pi\omega^2} \int_0^\infty \varepsilon''(\omega_2)\omega_2 d\omega_2 \tag{5.8}$$

当前的频率远高于吸收发生的频率时,这种方法是有效的(它不适用于德拜方程,因为虚部随着频率的增加而缓慢下降)。我们看到,对于非常高的频率,我们仍然需要期望正常的色散,但是折射率低于1,这是典型的X射线区的情况。

由此我们可以得出结论,无论振子模型是否适用,介电函数的实部在吸收结构附近表现出反常色散。实际上,从方程(5.7)来看,在静态情况下它大于1。只要没有吸收,它就会随着频率的增加而增加。当频率远高于吸收频率时,我们再次发现正常色散,但折射率低于1。因此,在吸收结构附近,折射率必须随频率降低(只要它被认为是频率的连续函数)。

下面我们最终得出一个重要的求和规则。让我们回到方程(3.16)的电荷载流子经典运动方程。假设波的电场 E 导致电荷 q 沿 x 轴运动,根据下式写出牛顿运动方程:

$$qE = qE_0 e^{-i\omega t} = m\ddot{x} + 2\gamma m\dot{x} + m\omega_0^2 x$$

让我们进一步假设:

$$x \propto e^{-i\omega t}$$

在足够高的频率范围内,我们发现:

$$\frac{qE}{m} = -\omega^2 x - 2i\gamma\omega x + \omega_0^2 x \Big|_{\omega \to \infty} \to -\omega^2 x; \Rightarrow x \to -\frac{qE}{m\omega^2} \tag{5.9}$$

该结果适用于任何假定的共振频率,尤其适用于自由电荷载流子。从这里很容易得到介电函数的表达式:

$$\Rightarrow P \equiv \varepsilon_0(\varepsilon - 1)E = Nqx \to -\frac{Nq^2 E}{m\omega^2}$$

$$\varepsilon_0(\omega \to \infty) \to 1 - \frac{Nq^2}{\varepsilon_0 m\omega^2} \tag{5.10}$$

式中 N 是电荷载流子(电子)的总浓度。

比较方程(5.8)和方程(5.10)可以得出求和规则:

$$N = \frac{2\varepsilon_0 m}{\pi q^2} \int_0^\infty \varepsilon''(\omega)\omega \, d\omega \tag{5.11}$$

因此,积分吸收与引起吸收的偶极子浓度有关。根据光学常数重写方程(5.11),可以立即得到:

$$N = \frac{2\varepsilon_0 mc}{\pi q^2} \int_0^\infty n(\omega)\alpha(\omega) \, d\omega \tag{5.12}$$

方程(5.12)是任何定量光谱分析的基础,其中测量积分吸收以确定任何类型吸收中心(分子、杂质等)的浓度。当然,在任何实际应用中,都将始终使用有限的频率间隔来执行方程(5.12)中的积分。值得注意的是,浓度与积分吸收有关而与峰吸收无关。

5.3 第2~4章和本章的回顾

5.3.1 主要结果概述

如引言中所述,第2章到本章共同构成了本书的第一部分,讨论了线性光学常数的经典理论。让我们简要回顾一下迄今为止取得的主要成果:

(1) 对于均匀、各向同性和非磁性材料,线性光学常数(折射率,吸收系数)由材料的复介电函数决定。

(2) 由于因果关系,介电函数和光学常数依赖于频率(色散)。介电函数的实部和虚部的色散通过 Kramers-Kronig 关系的积分变换相互关联。

(3) 推导出永久偶极子系统的介电函数,以及自由电荷和束缚电荷载流子振荡产生的感应偶极子的介电函数。结果用德拜方程以及德鲁德方程和洛伦兹方程表示。

(4) 在振子系统中,吸收线的宽度通常不同于微观振子模型预测的宽度,这是由均匀和非均匀的谱线展宽效应引起的。

(5) 混合物材料的光学常数取决于混合比和微观结构。已经推导出不同的光学混合模型,包括经典的麦克斯韦·加内特理论,洛伦兹理论和有效介质近似理论。在此基础上,讨论了金属-介质复合材料和多孔固体的光学行为。对于具有柱状微结构的材料,推导出布拉格和皮帕德的混合模型。

(6) 举例说明了微结构和光学常数之间的关系。因此,光学常数取决于可能嵌入物的形状。在简单的情况下,存在折射率与材料质量密度之间的明确关系。

5.3.2 问题

(1) 在方程(2.23)中,找出 $\text{Im}\,\varepsilon$ 达到其最大值的角频率。在此频率下 $\text{Re}\,\varepsilon$ 的值是多少?

答案: $\omega = \tau^{-1}$; $\text{Re}\,\varepsilon = 1 + \chi_{\text{stat}}/2$。

(2) 从 $\hat{n} = \sqrt{\varepsilon}$ 得到复折射率实部和虚部作为 $\text{Re}\,\varepsilon$ 和 $\text{Im}\,\varepsilon$ 的显式函数表达式。

答案:

$$n = \frac{1}{\sqrt{2}} \sqrt{\sqrt{(\text{Re}\,\varepsilon)^2 + (\text{Im}\,\varepsilon)^2} + \text{Re}\,\varepsilon}$$

$$K = \frac{1}{\sqrt{2}} \sqrt{\sqrt{(\mathrm{Re}\,\varepsilon)^2 + (\mathrm{Im}\,\varepsilon)^2} - \mathrm{Re}\,\varepsilon}$$

(3) 计算在 $\hat{\varepsilon} = 5 + 0.1i$ 介质中传播的电磁波相速度。假设真空波长为 400nm，那么电磁辐射在介质中的穿透深度是多少？（注意：穿透深度定义为介质内部强度衰减至 $1/e$ 水平所需的几何路径）。

答案：穿透深度为 $1.424\mu m$。

(4) 从 $\hat{n} = 0.1 + 5i$，计算 $\hat{\varepsilon} = -24.99 + i$，反之亦然。

(5) 求出准静态极限下真空中半径为 R 小球体的极化率一般表达式。

答案：$\beta(\omega) = 4\pi R^3 \dfrac{\varepsilon(\omega) - 1}{\varepsilon(\omega) + 2}$

(6) 根据第 5 个问题的结果，假设金属球体的介电函数由德鲁特函数给出，推导出 $\beta(\omega)$ 的显式表达式。

答案：

$$\beta(\omega) = 4\pi R^3 \frac{\omega_p^2}{\dfrac{\omega_p^2}{3} - \omega^2 - 2i\omega\gamma}; \quad 共振频率\ \omega = \frac{\omega_p}{\sqrt{3}}$$

(7) 重复问题 5 和 6，假设一个椭球体的体积为 V，L 是相关的去极化因子。

答案：

$$\beta(\omega) = V \frac{\varepsilon(\omega) - 1}{1 + [\varepsilon(\omega) - 1]L}$$

德鲁特-金属：

$$\beta(\omega) = V \frac{\omega_p^2}{L\omega_p^2 - \omega^2 - 2i\omega\gamma} \quad 共振频率为：\omega = \omega_p \sqrt{L}$$

(8) 计算德鲁特金属和振子模型的所谓介电损耗函数：损耗函数定义为 $-\mathrm{Im}(1/\varepsilon)$。

答案：

$$-\mathrm{Im}\frac{1}{\varepsilon} = \frac{2\omega\gamma\omega_p^2}{(\widetilde{\omega}_0^2 + \omega_p^2 - \omega^2) + 4\omega^2\gamma^2}$$

注释：共振出现在 $\omega \approx \sqrt{\widetilde{\omega}_0^2 + \omega_p^2}$ 处。损耗函数的共振相对于介电函数总是蓝移的。在金属中 $\widetilde{\omega}_0^2 = 0$，因此损耗函数的共振预计在等离子体频率。在第 6 章中讨论金属表面的反射率时，损耗函数将变得重要。

(9) 估算不同贵金属的经典等离子体频率。由此,估计问题 6~8 中得到的不同共振频率(和波长)。

(10) 为了解释金属中束缚电子的影响,在经典物理学中,根据方程(3.1)可以应用德鲁特模型和振子模型的组合。假设束缚振子共振频率低于自由电子等离子体频率的情况下,尝试找出束缚电子共振对介电损耗函数的影响。

问题 9 和问题 10 的答案:将在第 6 章给出。

(11) 检查德拜模型、德鲁特方程和振子模型给出的介电函数的实部和虚部的 Kramers-Kronig 一致性。

(12) 假设多孔柱状材料的聚集密度为 97%。在室温下,假设孔隙中充满了水($n_v = 1.33$)。测定了多孔材料的室温折射率为 2.10,估算材料在 100°C 无孔隙时的折射率。

答案:$n = 2.07$。

(13) 确保方程(5.12)得出正确粒子浓度(m^{-3})的维度。

第二部分 在薄膜系统中的界面反射和干涉现象

"Bachué,穆伊斯卡印第安人的神母"(Bachué,穆伊斯卡的母亲)

德国耶拿的 Astrid Leiterer 制作了雕塑和拍摄了照片(www.astryd-art.de),经许可复制照片。

金属表面往往表现出可见光高反射,穿透金属的剩余光线被金属有效吸收。这样,光线就不会被透射,从而形成一个阴影,阴影仍然包含有关雕塑轮廓的信息。

第6章 平面界面

摘　要：本章推导出光学均匀和各向同性材料在绝对平面和光滑界面上透射和反射现象的菲涅耳方程。更详细地讨论了全内反射、金属表面的反射现象以及在各向同性和各向异性材料界面反射时所观察到的特殊效应。

6.1　透射、反射、吸收和散射

6.1.1　定义

前面第2章到第5章讨论了线性光学常数的经典处理,这对于计算任何类型的光谱都是必要的。本章到第9章构成本书的第二部分,主要目的是计算薄膜和膜堆的光谱。

就第2章的理论而言,任何光谱的计算由两个子任务组成:第一个任务是阐述了光学材料常数的频率依赖性理论,这是我们在本书的第一部分所做的工作,同时限制在经典模型和线性光学。第二个任务是计算电磁波在给定材料中的传播,同时考虑所研究系统的具体几何结构。在这里我们将不讨论通用的理论,而是将注意力集中在薄膜光谱这种特殊情况。同样,这也是纯粹的经典处理方法。因此,第2章到第9章提供的素材使读者可以根据经典电动力学计算任意薄膜系统的线性光学特性。

让我们从一些有用的定义开始。考虑一个如图6.1所示的系统:

图6.1显示了在给定入射角下被光照射的物体(样品)。首先,入射光必须穿透物体的表面,才能与块体样品中的物质发生相互作用。因此,表面和界面的光学特性显然对整个系统的光学性能至关重要,将在6.2节内容中讨论这一要点。在与样品相互作用后,光可能从多个方向离开样品。从唯象学的观点来看,光可能有以下几种情况:

(1) 通过样品透射(在明确的方向上)
(2) 从样品镜面反射
(3) 在样品表面或体内散射

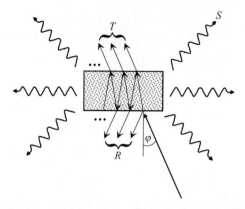

图 6.1 定义了透射 T、反射 R 和散射 S，φ 是入射角

(4) 在样品表面或体内被吸收

为了简单起见，让我们把注意力集中在信号的强度上。通常的做法是将样品的透射率 T 定义为透射光强度 I_T 与入射光强度 I_E 的比值，即：

$$T \equiv \frac{I_T}{I_E}$$

将镜面反射率 R 定义为镜面反射光强度 I_R 与入射光强度 I_E 的比值：

$$R \equiv \frac{I_R}{I_E}$$

如果我们研究的样品既不漫散射也不吸收辐射，那么根据能量守恒定律，由此确定的透射率和反射率加起来必须等于 1。在实际中，会有一定比例的光强度将被漫散射，这就引出了对光散射率 S 的定义，即参与散射过程的光强度与入射光强度的比值：

$$S \equiv \frac{I_S}{I_E}$$

类似地，将吸收率定义为吸收光强度 I_A 与入射光强度 I_E 的比值：

$$A \equiv \frac{I_A}{I_E}$$

在有吸收和散射的情况下，能量守恒定律可写为：

$$T+R+A+S=1 \tag{6.1}$$

因此，这四个量不是相互独立的，精确知道其中的三个量可以立即计算出第四个量。然而，原则上 T、R、S 和 A 四个量都可以相互独立地测量。吸收率和散射率的代数和通常称为光损耗 L：

$$L \equiv S+A = 1-T-R \tag{6.2}$$

在特定的实验条件下,T、R、S 和 A 都是样品的特征值。这意味着,样品材料和它的几何结构(包括实验几何结构)都决定信号。当然,所有这些值又都依赖于光的波长。但是,它们的波长依赖性并不一定与光学常数简单相似(特别是在薄膜样品中)。

6.1.2 实验方面

对于 T、R、A 和 S 的测量,透射率测量是最简单的。目前,在许多大学和工业实验室中,透射式分光光度计都是商用的标准仪器。典型的分光光度计要么用于紫外/可见光区($\lambda>185nm$;也称为紫外/可见光光度计,通常与图 6.2 所示的光谱色散单色仪配合使用),要么用于中红外波段(所谓的红外分光光度计)。傅里叶变换红外光谱仪生产的范围越来越大,这就是 FTIR 的简称(傅里叶变换红外光谱仪)。与色散分光光度计相比,它们可以更快地记录光谱。

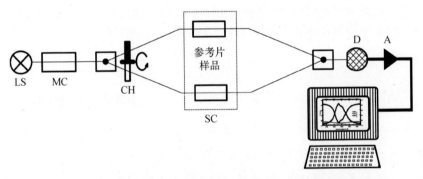

图 6.2 双光束色散型分光光度计的原理图:LS 光源、MC 单色仪、CH 斩波器、SC 样品室、D 探测器、A 放大器

在所谓的 UV/VIS/NIR 色散光谱仪中通常可以获得 NIR 光谱区,或者作为 FTIR 光谱仪的可选升级,因此,后一种类型的光谱仪可以升级为 FIR 测量。

在标准光谱仪器中,透射光谱仪的透射率测量绝对精度大约为 0.002~0.01,取决于光谱仪的质量和光谱区。通常,使用合适的镜面反射测试附件以便可以测量 T 和 R。

显然,在任何实际情况下,通过获得的两个数据(T 和 R),根据方程(6.1)就能确定全部光损耗。如果没有对样品特征的附加模型假设,以及实现对它们精细的数学光谱拟合过程,那么就不可能区分出吸收损耗和散射损耗。可从镜面反射率中得到样品第一个表面的表面散射特征:如果第一个表面粗糙,那么随着频率的增加镜面反射率逐渐下降到零。

另一个与测量低损耗值有关的原理问题。由于 T 和 R 的测量精度有限,用这种方法(通常低于0.01)实现低损耗的测量是不可靠的,这是由于测量的透射光谱和反射光谱中高背景噪声导致的结果。在这种情况下,应该直接测量光损耗,而不是从 T 和 R 测量结果中获取。

有时,相应的附件也可以与上述提到的分光光度计组合使用。背向散射损耗(返回到介质1)和前向散射都可以在所谓的积分球附件中测量,漫散射光被积分球收集后进入到探测器。商业上可以提供这些覆盖近红外/可见光/紫外光谱区的积分球(涂上 $BaSO_4$ 或特氟龙)或者覆盖中红外的积分球(镀红外金膜)。从它们的尺寸来看,这些球体可以从微型球(直径几厘米)到直径大于 $1m$。

精确测量吸收损耗的思想是,样品中吸收的能量要么离开样品(有一定的时间延迟),要么就提高其温度。换句话说:吸收的能量部分将参与弛豫过程,这就是我们探测它的机会。为了探测很小的吸收损耗,通常采用高强度激光光源作为入射光来实现吸收损耗的测量。

哪一个弛豫通道工作最快,取决于样品的特性和它的环境条件(例如温度)。如果辐射弛豫足够快,可以通过荧光强度得出先前吸收的能量,从而确定吸收率,这就是荧光法。如果非辐射弛豫更快,那么吸收的能量最终会使样品加热。由于温升可以很方便地测量,因此可以确定样品的吸收率,于是产生了基于量热法测量吸收率。

其他吸收测量技术利用样品加热但是不直接测量温度,光声测试就是探测由脉冲光吸收导致介质热膨胀而在介质中产生的声波。更进一步的方法就是可以探测由于光吸收引起的热膨胀而导致的样品表面变形,这种变形可以通过弱探测光束的角度偏转进行光学探测,相应的方法称为光热偏转光谱学(PDS)。或者,可以通过样品表面周围嵌入介质的折射率变化来检测其热膨胀。如果探测光束是掠入射的,则受到加热的表面附近折射率梯度会导致探测光束的角度偏转,这也可能被探测到(如海市蜃楼效应)。

在薄膜科学技术中,分光光度法广泛应用于膜层表征和膜层质量控制任务。为了避免误解,让我们在这里明确区分表征和质量控制的任务:

(1)在我们的处理中,我们使用"质量控制"术语来定义一个复杂的测量方法,唯一的目的是用一些预定义的指标来确定样品特性的符合程度。例如,只要测量的样品反射率在规定的容差范围内与目标光谱一致(当然,只要反射率是唯一预先指定的参数),就完成了高反射镜的质量控制。

(2)相反,我们使用"样品表征"术语来定义所有实验和理论活动,从而确定所考虑样品的一般结构参数。因此,对如图6.1所示的固体样品的特性,需要获得几何参数(在薄膜特性中,主要包括表面粗糙度和薄膜厚度)、光学材料常数、孔隙率、化学计量比、密度等。

（3）每当为了获得这类信息而对光谱进行分析时,必须要假定一定的样品模型。为了选择合理的模型,任何关于样品特性的信息都是有用的。在这种情况下,将光学和非光学测量巧妙地结合,然后在合适的理论模型体系内进行复杂的数据分析,光学薄膜的表征显得更加可靠。因此,表征要比质量控制需要更多的理论知识。

6.1.3 吸光度概念的说明

还有一个描述光学样品特性的概念,它在化学物理领域特别流行,即所谓的吸光度概念。可通过如图6.2所示的分光光度计直接获取吸光度,将待测样品放入样品光束中,并将合适的参考样品放入到参考光束中,然后用分光光度计测量样品透射率 T 与参考 T_{ref} 的比值。由此,根据下面的定义计算吸光度:

$$吸光度 \equiv -\lg \frac{T}{T_{\text{ref}}}$$

很明显,由此定义的吸光度并不是样品特性的绝对测量值,而是取决于(任意选择的)参考样品的光学特性。这种模糊性与前面定义的吸收特性形成了鲜明的对比,使吸光度概念难以用于光学样品特性的定量分析。通过使参考光束保持空的状态来克服这个问题,从而使任意波长的 $T_{\text{ref}}=1$,吸光度定义变为:

$$吸光度 = -\lg T = -\lg(1-A-S-R)$$

这样定义的吸光度不再依赖于参考样品的特性。另一方面,任何非零的反射、散射或吸收信号都会产生有限的"吸光度"信号,实际上,有限吸光度的测量不需要与物理吸收过程相联系。因此,我们在这里不使用这个吸光度概念,因为它只是透射率在对数尺度的数学变换,不包含任何新的信息。顺便说一句,出于同样的原因,将如图6.2所示的透射分光光度计称为"吸收分光光度计"是有误导性的。

在结束本节之前,最后讨论一下吸光度概念的具体形式。在薄膜光谱学的应用中,吸光度概念的支持者利用了这样的事实,即薄膜系统通常沉积在厚基板上,该基板可提供必要的机械支撑。有希望通过样品(基板+薄膜)透射率 T 和未镀膜基板的透射率 T_{sub} 的比值来定义薄膜的吸光度,如下:

$$吸光度 \equiv -\lg \frac{T}{T_{\text{sub}}}$$

但是这种重新定义是无益的,相反,它造成了进一步的混乱。想象一下,在没有吸收的基板镀制没有吸收的减反射薄膜(我们将在下面的章节中更详细地描述这种系统),这种样品比裸基板具有更高的透射率。结果是,尽管在薄膜或基板中没有吸收,我们得到了一个负吸光度(不管这意味着什么)。

因此，吸光度概念可以方便地应用于细胞中的液体或气态光谱学中，但不应该用于固态光谱学中，在薄膜光谱学中没有任何应用价值。

6.2 平面界面的影响：菲涅耳方程

薄膜系统的透射率和反射率的计算是薄膜光谱学的基本任务。当电磁波入射到薄膜系统时，电磁波首先与薄膜表面接触。因此，了解薄膜光谱的第一步是了解电磁波在表面和界面上的情况。

这将引导我们寻找一个基于菲涅耳方程的理论，该理论在薄膜光谱学中至关重要，我们将详细讨论该理论。但是，在推导出这些方程之前，有必要对这些方程的历史做出说明。

如下文所示，我们将从麦克斯韦的电磁理论中推导出菲涅耳方程。菲涅耳之所以不能利用这一理论，是因为他生活在麦克斯韦出生之前（奥古斯丁·菲涅耳：1788—1827；詹姆斯·克莱克·麦克斯韦：1831—1879）。在当时菲涅耳假设横向弹性波入射到界面上，从以太弹性理论中得到了这些方程。当然，在我们的处理中，将使用麦克斯韦的理论，并设想一个平面电磁波以入射角 φ 入射到界面上，图 6.3 描述了这种情况。

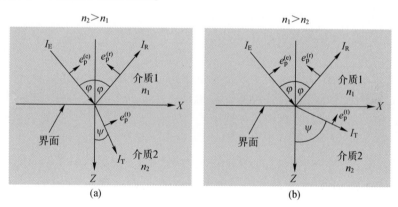

图 6.3 菲涅耳方程的推导：假设的几何结构

从图 6.3 中可以看出，我们假设一个绝对平坦和清晰的界面。同样，界面上下的介质被认为是光学均匀、各向同性和非磁性。第一个介质的（可能是复折射率）折射率是 $\hat{n}_1$，第二个介质的折射率是 $\hat{n}_2$。

在给定的几何结构下，自然地假设有一个透射波传播到第二个介质深处，而在第一个介质中传播的是两个波：入射波和反射波。设 ψ 为界面法线与透射光束传播方向之间的夹角（折射角），斯涅尔折射定律将入射角和折射角联系起来，这是读者应该知道的。在电磁理论中，可以直接推导出界面上下波矢量的水平分量是相同，后者的要求是从麦克斯韦边界条件中直接得出结论，即电场平行于界面的分量。由于波矢量可能是复数，斯涅尔定律可以写为

$$\frac{\sin\varphi}{\sin\psi} = \frac{\hat{n}_2}{\hat{n}_1} \tag{6.3}$$

由于同样的连续性原因，反射波和入射波与界面法线的角度相同。

方程(6.3)可能导致复折射角，显然图6.3无法说明此问题。但是对于计算来说，这不会造成任何问题。实际上，让我们假设薄膜系统的情况，在这种情况下所有界面都是互相平行的。显然，有些界面可能会将具有复折射率的材料分开，因此斯涅尔定律迫使我们在这些膜层中处理复折射角。关键的一点是，我们应该假设第一个介质(入射源)是无阻尼的，这一点很重要。光源被放置在无穷远处的介质中，这样就会有一个平面波入射到界面上，那么，由于入射介质的折射率是实数则入射角也是实数，因此，$n_1\sin\varphi$ 的结果也是实数。根据斯涅尔定律，即便第二介质具有复折射率，$n_2\sin\psi$ 也是实数。随后将方程(6.3)应用于所有界面，我们将发现该结论对于所有介质都是正确的。另一方面，折射率和传播角的正弦乘积结果与波矢的切向分量成比例。波矢切向分量必须是实数，因为它在入射介质中是实数且连续的。因此，当折射率变为复折射率时，为了保证波矢切向分量的连续性，折射角也必须变成复数。

另一方面，当 n_2 是复数时，$n_2\cos\psi$ 的结果是复数。这意味着，波矢的法向分量(相对于表面)是复数的。这也是一个常见的结果，因为在折射率是复数的情况下，复数的波矢法向分量对于描述薄膜内部光强度的阻尼是必要的。

总之，在方程(6.3)中引入复折射角是一个非常方便的方法。根据图6.3中所描述的几何结构，复折射角描述了沿着 z 轴上光强度的阻尼，而沿 x 轴的光强度没有变化。

对于斜入射的入射波，我们现在定义入射平面为包含入射光的表面法线和波矢量的平面。在图6.3的几何结构中，入射平面与 x-y 平面相同，y 轴的方向在以 x、y、z 轴组成的右手笛卡儿坐标系中。在图6.3中，y 轴的方向指向读者。因此，介质之间的界面与 x-y 平面是相同的。

以下处理的目的是推导出可以计算入射到给定界面平面波的透射率和反射率方程。假设入射角、材料折射率和波的偏振态是已知的，从平面界面上 E- 和 H- 场的麦克斯韦边界条件开始。

在第一种介质中，整个场的强度是入射波和反射波的场强总和，而在第二种介质中只有透射波。由于 E 和 H 场的切向分量必须是连续的，可以写成如下方程：

$$\begin{cases} E_x^{(e)} + E_x^{(r)} = E_x^{(t)} \\ E_y^{(e)} + E_y^{(r)} = E_y^{(t)} \end{cases} \tag{6.4}$$

$$\begin{cases} H_x^{(e)} + H_x^{(r)} = H_x^{(t)} \\ H_y^{(e)} + H_y^{(r)} = H_y^{(t)} \end{cases} \tag{6.5}$$

式中:(e)、(r)和(t)分别标记为入射波、反射波和透射波。

到目前为止,我们还没有讨论波的偏振态,让我们关注电场矢量。由于电场矢量垂直于传播方向,它可以表示为两个分量的和,其中一个分量平行于入射面(p分量,或 TM 波),另一个分量垂直于入射面(平行于y轴的s分量,或 TE 波)。在下文中,这两种特殊情况将分别处理。

为了清楚地描述偏振态,我们在下面方程中引入单位矢量e_s和e_p:

$$\boldsymbol{E}^{(e)} = \boldsymbol{E}_s^{(e)} + \boldsymbol{E}_p^{(e)} \equiv E_s^{(e)} \boldsymbol{e}_s + E_p^{(e)} \boldsymbol{e}_p^{(e)}$$

$$\boldsymbol{E}^{(r)} = \boldsymbol{E}_s^{(r)} + \boldsymbol{E}_p^{(r)} \equiv E_s^{(r)} \boldsymbol{e}_s + E_p^{(r)} \boldsymbol{e}_p^{(r)}$$

$$\boldsymbol{E}^{(t)} = \boldsymbol{E}_s^{(t)} + \boldsymbol{E}_p^{(t)} \equiv E_s^{(t)} \boldsymbol{e}_s + E_p^{(t)} \boldsymbol{e}_p^{(t)}$$

式中:s分量的单位矢量沿y轴方向,而p偏振的单位矢量定义如图 6.3(所谓穆勒约定)所示。方程(6.4)中的电场分量现在可以通过电场的s分量和p分量表示:

$$E_x^{(e)} = E_p^{(e)} \cos\varphi \quad E_x^{(r)} = -E_p^{(r)} \cos\varphi \quad E_x^{(t)} = E_p^{(t)} \cos\psi$$

$$E_y^{(r)} = E_s^{(r)} \quad\quad E_y^{(e)} = E_s^{(e)} \quad\quad E_y^{(t)} = E_s^{(t)}$$

$$E_z^{(r)} = -E_p^{(r)} \sin\varphi \quad E_z^{(e)} = -E_p^{(e)} \sin\varphi \quad E_z^{(t)} = -E_p^{(t)} \sin\psi$$

然后,方程(6.4)可以重新写为:

$$\cos\varphi (E_p^{(e)} - E_p^{(r)}) = E_p^{(t)} \cos\psi \tag{6.6}$$

$$E_s^{(e)} + E_s^{(r)} = E_s^{(t)} \tag{6.7}$$

因此,界面对入射场的s和p分量有不同的影响。只有在正入射情况下,方程(6.6)和方程(6.7)在物理上是相同的(必须考虑到,对于正入射以下矢量是互相反平行的,而s偏振的矢量总是相互平行的)。

$$\boldsymbol{e}_p^{(e)} \text{ 和 } \boldsymbol{e}_p^{(r)}$$

用界面透射系数和反射系数描述电场对界面的影响,其定义如下:

$$r_p = \frac{E_p^{(r)}}{E_p^{(e)}}, \quad r_s = \frac{E_s^{(r)}}{E_s^{(e)}}$$

$$t_p = \frac{E_p^{(t)}}{E_p^{(e)}}, \quad t_s = \frac{E_s^{(t)}}{E_s^{(e)}}$$

当然,用方程(6.6)和方程(6.7)不足以计算四个未知量t_s、t_p、r_s和r_p。我们还需要两个方程,它们可以从方程(6.5)中得到。唯一的任务是通过电场重新写磁场,现在就做这件事。

用笛卡儿坐标系表述 curl$E$,得到:

$$\text{crul}\boldsymbol{E} = \begin{vmatrix} \boldsymbol{e}_x & \boldsymbol{e}_y & \boldsymbol{e}_z \\ \dfrac{\partial}{\partial x} & \dfrac{\partial}{\partial y} & \dfrac{\partial}{\partial z} \\ E_x & E_y & E_z \end{vmatrix}$$

式中:$\boldsymbol{e}_x$、$\boldsymbol{e}_y$ 和 $\boldsymbol{e}_z$ 为沿着坐标轴方向的单位矢量。在平面电磁波中,已经知道 $\boldsymbol{E}$ 可以写成:

$$\boldsymbol{E} = \boldsymbol{E}_0 \mathrm{e}^{-\mathrm{i}(\omega t - kr)} \tag{6.8}$$

结合后两个方程,我们得到:

$$\text{crul}\boldsymbol{E} = \mathrm{i} \begin{vmatrix} \boldsymbol{e}_x & \boldsymbol{e}_y & \boldsymbol{e}_z \\ k_x & k_y & k_z \\ E_x & E_y & E_z \end{vmatrix} = \mathrm{i}\boldsymbol{k} \times \boldsymbol{E}$$

与方程(6.8)完全相似,对于磁场我们得到:

$$\boldsymbol{H} = \boldsymbol{H}_0 \mathrm{e}^{-\mathrm{i}(\omega t - kr)}$$

从麦克斯韦方程得到:

$$\text{curl}\boldsymbol{E} = -\frac{\partial \boldsymbol{B}}{\partial t}$$

$$\boldsymbol{B} = \mu_0 \boldsymbol{H}$$

波矢可以写成:

$$\boldsymbol{k} = \boldsymbol{e}\frac{\omega}{c}\hat{n}$$

所以最终可以得到:

$$\boldsymbol{k} \times \boldsymbol{E} = \mu_0 \omega \boldsymbol{H} \rightarrow \frac{\hat{n}}{\mu_0 c}\boldsymbol{e} \times \boldsymbol{E} = \boldsymbol{H} \tag{6.9}$$

没有任何下标和上标的矢量 e 表示沿波传播方向的单位矢量。入射波可以写成:

$$\boldsymbol{e} = \boldsymbol{e}_x \sin\varphi + \boldsymbol{e}_z \cos\varphi$$

从方程(6.9)开始入射波的磁场可写为

$$\boldsymbol{H} = \frac{\hat{n}}{\mu_0 c} \begin{vmatrix} \boldsymbol{e}_x & \boldsymbol{e}_y & \boldsymbol{e}_z \\ \sin\varphi & 0 & \cos\varphi \\ E_x^{(e)} & E_y^{(e)} & E_z^{(e)} \end{vmatrix}$$

$$= \frac{\hat{n}}{\mu_0 c}\{ \boldsymbol{e}_x(-E_y^{(e)}\cos\varphi) + \boldsymbol{e}_y(E_x^{(e)}\cos\varphi - E_z^{(e)}\sin\varphi) + \boldsymbol{e}_z(E_y^{(e)}\sin\varphi)\}$$

当假设：

$$\hat{n} = \hat{n}_1$$

这就给出了切线分量：

$$H_x^{(e)} = -\frac{\hat{n}_1}{\mu_0 c}E_s^{(e)}\cos\varphi \tag{6.10}$$

$$H_y^{(e)} = \frac{\hat{n}_1}{\mu_0 c}E_p^{(e)} \tag{6.11}$$

在反射波中有：

$$\boldsymbol{e} = \boldsymbol{e}_x\sin\varphi - \boldsymbol{e}_z\cos\varphi$$

没有必要重复所有的计算。相反,我们只需要通过 $-\cos\varphi$ 替换 $\cos\varphi$ 就可以得到反射场的相关表达式。从方程(6.10)和方程(6.11)可以得到：

$$H_x^{(r)} = \frac{\hat{n}_1}{\mu_0 c}E_s^{(r)}\cos\varphi$$

$$H_y^{(r)} = \frac{\hat{n}_1}{\mu_0 c}E_p^{(r)}$$

在透射波中,我们有：

$$\boldsymbol{e} = \boldsymbol{e}_x\sin\psi + \boldsymbol{e}_z\cos\psi$$

因此,必须在方程(6.10)和方程(6.11)中将 $\cos\varphi$ 替换为 $\cos\psi$。此外,透射波在第二介质中传播时,只需用 n_2 代替 n_1 即可计算出相应的场,于是得到：

$$H_x^{(t)} = -\frac{\hat{n}_2}{\mu_0 c}E_s^{(t)}\cos\psi$$

$$H_y^{(t)} = \frac{\hat{n}_2}{\mu_0 c}E_p^{(t)}$$

方程(6.5)现在可以用电场的形式表示如下：

$$\hat{n}_1\cos\varphi(E_s^{(e)} - E_s^{(r)}) = \hat{n}_2\cos\psi E_s^{(t)} \tag{6.12}$$

$$\hat{n}_1(E_p^{(e)} + E_p^{(r)}) = \hat{n}_2 E_p^{(t)} \tag{6.13}$$

方程(6.6)、方程(6.7)、方程(6.12)和方程(6.13)构成了四个方程的系统,可以计算四个未知值 r_s、r_p、t_s 和 t_p。对于 p 偏振,我们从方程(6.6)和方程(6.13)中得出：

$$r_p = \frac{\hat{n}_2\cos\varphi - \hat{n}_1\cos\psi}{\hat{n}_2\cos\varphi + \hat{n}_1\cos\psi} \tag{6.14}$$

$$t_p = \frac{2\hat{n}_1\cos\varphi}{\hat{n}_2\cos\varphi + \hat{n}_1\cos\psi} \tag{6.15}$$

对于 s 偏振，我们必须使用方程(6.7)和方程(6.12)得到：

$$r_s = \frac{\hat{n}_1\cos\varphi - \hat{n}_2\cos\psi}{\hat{n}_1\cos\varphi + \hat{n}_2\cos\psi} \tag{6.16}$$

$$t_s = \frac{2\hat{n}_1\cos\varphi}{\hat{n}_1\cos\varphi + \hat{n}_2\cos\psi} \tag{6.17}$$

方程(6.14)~方程(6.17)就是菲涅耳方程组。在目前的形式下，它们只对各向同性和非磁性材料有效。

如上所述的菲涅耳方程是根据所谓的 Müller 约定写成的，它对应于如图 6.3 所示的电场矢量的参考方向的定义。在 Abeles 约定中，$e_p^{(r)}$ 的方向与图 6.3 所示的方向相反。这两种约定之间的区别与透射或反射强度的计算无关（见下文），但在计算薄膜系统的相位特性时确实很重要。

顺便说一下，从方程(6.14)和方程(6.16)中可以得到，将满足 $r_s^2(\varphi=45°) = r_p(\varphi=45°)$ $\forall$ n_1, n_2（所谓的 Abeles 公约）。

当知道强度与电场振幅模量的平方、介电函数和光速的 z 分量成正比时，现在可以用下式计算出界面的反射率：

$$R = |r|^2 \tag{6.18}$$

因此，界面的透射率是：

$$T = \frac{\text{Re}(\hat{n}_2\cos\psi)}{n_1\cos\varphi}|t|^2 \tag{6.19}$$

为了更有说明性地讨论方程(6.19)的起源，请读者参阅"O. Stenzel：Optical Coatings：Material aspects in Theory and Practice，Springer 2014"。在正入射和实折射率的最简单情况下，从方程(6.18)中得到了众所周知的方程：

$$R = \left(\frac{n_1 - n_2}{n_1 + n_2}\right)^2 \tag{6.20}$$

图 6.4 展示了方程(6.14)、方程(6.16)和方程(6.18)中所描述的 s 和 p 偏振光反射率的角度依赖性。

如图 6.4 所示，在无吸收材料的情况下会出现一个特殊的入射角，在该角度下 p 偏振光的反射率为零，这就是所谓的布儒斯特角。当样品以布儒斯特角入射时，由于反射光中没有 p 分量，因此反射光是 s 方向的线偏振。

要求 $r_p=0$ 时用方程(6.14)可以简单地计算出布儒斯特角，从中可以得到：

$$\tan\varphi_B = \frac{n_2}{n_1} \tag{6.21}$$

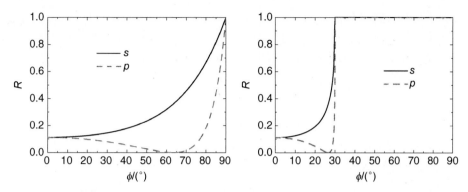

图 6.4 界面率反射与入射角之间的关系，左图 $n_1<n_2$；右图 $n_1>n_2$（这里是实折射率）

在这种情况下

$$\psi = \frac{\pi}{2} - \varphi \qquad (6.22)$$

也是满足的。因此，当光线以布儒斯特角入射时，透射波矢和反射波矢互相垂直。可以对这种效应进行简单的几何解释。事实上，如图 6.5 所示，在布儒斯特角下介质中的偶极子(P)振荡方向与反射光的传播方向平行。然而，振荡偶极子永远不会辐射到它的振动方向。因此，当 p 偏振光以布儒斯特角入射到表面时，没有偶极子能对反射波方向的辐射做出贡献，所以表面没有反射率。当然，这样的情况对 s 偏振来说是不可能的。

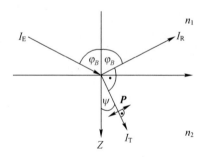

图 6.5 布儒斯特角的解释

6.3 光的全反射

6.3.1 全反射的条件

从方程(6.1)中可以看出，反射率的最大可能值为 1。在这种情况下，所有入射光的强度都被样品反射(在本章中,我们不考虑激活激光介质的情况,在这种情况下光是被放大的)。因此,我们讨论光的全反射。必须满足什么样的条件才能在单界面上获得光的全反射。

这个问题的数学方程很简单。我们必须要求

$$|r|=1 \text{ 或 } |r|^2=1 \tag{6.23}$$

被满足。我们将注意力集中在实际的重要情况,即第一个介质具有纯实折射率,并对 s 偏振情况进行分析。对于 p 偏振,将得到相同的结果。

从方程(6.23)开始,得到:

$$1 = \left| \frac{n_1\cos\varphi - \hat{n}_2\cos\psi}{n_1\cos\varphi + \hat{n}_2\cos\psi} \right|$$

这与下面是相同的:

$$(n_1\cos\varphi - \text{Re}(\hat{n}_2\cos\psi))^2 + (\text{Im}(\hat{n}_2\cos\psi))^2$$
$$= (n_1\cos\varphi + \text{Re}(\hat{n}_2\cos\psi))^2 + (\text{Im}(\hat{n}_2\cos\psi))^2$$

当折射率或消光系数两者之一变得无限大时(第一类解),这些方程自动满足。现在,我们只讨论这个解,它的物理相关性将在以后讨论。通过上面方程的计算,我们得出了进一步的条件:

$$n_1\cos\varphi \text{Re}(\hat{n}_2\cos\psi) = 0$$

显然,接下来的解是 $n_1=0$(第二类解)和 $\varphi = \pi/2$(第三类解),这些都是微不足道的解。就方程(6.15)、方程(6.17)和方程(6.19)而言,由于 $t=0$ 它们对应于消失的透射率。换句话说,第二介质中的电场为零。

更有趣的情况在数学上隐藏在剩余的条件中:

$$\text{Re}(\hat{n}_2\cos\psi) = 0$$

根据方程(6.19),在这种情况下,无论菲涅耳系数 t(和电场)有多大,都不会有通过界面的透射率,原因是沿着 z 轴上没有能量通过。

根据方程(6.3)斯涅尔定律,得到:

$$\cos\psi = \sqrt{1 - \frac{n_1^2}{\hat{n}_2^2}\sin^2\varphi}$$

因此,剩下的解都必须满足以下条件:

$$\text{Re}\sqrt{\hat{n}_2^2 - n_1^2\sin^2\varphi} = 0$$

换句话说,平方根必须是纯虚数的。为此,必须要求被开方的数是负实数。另一方面,被开方数可以写成下列形式:

$$n_2^2 - K_2^2 - n_1^2\sin^2\varphi + 2in_2K_2$$

当 n_2 或 k_2 为零时,该表达式变为实数。将 $n_2=0$ 的情况作为第四类解。在这种情况下，被开方数总是零或负的。相反，如果 $n_2 \neq 0$，那么必须要求 $K_2 = 0$。在这种情况下，当下列条件满足时（第五个的解），被开方数为负实数。

$$\sin\varphi \geq \frac{n_2}{n_1} \tag{6.24}$$

由于光线是从具有实折射率的介质入射，其入射角也应被视为实数，并且正弦值不能超过1。因此，入射介质的折射率必须高于第二介质的折射率，这是全内反射的"经典"条件（比较图6.4）。

6.3.2 讨论

让我们从第6.3.1节的第一类解开始。当其中一种参与介质的折射率无限大时，就得到了全反射。我们对这种情况很熟悉，当光的频率接近于零时，可以从德鲁特方程中得到。因此，菲涅耳方程预测了金属表面在长波范围内具有高反射率，这是一个相当合理的结果。

第二类解和第四类解处理的情况是，其中一个折射率的实部为零，折射率是纯虚数。因此，介电函数是负实数。同样，这种情况在金属中也是合理的。当阻尼可以忽略不计时（$\omega \gg \gamma$），根据德鲁特方程，介电函数可以写为

$$\varepsilon = 1 - \frac{\omega_p^2}{\omega^2} \tag{6.25}$$

在低于等离子频率以下的频率它显然是负数。事实上，菲涅耳方程得出的结果是，没有阻尼的等离子体反射的所有光的频率都低于等离子体频率。

第三类解预测了掠入射时具有高反射率，这是每个人在日常经验中直观清晰的结果。

最后，第五类解代表了人们所熟悉的"全内反射"情况。当入射角超过由方程（6.24）定义的临界角时，它出现在无阻尼的高折射率材料和低折射率材料之间的界面上。在临界角处，折射角为90°。在入射角大于临界角时，折射角的正弦值大于1，这是不可能的折射角。事实上，折射角变为复数，但其实部分仍然是90°。在这种情况下，没有透射光传播到第二介质中，因此根据方程（6.19）将产生零透射率。当没有吸收时，所有的光都必须被反射（因此是全内反射）。

当存在吸收时，完全是另一回事。由菲涅耳方程可知，只有当满足 $K = 0$ 时才会出现全反射。否则，尽管仍然没有实折射角，全反射也会减弱，这很容易从斯涅耳折射定律中得到证实。因此，在这种情况下，当光线透射到第二种（存在吸收）介质中时，光必须被部分反射和部分吸收。

6.3.3 衰减全反射

值得一提的是,光谱的修正完全基于光的全内反射所需的特定条件,我们讨论的是衰减全反射(ATR)光谱。这个想法很简单:当两种无吸收材料是光学接触时,其中一种是高折射率材料,另一种是低折射率材料,因此在某个临界入射角以上,所有的光都应该被反射。这意味着,只要折射率的色散不违反方程(6.24),扫描的反射率光谱应该是直线。相反,一旦阻尼起作用,全反射就会被破坏,反射率会以类似于介质吸收系数的光谱行为为主要特征的方式下降。因此,这些"衰减"全反射光谱区可能会让您了解吸收系数的光谱行为。因此,衰减全反射光谱学已成为物理化学中的一个重要方法,通过其所确定的"吸收光谱"来识别物质。在实践中该方法是:光线从假定没有阻尼的高折射率材料入射,并反射到需要研究的低折射率材料界面上。

让我们试着了解上述光的吸收是如何发生的。在没有吸收的情况下,第二个介质中的电场强度可写为

$$\begin{cases} E_2 = E_{20} e^{-i(\omega t - k_x x - k_z z)} \\ k_x = k\sin\psi \\ k_z = k\cos\psi \\ k = \dfrac{\omega}{c} n_2 \end{cases} \quad (6.26)$$

根据斯涅尔定律,可以得到:

$$\sin\psi = \frac{n_1}{n_2}\sin\varphi$$

$$\cos\psi = \sqrt{1 - \frac{n_1^2}{n_2^2}\sin^2\varphi} = i\sqrt{\frac{n_1^2}{n_2^2}\sin^2\varphi - 1}$$

方程(6.26)中的波函数变成:

$$e^{-i(\omega t - x n_1 \frac{\omega}{c} \sin\varphi)} e^{-\frac{\omega}{c} z \sqrt{n_1^2 \sin^2\varphi - n_2^2}} \quad (6.27)$$

方程(6.27)描述沿界面 x 方向行进的波,而它在进入薄膜的方向振幅迅速衰减,这种波被称为倏逝波。由于这种波的特殊性质,电场以一定的穿透深度延伸到第二个介质,穿透深度由方程(6.27)中的第二项指数项所决定,因此对吸收过程的发生非常敏感。当第二个介质有吸收时,将相应的复折射率替换到方程(6.26)和方程(6.27),可以清楚地看出:波不再是纯粹的倏逝波,而是在第二介质中被吸收。

在原理上 ATR 可以在宽光谱区应用,其主要应用领域是中红外光谱区,穿

透深度在微米量级。锗（$n\approx 4.0$）或 KRS5（$n\approx 2.37$）可以作为一种高折射率材料(所谓的 ATR 晶体)。为了在实际应用中获得更好的灵敏度,允许光束多次反射到界面上,使衰减全反射光谱中出现的弱吸收线在几次反射后得到增强。

6.4 金属表面

6.4.1 金属反射

现在可以讨论金属表面的特殊反射行为。从日常经验来看,大家都知道金属有很高的反射率,在不同的光谱区这是有效的,我们将分别处理它们。

假设光是正入射的,入射介质是空气。因此,假设折射率 $n_1=1$,而金属(第二个介质)具有折射率 n 和消光系数 K,根据菲涅耳方程,金属表面的正入射反射率为

$$R = \frac{(n-1)^2 + K^2}{(n+1)^2 + K^2} \tag{6.28}$$

为了确定金属表面的反射率,我们必须记住,使用德鲁特函数方程(3.5)或方程(3.10)描述自由电子的经典响应。让我们从低频极限开始,当满足 $\omega \ll \gamma$ 时,从德鲁德函数方程(3.15)的渐近行为得到:

$$\varepsilon \approx i \frac{\sigma_{stat}}{\varepsilon_0 \omega}$$

因此

$$n \approx K \approx \sqrt{\frac{\sigma_{stat}}{2\varepsilon_0 \omega}}$$

这些表达式可以用来评估计算方程(6.28) 最低阶 ω 的反射率频率依赖特性。结果是我们得到 Hagen-Rubens 方程:

$$R|_{\omega \to 0} = 1 - \sqrt{\frac{8\varepsilon_0 \omega}{\sigma_{stat}}} \tag{6.29}$$

频率越低,静态电导率越高,反射率越接近 100%。这种高反射是由大的 n 和 K 值所引起的,可以作为第 6.3.1 节中全反射条件的第一类解的示例。

此外,在更高的频率下,德鲁特函数应该可以解释实验确定的金属反射率。例如,图 6.6 显示了几种贵金属表面的正入射反射率。当我们在这里处理块体样品时,透射率绝对等于零。银表面在整个可见光波段上有很高的反射率,在白光照射下它不会呈现任何颜色。相反,金吸收蓝色和紫色,所以当被白光照射时它呈现

橙黄色的外观。在铜中,由于绿光被吸收而造成表面呈现典型的微红色外观。

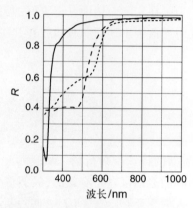

图 6.6 银(实线)、金(虚线)和铜(短虚线)表面的正入射反射率

现在让我们讨论从德鲁特理论中可以预测到什么。对于所有上面提到的金属,自由电荷载流子的等离子体频率位于紫外光区的 70000~75000cm^{-1} 的波数。电子之间的碰撞时间也是相似的,在 $1\times10^{-14} \sim 4\times10^{-14}$ s。根据这些参数,德鲁特函数预测了所有这些金属在整个可见光范围内的反射率约为 99%,但这与实验结果不一致。

另一方面,当波长超过 650nm 时,不同金属的反射率确实彼此接近,这表明德鲁特函数至少可以用来描述在长波下金属表面的光学响应。

为了了解这里发生了什么,研究其中一些金属的光学常数是有意义的。图 6.7 描述了金和银的光学常数,用它们计算的反射率与测量的反射率(符号)一致。为了与图 3.1 进行比较,我们选择了与频率(波数)成正比的横坐标。

从图 6.7 和图 3.1 中可以看出,在长波(或较低的频率)实际金属的光学常数行为确实类似于德鲁特函数行为。在这个频率区,有满足 $n\ll K$ 的光学常数,根据全反射条件的第四类解,再次导致了高反射。然而,在短波长范围内,会出现严重偏离德鲁特理论的现象,因此仅凭自由电子的响应似乎不足以解释所观察到的行为。

理解如图 6.7 所示光学常数的关键是,在方程(3.1)描述中应包括束缚电子的响应。这仍然是一种完全经典的方法,但它使金属的光学常数得到了惊人的良好再现。

图 6.7 中的实线显示了金属光学常数的色散,它们是可以根据方程(3.1)将德鲁特模型与多振子模型相加计算的。为了在给定的光谱区拟合银的光学常数,只需引入一个能解释束缚电子的振子就足够了。但是对金而言,则需要使用五个振子。

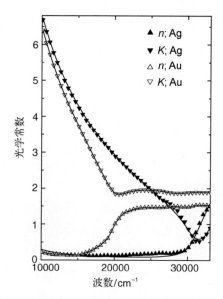

图 6.7　银和金的光学常数(符号),实线对应于图 3.1 的拟合结果

因此我们可以说,德鲁特函数适用于描述金属在足够长波长范围内的光学常数。当波长太短时,必须考虑束缚电子的响应,这可以通过经典洛伦兹振子来实现。

为了结束本章,让我们回到图 6.6 中的反射率曲线。如前所述,在长波范围内金属表面通常有较高的反射,当波长变短时反射率开始下降,这个阈值波长与材料有关。与图 6.7 中的光学常数相比,我们发现反射率的下降与光学常数的特征有关。问题是:光学常数是否有一个简单的函数可以预测上述提到的"阈值"波长?

很幸运,这就是所谓的介电损耗函数,如在第 5.3 节中所介绍的(问题 8)。图 6.8 显示了与图 6.7 所示的光学常数相对应的损耗函数。

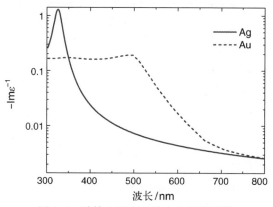

图 6.8　计算出银和金的介电损耗函数

从图 6.6 和图 6.8 中的描述相比较,损耗函数与反射率的光谱行为相似,而损耗函数中的峰在光谱上接近于反射光谱中的谷。

6.4.2 传播表面等离激元

用两个更复杂的例子来结束本章,这些例子涉及在界面上可以观察到令人惊讶的光学效应,并且至少可以部分地用菲涅耳方程的理论体系描述。在第 6.4.2 节中,我们将很快推导出金属表面传播的表面等离激元的色散关系,这在应用光学表面光谱学中至关重要。第二个例子(第 6.5 节)专门讨论在光学各向异性材料之间界面上的巨双折射光学效应。

我们已经处理过在小球中的表面等离激元(第 4.5.3 节)。在这种情况下,等离子激元在球面上被激发,现在考虑平面表面的情况。

让我们从再次从想法实验开始。想象一下,我们正在寻找一种对界面附近的任何效应都非常敏感的光谱方法。人们自然会选择一个几何结构,其在界面上的电场会很大。相应地,应该要求入射波的能量既不通过界面,也不从界面反射,而在界面区域内"累积"。当然,从方程(6.19)可以得到,只要我们处理单一的理想界面,这种情况就永远不会发生。然而,现在让我们在本章中第一次假设,我们不是处理单个表面,而是处理薄膜。这种情况如图 6.9 所示。

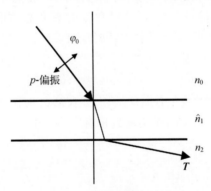

图 6.9　假设的薄膜系统

让我们进一步假设,光是以入射角 φ_0 从"零"介质入射。这种"零"介质现在与最终入射介质相同,因此入射角是实数。折射率 n_0 和出射介质的折射率 n_2 一样必须是纯实数。我们的目标是找到在介质 1 和介质 2 之间的界面处产生高电场的物理条件。根据斯涅耳定律,我们有:

$$n_0 \sin\varphi_0 = \hat{n}_1 \sin\varphi_1 = n_2 \sin\varphi_2$$

根据总体思路,我们要求整个系统的透射率消失。另外,我们还试图在介质

1和介质2之间的界面上实现反射率消失。为此,假设 p 偏振,并将角度 φ_1 调整到吸收介质之间界面上布鲁斯特角的某个"等效值"。这两个条件结合在一起可以写成:

$$\begin{cases} T=0 \Rightarrow 1 > \sin\varphi_0 \geq \dfrac{n_2}{n_0} \\ R_{p,12} \to \min \Rightarrow \tan\varphi_1 = \dfrac{n_2}{\hat{n}_1} \end{cases}$$

由于 φ_1 和 φ_0 的角度是由斯涅耳定律相互联系的,因此,当满足方程(6.30)时,就可以证明满足了上面的这些条件:

$$1 > \sin^2\varphi_0 = \frac{n_2^2}{n_0^2} \frac{\hat{n}_1^2}{\hat{n}_1^2 + n_2^2} \geq \frac{n_2^2}{n_0^2} \tag{6.30}$$

让我们更详细地分析条件(6.30)。假设已经获得图 6.9 中的几何结构,并要求整个系统的透射率和第二个界面的反射率消失。条件方程(6.30)指出,当满足几个附加要求时,可能会出现这种情况。首先,很显然,入射介质的折射率必须高于后者。相反,介质 1 必须具有纯虚的折射率,这显然是不可能的。但我们知道,有几种金属的折射率的虚部比实部要高得多,因此接近了所需的条件。所以,我们可以假设薄膜材料 1 是一种金属,例如银薄膜。为了实现方程(6.30)中的右边不等式,我们必须进一步要求:

$$\hat{n}_1^2 < -n_2^2 \Rightarrow \varepsilon_1 < -\varepsilon_2 \tag{6.31a}$$

方程(6.30)中左边的不等式限制了入射介质的折射率。事实上,我们必须要求:

$$n_0^2 > \frac{\hat{n}_1^2 n_2^2}{\hat{n}_1^2 + n_2^2} \tag{6.31b}$$

然后,方程(6.30)定义了一个入射角(共振角),在该入射角下整个系统的 p 偏振光反射率最小,而透射率绝对为零。

让我们看一个例子。图 6.10 显示了薄膜系统的扫描角度反射率,该系统是在石英玻璃上沉积了一层 50nm 厚的银膜。光($\lambda = 632.8$nm)从石英侧入射,我们看到,在大约 43°的角度时,反射率有一个极小值。当透射率为零时,光实际上是被系统吸收了,但目前我们不知道在哪里。

幸运的是,有两个强烈的迹象表明,这种效应实际上位于银(介质 1)和空气(介质 2)之间的表面。让我们利用方程(6.30)估计理论预测的共振角 φ_0。方程(6.30)现在只是一个近似,因为,实际上银的折射率不是纯虚数,只是实部很小,如图 6.7 所示。所以我们假设在给定波长下 $\hat{n}^2 \approx -16$ 空气的折射率为 1,玻璃的折射率接近 1.5，这就推导出理论共振角为 43.5°，与图 6.10 给出的实验数据相当接近。

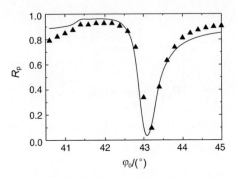

图 6.10　玻璃/银/空气系统的 p 偏振光（$\lambda = 632.8$nm）反射率随入射角的变化

另外，图 6.10 中的实线显示了实验数据的理论拟合结果，在第 7 章中推导出了用于拟合的理论。但是值得一提的是，给定银的厚度拟合值为 46.2nm，这与想要的 50nm 值是一致的。

现在让我们来了解银与空气之间的界面处发生了什么。在共振角处，波矢 k_x 的水平分量可写为：

$$k_x = \frac{\omega}{c} n_0 \sin\varphi_0 = \frac{\omega}{c}\sqrt{\frac{n_2^2 \hat{n}_1^2}{\hat{n}_1^2 + n_2^2}} = \frac{\omega}{c}\sqrt{\frac{\varepsilon_1 \varepsilon_2}{\varepsilon_1 + \varepsilon_2}} \tag{6.32}$$

当方程(6.31a)满足时，方程(6.32)产生了波矢量水平分量的实际值。让我们讨论垂直分量，与水平分量不同的是，它们在每种材料上都是不同的。我们有：

$$\begin{cases} k_{z,0} = \frac{\omega}{c} n_0 \cos\varphi_0 \rightarrow \text{real} \\ k_{z,1} = \frac{\omega}{c} \hat{n}_1 \cos\varphi_1 = \frac{\omega}{c} \hat{n}_1 \sqrt{1-\sin^2\varphi_1} = \frac{\omega}{c}\sqrt{\varepsilon_1}\sqrt{\frac{\varepsilon_1}{\varepsilon_1 + \varepsilon_2}} \\ \quad = \pm i \frac{\omega}{c}\sqrt{\left|\frac{\varepsilon_1^2}{\varepsilon_1 + \varepsilon_2}\right|} \rightarrow \text{imaginary} \\ k_{z,2} = \frac{\omega}{c} n_2 \cos\varphi_2 = \frac{\omega}{c} n_2 \sqrt{1-\sin^2\varphi_2} \\ \quad = \pm i \frac{\omega}{c}\sqrt{\left|\frac{\varepsilon_1^2}{\varepsilon_1 + \varepsilon_2}\right|} \rightarrow \text{imaginary} \end{cases} \tag{6.33}$$

正如预期的那样，在入射介质中有一个传播波，而在介质 1 和介质 2 中，没有波传播是可能的(实际上,这里又有了全反射条件)。

因此,介质 1 和介质 2 中的电场可写为

$$\begin{cases} E_1 = E_{10} e^{-i\left(\omega t - \frac{\omega}{c}\sqrt{\frac{\varepsilon_1 \varepsilon_2}{\varepsilon_1 + \varepsilon_2}}x\right)} e^{\mp\left(\frac{\omega}{c}\right)\sqrt{\left|\frac{\varepsilon_1^2}{\varepsilon_1 + \varepsilon_2}\right|}z} \\ E_2 = E_{20} e^{-i\left(\omega t - \frac{\omega}{c}\sqrt{\frac{\varepsilon_1 \varepsilon_2}{\varepsilon_1 + \varepsilon_2}}x\right)} e^{\mp\left(\frac{\omega}{c}\right)\sqrt{\left|\frac{\varepsilon_2^2}{\varepsilon_1 + \varepsilon_2}\right|}z} \end{cases}$$

假设在无限大介质 2 中电场呈指数增长是没有道理的,因此我们选择了指数下降的电场。由于界面上的连续性原因,在介质 1 中,我们选择升序解。最后得到:

$$\begin{cases} E_1 = E_{10} e^{-i\left(\omega t - \frac{\omega}{c}\sqrt{\frac{\varepsilon_1 \varepsilon_2}{\varepsilon_1 + \varepsilon_2}}x\right)} e^{\left(\frac{\omega}{c}\right)\sqrt{\left|\frac{\varepsilon_1^2}{\varepsilon_1 + \varepsilon_2}\right|}z} \\ E_2 = E_{20} e^{-i\left(\omega t - \frac{\omega}{c}\sqrt{\frac{\varepsilon_1 \varepsilon_2}{\varepsilon_1 + \varepsilon_2}}x\right)} e^{-\left(\frac{\omega}{c}\right)\sqrt{\left|\frac{\varepsilon_2^2}{\varepsilon_1 + \varepsilon_2}\right|}z} \end{cases} \quad (6.34)$$

方程(6.34)描述沿表面传播的倏逝波,同时在介质 1 和介质 2 中振幅下降。因此,电场主要集中在介质 1 和介质 2 之间的界面上,这确实是我们想要实现的。行进的倏逝波激发金属(介质 1)表面的自由电子运动,这种沿表面传播的倏逝电磁波与自由电子的传播集体振荡耦合的"凝聚体"称为传播表面等离激元。方程(6.32)和方程(6.33)构成了表面等离激元的色散规律(任何 $k(\omega)$ 依赖关系称为色散定律)。当 $\varepsilon_1 \to -\varepsilon_2$ 时,倏逝波电场的穿透深度变得无限小,在这种情况下,电场最有效地限制在界面区。

传播表面等离激元的激发是表面光谱学中非常有效的实验方法。事实上,当必须探测金属表面的弱吸收中心时,任何由块体产生的背景信号都将干扰探测结果。相反,当强电场限制在表面区时,块体的背景信号可能会大大降低。

在实践中,在银-空气界面上形成超薄的、吸收的吸附层将显著改变系统反射率光谱的特征。为了说明该方法的灵敏度,图 6.11 给出了在玻璃上具有超薄有机吸附层的 33nm 银薄膜的反射光谱,选择了一种蓝色有机染料(铜酞菁 CuPc)作为吸附剂。该图表明,即使是厚度小于 0.9nm 的超薄吸附层也很容易被检测到。

同样,图 6.11 中的实线是基于第 8 章中推导出方程的拟合曲线。

但是,高灵敏度的原因是什么呢?关键是,即使没有光强度通过界面透射,界面处的电场强度也可能极高。在目前的几何结构中,界面处的局域电场强度振幅可能超过入射波中电场强度几个数量级。同样,有一些耐心也是有用的,为了精确计算,我们需要理论方法,这将在第 8 章中推导出来。

实际上,最容易通过所谓的棱镜耦合器激发在金属-空气界面处传播的表

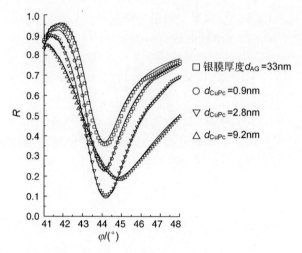

图 6.11 玻璃/银/ CuPc 吸附层/空气系统在 560nm 波长下的反射率曲线，所有样品的银厚度 d_{Ag} 为 33nm

面等离激元。在图 6.12 中，给出了两个实验几何结构，它们通常用于传播表面等离激元的光激发。图 6.9 中所示结构对应于图 6.11 所示的 Kretschmar-Raether 几何结构。

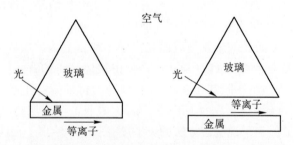

图 6.12 棱镜耦合器的几何结构：左图是 Kretschmar-Raether 几何结构，右图是 Otto-geometry 几何结构

6.5 各向异性材料

6.5.1 各向同性和各向异性材料之间的界面反射

在总结界面处理的基础上，我们简要地讨论将菲涅尔方程推广到光学各向

同性与光学各向异性材料界面处。原则上,这个问题超出了本书的体系范围,正如引言中所定义的那样。然而,光学各向异性薄膜可能在未来的特定应用中变得很重要,因此有必要简要介绍该领域。

本节将不讨论方程的推导。相反,将假定关于光在各向异性介质中传播的一些知识,并且将猜测而不是推导出菲涅耳反射系数中的相应修改。第 6.5 节中给出的材料不需要理解以下章节,因此读者也可以跳过该节。

我们的讨论仅限于单轴非吸收各向异性材料的特殊情况。在这种情况下,代替方程(2.9),电位移矢量可以写成:

$$D = \varepsilon_0 \varepsilon E$$

式中:ε 为一个对称张量(介电张量)。在一个合适的坐标系中(不一定与本章到目前为止使用的坐标系相同),它可以用对角化的形式写成:

$$\varepsilon = \begin{pmatrix} \varepsilon_{xx} & 0 & 0 \\ 0 & \varepsilon_{yy} & 0 \\ 0 & 0 & \varepsilon_{zz} \end{pmatrix}$$

让我们假设一个光轴与 z 轴平行的单轴材料。在这种情况下:

$$\varepsilon_{xx} = \varepsilon_{yy} \neq \varepsilon_{zz}$$

这引起电磁波的行为与到目前为止的讨论完全不同。实际上,让我们考虑波动方程(2.2),当波沿 z 轴传播时,位移矢量 D 可能包含 x 分量和 y 分量,它们都"感觉"到相同的介电函数 ε_{xx}。不管光的偏振如何,这个波都以由 ε_{xx} 确定的相位速度传播。

现在让我们来讨论波沿着一个方向传播的情况,它与 z 轴的角度为 ϑ。为了简单起见,我们假设 k 矢量在 $x-z$ 平面上。对于垂直偏振(D 平行于 y 轴),只与分量 ε_{yy} 是相关的,与 ϑ 角无关。因此,这样的波以不依赖 ϑ 的相速度传播,它被称为寻常波。相反,对于另一个偏振(D 在 $x-z$ 平面上),它"感觉"了不同介电函数 ε_{xx} 和 ε_{zz} 的叠加,而它们的相对权重取决于角 ϑ,该波的相位速度将依赖于 ϑ。由于这种非常不寻常的行为,这种波被称为非寻常波。对于任意偏振波入射到单轴各向异性材料的表面,都会分裂成寻常波和非寻常波,这一现象被称为光学双折射。

让我们考虑一些有用的方程。以下列方式重写了单轴性的条件:

$$\varepsilon_{xx} = \varepsilon_{yy} \equiv \varepsilon_\perp \neq \varepsilon_{zz} \equiv \varepsilon_\parallel$$

寻常波以所谓的寻常折射率传播,其定义为:

$$n_0 \equiv \sqrt{\varepsilon_\perp}$$

在不作推导的情况下,我们给出了与角度相关的非寻常波有效折射率 n_a 的表达式：

$$n_a = n_a(\vartheta) = \frac{n_o n_e}{\sqrt{n_e^2 \cos^2\vartheta + n_o^2 \sin^2\vartheta}}$$

$$n_e \equiv \sqrt{\varepsilon_\parallel}$$

式中：n_e 为所谓的非寻常折射率。显然，对于给定的 ϑ，寻常折射率和非寻常折射率的相对权重分别由 $\sin\vartheta$ 和 $\cos\vartheta$ 给出，n_o 和 n_e 构成了单轴材料的主折射率对。

这是我们处理各向异性情况下简化菲涅耳反射系数的关键，它将使我们可以猜测出正确的表达式。让我们用以下方式改写适用于各向同性情况的菲涅耳方程：

$$\begin{cases} r_s = \dfrac{n_1\cos\varphi - \sqrt{n_2^2 - n_1^2\sin^2\varphi}}{n_1\cos\varphi + \sqrt{n_2^2 - n_1^2\sin^2\varphi}} \\[2ex] r_p = \dfrac{n_2\cos\varphi - n_1\sqrt{1 - \dfrac{n_1^2}{n_2^2}\sin^2\varphi}}{n_2\cos\varphi + n_1\sqrt{1 - \dfrac{n_1^2}{n_2^2}\sin^2\varphi}} \end{cases} \quad (6.35)$$

现在假设，介质 1 是各向同性的，而介质 2 是各向异性的。问题在于，光轴相对于入射面的不同方向是可能的。让我们考虑三个特殊情况。

1. 光轴垂直于表面

在这种情况下，s 偏振光始终能感测到寻常折射率，因此在 r_s 中只需使用寻常折射率 n_{2o} 代替 n_2。对于 p 偏振，需要寻常折射率 n_{2o} 和非寻常折射率 n_{2e} 的叠加。入射角越大，n_{2e} 的贡献就越大。因此，在 $\cos\varphi$ 的前置因子中，我们用 n_{2o} 代替了 n_2。相反，在 $\sin\varphi$ 的前置因子中，用 n_{2e} 代替 n_{2o}。我们获得：

$$\begin{cases} r_s = \dfrac{n_1\cos\varphi - \sqrt{n_{2o}^2 - n_1^2\sin^2\varphi}}{n_1\cos\varphi + \sqrt{n_{2o}^2 - n_1^2\sin^2\varphi}} \\[2ex] r_p = \dfrac{n_{2o}\cos\varphi - n_1\sqrt{1 - \dfrac{n_1^2}{n_{2e}^2}\sin^2\varphi}}{n_{2o}\cos\varphi + n_1\sqrt{1 - \dfrac{n_1^2}{n_{2e}^2}\sin^2\varphi}} \end{cases} \quad (6.35a)$$

2. 光轴与入射面和表面平行

同样，s 偏振光还是始终能感测到寻常折射率，因此，对于 r_s，方程(6.35a)

仍然有效。对于 p 偏振,寻常折射率 n_{2o} 和非寻常折射率 n_{2e} 叠加。与前一种情况不同的是,n_{2e} 和 n_{2o} 互换了它们的角色。我们得到:

$$\begin{cases} r_s = \dfrac{n_1 \cos\varphi - \sqrt{n_{2o}^2 - n_1^2 \sin^2\varphi}}{n_1 \cos\varphi + \sqrt{n_{2o}^2 - n_1^2 \sin^2\varphi}} \\[2ex] r_p = \dfrac{n_{2e} \cos\varphi - n_1 \sqrt{1 - \dfrac{n_1^2}{n_{2o}^2} \sin^2\varphi}}{n_{2e} \cos\varphi + n_1 \sqrt{1 - \dfrac{n_1^2}{n_{2o}^2} \sin^2\varphi}} \end{cases} \quad (6.35b)$$

3. 光轴垂直于入射平面

这是最简单的情况,不管入射角度是多少,s 偏振总是感测到非寻常折射率,而 p 偏振总是感测到寻常折射率。因此,从方程(6.35)得到:

$$\begin{cases} r_s = \dfrac{n_1 \cos\varphi - \sqrt{n_{2e}^2 - n_1^2 \sin^2\varphi}}{n_1 \cos\varphi + \sqrt{n_{2e}^2 - n_1^2 \sin^2\varphi}} \\[2ex] r_p = \dfrac{n_{2o} \cos\varphi - n_1 \sqrt{1 - \dfrac{n_1^2}{n_{2o}^2} \sin^2\varphi}}{n_{2o} \cos\varphi + n_1 \sqrt{1 - \dfrac{n_1^2}{n_{2o}^2} \sin^2\varphi}} \end{cases} \quad (6.35c)$$

方程(6.35a)~方程(6.35c)表示了在光学各向同性和各向异性介质界面上菲涅耳反射系数的特殊情况。

6.5.2 巨双折射光学

在各向同性材料和各向异性材料之间的界面上可能会产生非常有趣的光学效应,它们构成了所谓的巨双折射光学(GBO)的领域。

一般的想法是将各向异性材料的主折射率与入射介质的折射率相匹配。例如,让我们从第 6.5.1 节中的第 3 点来考虑。当满足 $n_1 = n_{2o}$ 时,从方程(6.35c)得到:

$$r_p = \dfrac{n_{2o} \cos\varphi - n_1 \sqrt{1 - \dfrac{n_1^2}{n_{2o}^2} \sin^2\varphi}}{n_{2o} \cos\varphi + n_1 \sqrt{1 - \dfrac{n_1^2}{n_{2o}^2} \sin^2\varphi}} = 0 \; \forall \, \varphi$$

虽然 s 偏振光仍然被反射,但 p 偏振光不会以任何入射角反射,不能定义一个明确的布儒斯特角。当然,这种效应有助于设计有效的偏振片。这种效应很容易理解,因为在给定的几何结构下,p 偏振只是能感测到寻常折射率。当然,在后者与入射介质折射率匹配的情况下,由于折射率没有差别,因此不会发生光的反射。

再举一个例子,让我们从 6.5.1 节中的第 1 点来考虑。我们要求 $n_1 = n_{2e}$,从方程(6.35a)得到:

$$r_p = \frac{n_{2o}\cos\varphi - n_1\sqrt{1 - \frac{n_1^2}{n_{2e}^2}\sin^2\varphi}}{n_{2o}\cos\varphi + n_1\sqrt{1 - \frac{n_1^2}{n_{2e}^2}\sin^2\varphi}} = \frac{n_{2o} - n_1}{n_{2o} + n_1} \neq r_p(\varphi)$$

因此,在这种情况下布儒斯特角是完全不存在的。相反,p 偏振光的反射率与入射角完全无关。当人们想设计全向反射镜时候,这样的行为可能是有用的。

表 6.1 概述了重要的 GBO 效应。

表 6.1 GBO 效应的例子

材料 1 中的光轴	材料 2 中的光轴	匹配条件	GBO 效应
各向同性	∥ 表面和 ∥ 入射面	$n_1 = n_{2o}$	$R_s = 0 \, \forall \varphi$
各向同性	⊥ 入射面	$n_1 = n_{2o}$	$R_p = 0 \, \forall \varphi$
∥ z	∥ z	$n_{1e} = n_{2o}$ 和 $n_{1o} = n_{2e}$	$R_s = R_p \, \forall \varphi$
各向同性或 ∥ z	∥ z	$n_{1e} = n_{2e}$	$R_p \neq R_p(\varphi)$

注:φ 为入射角,下标"s"和"p"分别表示 s 偏振或 p 偏振,z 表示垂直于薄膜表面的方向,e 表示非寻常折射率,o 表示寻常光主折射率

如今,已经报道了聚合物薄膜 GBO 效应的实际应用。这是因为在聚合物中,由于薄膜很容易机械拉伸而引起所谓的光学各向异性。

第7章 厚平板和薄膜

摘　要：本章提出了厚基板和薄膜光谱的理论方法。该理论既适用于正入射现象也适用于斜入射现象，重点集中在薄膜特性方面。关于这一点，将详细讨论从典型的薄膜干涉光谱中所能提取的信息量，所选的表征例子包括了从介质薄膜到金属薄膜。

7.1　厚平板的透射率和反射率

在第6章中，我们讨论了菲涅耳方程，这些方程提供了平面界面对平面电磁波的影响。事实上，到目前为止我们只考虑了单界面的效应。如图6.1所示的实际可用样品，总是包含多个界面，所以我们现在的目的是了解不同界面对样品整体光谱贡献的相互作用。

同样，我们将注意力集中在平行界面上，这是薄膜光学中的典型情况，从最简单的例子开始—透明材料的厚板。在下面，我们将使用术语"透明"的意义是，光学损耗可以忽略不计。例如，典型的窗口面具有两个平行的表面，因此通过窗口传输的透射光至少由两个表面的透射系数决定。

实际上，这种情况要复杂得多，从图7.1可以清楚地看出这一点。该图显示了与所述厚平板相关样品的几何结构。所以我们将第一种介质作为光的入射介质，这种介质认为是无吸收的。当然，入射光通过第一界面的透射率由方程(6.19)确定。为了避免混淆，我们回到第6.2节中使用的符号，以入射介质为第1介质，以平板材料为第2介质。透射率T_{12}表示当光线从介质1进入介质2时光通过界面的透射率。入射到第二个界面上，主要透过的光再次被透射到第3介质中，而第3介质被认为与第1介质相同，因此，界面相应的透射率为T_{21}。所以，包括两个界面的整个系统透射率取决于T_{12}和T_{21}乘积值。

但这还不是全部过程。在这两个界面上，一定比例的光可以被反射出来。在第一表面反射的光(反射率R_{12})对整个平板反射率有显著的贡献。在第二面的光反射(R_{21})还有一种情况，它返回到第一表面并通过第一表面透射(现在透射率T_{21})后，对平板的反射率有所贡献。然而，它可以被再次反射(R_{21})并第二次入射到第二表面。同样，它也有机会被透过(贡献平板的透射率)或者被反

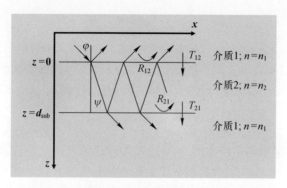

图 7.1 光在平板(或裸基板)中传输的几何结构

射,这样的反射透射循环又重新开始了。我们得出的结论是,这些内部多重反射对贯穿整个平板的光透射率有进一步的贡献。

让我们以精确的定量方式阐述上述考虑的问题。显然,整个平板的反射率 R 可以通过将波的单次反射贡献和多次内反射的贡献相加计算。事实上,图 7.1 说明了计算的思想,在可以忽略阻尼的情况下,我们发现:

$$R = R_{12} + T_{12}R_{21}T_{21} + T_{12}R_{21}^3 T_{21} + \cdots$$

$$= R_{12} + T_{12}R_{21}T_{21} \sum_{j=1}^{\infty}(R_{21}^2)^{j-1} = R_{12} + \frac{T_{12}R_{21}T_{21}}{1-R_{21}^2} = \frac{2R_{12}}{1+R_{12}} \tag{7.1}$$

完全类推,平板的透射率 T 为

$$T = T_{12}T_{21} + T_{12}R_{21}^2 T_{21} + \cdots$$

$$= T_{12}T_{21} \sum_{j=1}^{\infty}(R_{21}^2)^{j-1} = \frac{T_{12}T_{21}}{1-R_{21}^2} = \frac{1-R_{12}}{1+R_{12}} \tag{7.2}$$

我们立即看到 T 和 R 的总和达到 1。在正入射情况下,根据方程(6.20)和方程(6.19),我们有:

$$R_{12} = R_{21} = \left(\frac{n_2 - n_1}{n_2 + n_1}\right)^2 \tag{7.3}$$

$$T_{12} = 1 - R_{12} = \frac{4n_1 n_2}{(n_2 + n_1)^2} = T_{21} \tag{7.4}$$

当我们处理空白透明基板,周围是空气时,进一步的简化是有效的。在这种情况下,$n_1 = 1$。让我们跳过平板材料折射率的下标($n_2 = n$),假设在正入射情况下可以得到:

$$R|_{\phi=0} = \frac{(n-1)^2}{n^2+1} \tag{7.5}$$

$$T|_{\phi=0} = \frac{2n}{n^2+1} \tag{7.6}$$

方程组(7.1)~方程(7.6)使读者可以计算透明平板的透射率或反射率。因此,可以使人们完成正向搜索任务。表 7.1 概述了这些方程应用的一些特殊情况。

表 7.1 空气界面或平板在正入射下光的透射率和反射率概述

问题	方程	玻璃(在可见光波段 $n\approx 1.5$)	硅(在红外波段 $n\approx 3.45$)	锗(在红外波段 $n\approx 4.0$)
通过表面的透射率	$4n/(n+1)^2$	0.96	0.7	0.64
表面的反射率	$(n-1)^2/(n+1)^2$	0.04	0.3	0.36
通过平板的透射率	$2n/(n^2+1)$	0.923	0.535	0.47
平板的反射率	$(n-1)^2/(n^2+1)$	0.077	0.465	0.53

根据测量平板的正入射透射率,通过反演方程(7.6)很容易地计算出折射率,如下:

$$n = T^{-1} + \sqrt{T^{-2} - 1} \tag{7.7}$$

因此,在无阻尼平板的情况下,逆向搜索是很小的问题。

现在我们将方程(7.1)和方程(7.2)推广到任意入射角且具有吸收的平板材料。我们将在这里猜测得到方程的结构,在第 7.4.4 节中给出一个有力的推导。首先,使用方程(6.18)和方程(6.19),为了以菲涅耳干涉透射和反射系数形式重写它们,在方程(7.1)和方程(7.2)中进行以下的替换:

$$R_{12} \to |r_{21}|^2 ; T_{12}T_{21} \to |t_{12}|^2 |t_{21}|^2$$

$$\Rightarrow R = |r_{21}|^2 + \frac{|t_{12}|^2 |t_{21}|^2 |r_{21}|^2}{1-|r_{21}|^4} ; T = \frac{|t_{12}|^2 |t_{21}|^2}{1-|r_{21}|^4}$$

这些方程仍然仅适用于无吸收平板材料。

对于基板有吸收的情况,我们必须考虑两个基本的修正,即界面菲涅耳系数的变化,以及在传播过程中的强度损耗。

第一个修正是在菲涅耳方程(6.14)~方程(6.17)中,使用平板的复折射率和复传播角时会自动被考虑。为了考虑波传播过程中的阻尼,让我们回到方程(2.12),以便写出波在平板中传播的电场表达式。在如图 7.1 所示的笛卡儿坐标系中,方程(2.12)可以改写为:

$$E = E_0 e^{-i(\omega t - \mathbf{k} \cdot \mathbf{r})} = E_0 e^{-i(\omega t - k_x x - k_z z)} = E_0 e^{-i\left(\omega t - \frac{\omega}{c}\hat{n}_2 \sin\phi_2 x - \frac{\omega}{c}\hat{n}_2 \cos\phi_2 z\right)}$$

这里,φ_2(或图 7.1 中的 ψ)是光在平板材料中的(复)传播角。利用斯涅耳折射定律，$\sin\varphi_2$ 可以通过入射角 φ_1 来表示。我们获得：

$$E = E_0 e^{-\mathrm{i}\left(\omega t - \frac{\omega}{c} n_1 \sin\phi_1 x - \frac{\omega}{c} \hat{n}_2 \cos\phi_2 z\right)} \tag{7.8}$$

沿 x 轴方向，由于入射介质的实折射率，将观察不到阻尼现象，这与沿 z 轴的行为形成了鲜明的对比。每次穿透 z 从 0 变化到 d_{sub}，其中 d_{sub} 是平板（或后面的基板）的几何厚度。然后，通过计算方程（7.8）绝对值的平方，就可以得到每次穿透平板材料的强度变化，如下：

$$I(z = d_{\mathrm{sub}}) \propto |E|^2\big|_{z = d_{\mathrm{sub}}} = |E_0|^2 e^{-2\frac{\omega}{c}\mathrm{Im}(\hat{n}_2\cos\phi_2)d_{\mathrm{sub}}}$$
$$= |E_0|^2 e^{-4\pi\nu d_{\mathrm{sub}}\mathrm{Im}\sqrt{\hat{n}_2^2 - n_1^2\sin^2\phi}}$$

当光束从平板内反射到平板的界面上时，在此之前必须已经发生了平板穿透。因此，可以考虑采用以下方法来替代强度阻尼：

$$|t_{21}|^2 \to |t_{21}|^2 e^{-4\pi\nu d_{\mathrm{sub}}\mathrm{Im}\sqrt{\hat{n}_2^2 - n_1^2\sin^2\phi}}$$

$$|r_{21}|^2 \to |r_{21}|^2 e^{-4\pi\nu d_{\mathrm{sub}}\mathrm{Im}\sqrt{\hat{n}_2^2 - n_1^2\sin^2\phi}}$$

然后，我们得到了最终结果：

$$\begin{cases} T = \dfrac{|t_{12}|^2 |t_{21}|^2 e^{-4\pi\nu d_{\mathrm{sub}}\mathrm{Im}\sqrt{\hat{n}_2^2 - n_1^2\sin^2\phi}}}{1 - |r_{21}|^2 |r_{21}|^2 e^{-8\pi\nu d_{\mathrm{sub}}\mathrm{Im}\sqrt{\hat{n}_2^2 - n_1^2\sin^2\phi}}} \\ R = |r_{12}|^2 + \dfrac{|t_{12}|^2 |r_{21}|^2 |t_{21}|^2 e^{-8\pi\nu d_{\mathrm{sub}}\mathrm{Im}\sqrt{\hat{n}_2^2 - n_1^2\sin^2\phi}}}{1 - |r_{21}|^2 |r_{21}|^2 e^{-8\pi\nu d_{\mathrm{sub}}\mathrm{Im}\sqrt{\hat{n}_2^2 - n_1^2\sin^2\phi}}} \end{cases} \tag{7.9}$$

在正入射情况下有：

$$e^{-2\frac{\omega}{c}\mathrm{Im}(\hat{n}_2\cos\phi_2)d_{\mathrm{sub}}} = e^{-4\pi\nu d_{\mathrm{sub}}\mathrm{Im}\sqrt{\hat{n}_2^2 - n_1^2\sin^2\phi}} = e^{-\alpha_2 d_{\mathrm{sub}}}$$

在这种情况下，方程（7.9）可以改写为：

$$\begin{cases} T = \dfrac{(1 - R_{12})^2 e^{-\alpha_2 d_{\mathrm{sub}}}}{1 - R_{12}^2 e^{-2\alpha_2 d_{\mathrm{sub}}}} \\ R = \dfrac{R_{12}[1 - e^{-2\alpha_2 d_{\mathrm{sub}}}(2R_{12} - 1)]}{1 - R_{12}^2 e^{-2\alpha_2 d_{\mathrm{sub}}}} \end{cases} \tag{7.9a}$$

这些方程需要一些解释。

首先，我们指出当平板材料有吸收时，T 和 R 才与平板厚度 d_{sub} 相关。然后，对于 $\alpha_2 d_{\mathrm{sub}} \to \infty$，根据方程（7.9a）透射率变为零，而反射率更接近于第一界面的反射率。在没有吸收的情况下，方程（7.9）和方程（7.9a）与方程（7.1）和方程（7.2）完全相同，因此不取决于平板的厚度。这是一个应该熟悉的问题，因为每个人从他的日常经验都知道,窗口的透射率并不明显取决于它的厚度。

然而,很明显当平板厚度变得很小时,推导出的方程无法应用。对于 $d_{sub}=0$,显然没有任何平板。相应的反射率应该为 0,透射率为 1。但我们的方程表明,即使平板的厚度消失,仍然存在有限的反射信号,这显然是毫无意义的。

因此,本节被命名为"厚平板的透射率和反射率"。到目前为止,推导出的方程不能应用于厚度较小(几乎消失的)的平板。我们的下一项任务是澄清"厚"一词的确切含义,并推导出方程(7.9)的适用性标准。但在谈到这一点之前,让我们对逆向搜索过程做进一步的评论。

如前所述,方程(7.7)可以从正入射透射率中计算无阻尼平板材料的折射率。当然,在材料有吸收的情况下,如果没有进一步的模型假设,那么仅凭透射率的知识就不足以计算 n 和 K。另一方面,可以从平板的透射率和反射率来计算这一对光学常数,无论是数值计算还是反演方程(7.9),都可以得到 n 和 K 作为 T 和 R 函数的明确表达式。如图 4.2 所示,玻璃的折射率是从 T 和 R 实验数据中确定的。

7.2 厚板和薄膜

我们现在处于一种有点奇怪的情况。我们推导出了平板透明材料的透射率和反射率看似精确的方程,这个方程与平板厚度无关。另一方面,我们确切知道,将方程应用到一个非常薄的平板(厚度逐渐消失),这个方程会导致错误的结果。这意味着,在我们推导的过程中,假设平板是"足够厚"的,"足够"厚到底是什么意思?

事实上,这种情况更复杂。我们将在下面看到,方程(7.1)和方程(7.2)的适用性并不取决于平板厚度的绝对值,这些在图 7.2 进行了说明。在这里,我们看到测量的一块 142μm 厚平板玻璃的近红外透射率,测量的透射率取决于入射光的光谱带宽 $\Delta\lambda$。对于高光谱带宽($\Delta\lambda = 4$nm),测量的透射率大致恒定在 0.925 的水平上,这与我们到目前为止推导出的方程完全一致,并对应于一个相当合理的折射率约为 1.49。在这种情况下,我们的方程显然适合于定量描述测量结果。另一方面,当光谱带宽较小(较高单色性)时,同一样品的光谱会出现振荡,这不能用先前推导出的方程来解释。事实上,$\Delta\lambda$ 在我们的方程中根本没有出现。

那到底是哪里出错了呢?图 7.2 的透射光谱中的周期振荡表明系统中存在一种干涉机制。显然,图 7.1 中的多次反射波可以相长或相消地相互干涉,这将导致透射光或反射光强度的周期性调制,但这需要互相干涉的光波。另一方面,

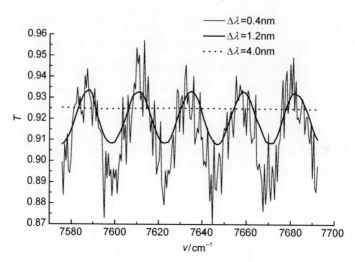

图 7.2　采用商用岛津 UV3001PC 分光光度计,以不同光谱带宽值
测量了 142μm 厚玻璃平板的正入射透射率

在方程(7.1)和方程(7.2)的推导中,我们没有考虑任何干涉效应,只是叠加了部分波的强度,忽略了任何干涉描述所需的相位信息。

只要叠加的部分光束之间的光程差大于光的相干长度(非相干情况),强度的叠加(代替电场)是正确的。因此,当平板厚度超过入射光的相干长度时,我们的理论方程(7.1)~方程(7.9)必须是正确的。相干长度与 Δλ 成反比,因此,对于较小的 Δλ,样品可能太薄,无法用我们的方程来描述,尽管这种处理对于较大的 Δλ 可能是正确的。在极端情况下,当平板厚度接近于零时,它将小于任何合理的相干长度,因此,对于超薄层,我们的方程是毫无应用意义的。这些一般性的考虑将使我们可以为方程(7.1)和方程(7.2)的适用性制定一个定量标准。

让我们来看看图 7.1 中的光束,从第一个界面传递到第二个界面,然后反向回到第一个界面,其传输时间 $t = 2nd_{sub}/c$(正入射)。对于非相干叠加,我们要求:

$$t = \frac{2nd_{sub}}{c} > t_{coh}$$

式中:t_{coh} 是光的相干时间。完全类似于第 4.2 节在方程(4.3)中处理因碰撞而引起失相的方法,有限的相干时间导致有限的光谱带宽,根据下式:

$$\Delta\omega = \frac{2}{t_{coh}}$$

继而

$$\Delta\omega = \frac{2\pi c}{\lambda^2}\Delta\lambda$$

结合上述关系式,我们得到了非相干叠加的下列条件(并因此得出了方程的适用性):

$$d_{\text{sub}} > \frac{\lambda^2}{2\pi n\Delta\lambda} \quad or \quad \Delta\lambda > \frac{\lambda^2}{2\pi n d_{\text{sub}}} \tag{7.10}$$

条件方程(7.10)是我们想要得到的结果。

让我们检查一下这个条件与图7.2中的实验观察结果相吻合的程度。我们的平板厚度为0.142mm、折射率接近1.5,波长约为1340nm。对于非相干叠加(无干涉模式),根据方程(7.10)所述的参数,得到的条件是:

$$\Delta\lambda > 1.3\text{nm}$$

这与图7.2的光谱完全一致。

在我们的术语中,当满足方程(7.10)条件时,我们讨论的是厚平板。相反,当条件方程(7.10)不满足时,预见必须会出现干涉模式。在这种情况下,方程(7.1)和方程(7.2)的应用毫无意义。相反,这些方程必须被基于电场的叠加理论(包括它们的相位),而不是光强度叠加的理论。

根据条件方程(7.10)定义了"厚"平板后,我们转向"薄"膜的定义。在光学方面,如图7.1所示的系统在这种情况下被视为薄膜,几乎所有的多个内反射都是相干叠加的。换句话说,薄膜厚度(对于正入射)必须比相干长度小得多。因此,我们得出了条件方程(7.11):

$$d \ll \frac{\lambda^2}{2\pi n\Delta\lambda} \quad 或 \quad \Delta\lambda \ll \frac{\lambda^2}{2\pi nd} \tag{7.11}$$

条件方程(7.11)定义了我们所说的薄膜。为了避免与平板混淆,薄膜厚度由d给出,没有任何下标。

有一种中间情况,即厚度较小但与相干长度量级一样,与部分相干光的干涉相对应。这种情况更难用数学来处理,将不会在本书中考虑。但是,你还应该注意到,图7.2中的振荡光谱对应于这些光的部分相干叠加。

回到我们的例子,考虑到2nm的中间光谱带宽,在方程(7.11)条件下,我们发现必须满足$d \ll 100\mu\text{m}$,才能将图7.1中的样品视为光学薄膜。请注意,方程(7.11)取决于波长,因此在紫外波段中,厚度(或光谱带宽)必须比中红外波段小得多。

7.3 薄膜的光谱

在定义了"薄膜"这个术语的含义后,我们现在可以开始计算嵌入在两种介质之间薄膜的透射率和反射率。首先,让我们指出条件方程(7.11)在实践中通常定义的厚度小于几微米。在这种情况下,不能保证系统的机械稳定性,因此薄膜会被沉积到固体材料基板上。相应地,第一(入射)和第三(基板)材料通常是互相不同的,因此它们具有不同的折射率。这种系统如图7.3所示。

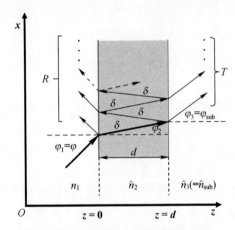

图7.3 薄膜透射率和反射率的计算

系统的透射率和反射率的计算原则上符合7.1节的原理。我们现在必须处理菲涅耳透射系数 t_{ij} 和反射系数 r_{ij},如方程(6.14)~方程(6.17)所示,而不是方程(6.18)和方程(6.19)中强度的透射系数 T_{ij} 和反射系数 R_{ij}。通常这些系数是复数,包含了关于振幅和相位的信息。此外,当光穿过该层时也得到了相位增益。假设 2δ 为膜层中每个循环的相位增益(可能是复数),与我们先前的推导相对应,得到了下面电场透射系数 t_{123} 和相应的反射系数 r_{123} 表达式:

$$r_{123} = r_{12} + t_{12}e^{i\delta}r_{23}e^{i\delta}t_{21} + t_{12}e^{i\delta}r_{23}e^{i\delta}r_{21}r_{23}e^{i\delta}t_{21} + \cdots$$

$$= r_{12} + t_{12}r_{23}t_{21}e^{2i\delta}(1 + r_{21}r_{23}e^{2i\delta} + \cdots)$$

$$= r_{12} + \frac{t_{12}r_{23}t_{21}e^{2i\delta}}{1 - r_{21}r_{23}e^{2i\delta}} \tag{7.12}$$

$$t_{123} = t_{12}e^{i\delta}t_{23}[1 + r_{21}r_{23}e^{2i\delta} + (r_{21}r_{23}e^{2i\delta})^2 + \cdots]$$

$$= \frac{t_{12}t_{23}e^{i\delta}}{1 - r_{21}r_{23}e^{2i\delta}} \tag{7.13}$$

让我们简短地解释一下缩略号。

与第 6.2 节完全一致，r_{123} 表示图 7.3 中系统的反射波电场强度与入射波电场强度的比值，在薄膜表面有效。类似地，t_{123} 是在介质 3（在薄膜−基板界面）中透射场强与入射场强的比值。t_{12}、t_{23}、r_{12} 和 r_{23} 是在下标中编号介质中的典型界面菲涅耳系数。每穿透一层膜光波函数方程(2.12)就乘以系数 $\exp(i\delta)$。

从方程(6.14)~方程(6.17)得到：
$$t_{12}t_{21} = 1 - r_{12}^2$$

因此方程(7.12)可以写为
$$r_{123} = \frac{r_{12} + r_{23}e^{2i\delta}}{1 - r_{21}r_{23}e^{2i\delta}} \tag{7.14}$$

到目前为止，我们还不能真正使用这些方程，因为我们还没有有效的相位增益表达式。在形式上，薄膜中每个循环的相位增益 2δ 可以直接从方程(2.15)或方程(7.8)获得。实际上，从图 7.3 中可以清楚地看到，干涉效应出现在同一时间和同一 x 坐标的光线叠加，而它们沿 z 轴的循环数不同。在单回路获得路径差的情况下，沿 z 轴的附加几何路径为 $2d$。从这里可以清楚地看出，每单次穿透（δ）或每循环（2δ）的相位增益（可能是复数）由方程(7.15)给出：

$$\delta = \frac{\omega}{c}\hat{n}_2\cos\phi_2 d = \frac{\omega}{c}d\sqrt{\hat{n}_2^2 - n_1^2\sin^2\phi} = 2\pi\nu d\sqrt{\hat{n}_2^2 - n_1^2\sin^2\phi} \tag{7.15}$$

对于薄膜的复折射率，δ 是复数，相位因子 $\exp(i\delta)$ 也就描述了在薄膜中光波的阻尼。

在实折射率的情况下，根据方程(7.15)的相位增益具有明显的几何意义（图 7.4）。让我们限制在 $n_1 = 1$ 的情况下，仅基于几何考虑推导出假设无阻尼情况下的 δ 表达式（薄膜折射率为实数）。在使用图 7.4 中引入的符号时，我们得到：

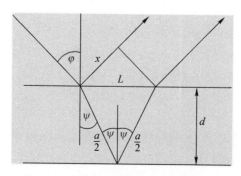

图 7.4　单次循环回路的相位增益计算

$$2\delta = \frac{2\pi}{\lambda}(n_2 a - x) = 2\pi\nu(n_2 a - x) \rightarrow \delta = \pi\nu(n_2 a - x);$$

$$a = \frac{2d}{\cos\psi}; x = L\sin\phi; 并且 \ L = 2d\tan\psi$$

$$\rightarrow \delta = \pi\nu\left(\frac{2n_2 d}{\cos\psi} - \frac{2d}{\cos\psi}\sin\psi\sin\phi\right) \tag{7.15a}$$

并且 $\sin\psi = \frac{\sin\phi}{n_2}$ 和 $n_2\cos\psi = n_2\sqrt{1-\sin^2\psi}$

$$\rightarrow \delta = 2\pi\nu d\sqrt{n_2^2 - \sin^2\phi}$$

很明显,当考虑方程(7.15a)中入射介质的折射率被设定为 1 时,方程(7.15a)与方程(7.15)是相同的。

方程组(7.13)~(7.15)可以使用下式计算出图 7.3 中薄膜的透射率和反射率:

$$T = \frac{\text{Re}(\hat{n}_3 \cos\phi_3)}{n_1 \cos\phi}|t_{123}|^2; R = |r_{123}|^2 \tag{7.16}$$

方程(7.16)是方程(6.18)和方程(6.19)对于单层膜的自然概况。当我们使用均匀材料和光滑表面时,就不会产生光散射,因此吸收率就成为:

$$A = 1 - T - R$$

我们已经熟悉了基于方程(7.16)的反射率计算结果。在第 6.4.2 节中,给出了如图 6.9 所示薄膜系统的计算反射率曲线 $R_P(\varphi)$,见图 6.10。假设玻璃为入射介质,银膜厚度为 46.2nm,空气为第 3 介质,用方程(7.16)方法计算了它的反射率,正如在第 6.4.2 节中已经提到的那样,这一计算结果较好地再现了实测的 $R_P(\varphi)$ 的角度依赖性。另一方面,t_{123} 的绝对值代表了在第 3 介质和第 1 介质(直接在界面处)中电场振幅的比值,从而给出了表面等离激元光谱学中电场增强的直接途径。

7.4 特殊情况

7.4.1 消阻尼

对于具有消阻尼的波传播的特殊情况(实菲涅耳系数和实数 δ),从方程(7.13)~方程(7.16)可以得到:

$$T = \frac{\dfrac{n_3 \cos\phi_3}{n_1 \cos\phi} t_{12}^2 t_{23}^2}{1 + r_{12}^2 r_{23}^2 + 2 r_{12} r_{23} \cos 2\delta} \qquad (7.17)$$

$$R = \frac{r_{12}^2 + r_{23}^2 + 2 r_{12} r_{23} \cos 2\delta}{1 + r_{12}^2 r_{23}^2 + 2 r_{12} r_{23} \cos 2\delta} \qquad (7.18)$$

用方程(7.17)和方程(7.18)计算的光谱与用实际样品测量的光谱相比是没有意义的,因为该系统仍然是太过于理想化了。事实上,我们假设薄膜沉积在基板上,但是到目前为止,在我们的方程中还没有考虑到基板的背面,称其为半无限大基板上的薄膜。但是,给出的方程足以使人们了解在薄膜光谱中预期振荡行为的特性(所谓的干涉图)。显然,因为 δ 与波数成正比,由于方程(7.17)和方程(7.18)中存在余弦项,因此透射率或反射率的光谱必然显示出强度的振荡。我们已经很熟悉这种振荡,如图 7.2 中所示的光谱。由于在没有损耗的情况下,T 和 R 的总和等于 1。因此很显然,透射率中的极小值必然对应于反射率中的极大值,反之亦然。

实际应用中最重要的一点是,我们可以从干涉图中推导出薄膜的厚度。让我们聚焦以空气为入射介质的薄膜干涉图的极值。根据我们的方程,当余弦达到极值时干涉图中就会出现极值(请注意,只有当菲涅耳系数的频率依赖性可忽略不计时,这种说法才是正确的,这里只是假定了弱色散)。因此,余弦的参数必须是 π 的倍数。设 j 是给定极值的序数,就方程(7.15)而言,我们有:

$$2\delta = 4\pi \nu d \sqrt{n_2^2 - \sin^2\phi} = j\pi; \qquad j = 0, 1, 2, \cdots$$

然后,透射率和反射率的极值(以下简称为干涉极值)出现在波数 ν_j:

$$\nu_j = \frac{j}{4d\sqrt{n_2^2 - \sin^2\phi}} \qquad (7.19)$$

原则上,从如图 7.2 所示的光谱中,当已知薄膜折射率和干涉级次 j 时,可以通过方程(7.19)推导出薄膜厚度。然而,极值的绝对序数可能并不确切知道。在这种情况下,应用方程(7.19)来确定厚度是没有意义的。取而代之的是,考虑两个极值是有意义的,例如 j 和 $j+1$ 级的两个相邻极值,我们得到:

$$d = \frac{1}{4(\nu_{j+1} - \nu_j)\sqrt{n_2^2 - \sin^2\phi}} \qquad (7.20)$$

波数 ν_j 和 ν_{j+1} 可以从测量的光谱中得到。然后,可以用方程(7.20)计算薄膜的厚度。如果干涉极值不相邻,则有:

$$d = \frac{\Delta j}{4(\nu_{j+\Delta j} - \nu_j)\sqrt{n_2^2 - \sin^2\phi}} \qquad (7.20\text{a})$$

让我们来看看图 7.2 的情况(正入射的玻璃平板($\varphi=0$))。为了计算玻璃平板的厚度,我们应用方程(7.20a),选择了位于 7580cm^{-1} (ν_j)和 7682cm^{-1} ($\nu_{j+\Delta j}$)的干涉极值,可以简单地通过对图 7.2 中的透射率极值进行计数而得到 $\Delta j = 8$。使用方程(7.20a)的前提是已经知道了折射率值,这里估计值约为 1.49 (第 7.2 节)。因此,可以根据方程(7.20a)计算厚度,得到的结果如下:

$$d = \frac{8}{4(7682-7588)\sqrt{1.49^2}} \text{cm} = 0.01428 \text{cm} = 142.8 \mu\text{m}$$

这个值非常接近通过千分尺测量获得的 $142\mu\text{m}$。因此,薄膜光谱理论预测似乎与本节开头给出的实验观察结果是一致的。

最后,让我们指出,折射率可以被认为没有色散时,方程(7.19)预测了等间距(在波数尺度上)干涉极值。但是,如果色散显著($n = n(\nu)$),则极值不再等间距。对于正常色散,它们的距离随着波数的增加而变小。方程(7.20)或方程(7.20a)必须在不同的干涉极值处考虑不同的折射率,因此从方程(7.19)中得出:

$$d = \frac{\Delta j}{4(\nu_{j+\Delta j}\sqrt{n_2^2(\nu_{j+\Delta j})-\sin^2\phi} - \nu_j\sqrt{n_2^2(\nu_j)-\sin^2\phi})} \quad (7.20\text{b})$$

在实际中,折射率色散往往不是完全已知的,当厚度 d 已经由其他方法决定时,如方程(7.19)或方程(7.20b)这样的关系式将被用来估算折射率的色散。

7.4.2 半波层

现在让我们来看一种非常特殊的非吸收层,即 $\lambda/2$ 层(半波层)。它通常被应用于非吸收层,光学薄膜厚度 $d\sqrt{n_2^2-\sin^2\varphi}$ 等于 $\lambda/2$,在这种情况下,$4\pi\nu d \cdot \sqrt{n_2^2-\sin^2\varphi}$ 等于 2π。因此,方程(7.17)和方程(7.18)中的余弦等于 1。

让我们简单地考虑正入射的情况。透射率方程(7.17)变成:

$$T = \frac{n_3}{n_1} \cdot \frac{t_{12}^2 t_{23}^2}{(1+r_{12}r_{23})^2}$$

用方程(6.14)和方程(6.15)替换菲涅耳系数,我们很快得到:

$$T = \frac{4n_1 n_3}{(n_1+n_3)^2}$$

对于 $\lambda/2$ 层,透射率(和反射率)与薄膜折射率 n_2 无关!此外,我们的结果与方程(7.4)空气-基板界面的透射率是一致的。换句话说,这类膜层对系统的透射率和反射率没有影响。这一结果也适用于斜入射,只是需要满足 $4\pi\nu d \cdot \sqrt{n_2^2-\sin^2\varphi}$ 等于 2π。

很显然，给定的薄膜只在特定波长下为 $\lambda/2$ 层,后者是由下面条件决定的：
$$2\delta = 4\pi\nu d\sqrt{n_2^2-\sin^2\phi}=j\pi; \qquad j=0,2,4,6,\cdots$$
这里,上述余弦值等于1。

7.4.3 1/4 波长膜层

当满足下列条件时,我们讨论的是 1/4 波长膜层($\lambda/4$ 层):
$$2\delta = 4\pi\nu d\sqrt{n_2^2-\sin^2\varphi}=\pi$$
在这种情况下,光学厚度 $d\sqrt{n_2^2-\sin^2\varphi}=\lambda/4$。相应地,方程(7.17)和方程(7.18)中的余弦等于-1。再次,对于正入射我们得到透射率：
$$T=\frac{n_3}{n_1}\cdot\frac{t_{12}^2 t_{23}^2}{(1-r_{12}r_{23})^2}=\frac{4n_1 n_2^2 n_3}{(n_1 n_3+n_2^2)^2} \tag{7.21}$$

这个等式包含了一个极其重要的特例。假设薄膜的折射率介于入射介质和基板之间,当下式满足时：
$$n_2=\sqrt{n_1 n_3}$$
透射率方程(7.21)变为1,系统的反射率变为零。因此,这样的 1/4 波长膜层可能会产生减反射效应,在光学薄膜设计中是非常重要的。

另一方面,我们认为薄膜的折射率相当高($n_2>n_1,n_3$)。然后,从方程(7.21)中得到：
$$\frac{\partial R}{\partial n_2}=-\frac{\partial T}{\partial n_2}=\frac{8n_1 n_2 n_3}{(n_1 n_3+n_2^2)^3}(n_2^2-n_1 n_3)>0$$

随着薄膜折射率的增加,高折射率 1/4 波长膜层的反射率也随之增大。因此,这种 1/4 波长膜层可用于增强反射。

这同样适用于所有干涉极值,只需满足下面条件：
$$2\delta = 4\pi\nu d\sqrt{n_2^2-\sin^2\phi}=j\pi; \qquad j=1,3,5,7,\cdots$$

上面提到的薄膜干涉图极值特性足以讨论基板上无阻尼单层膜的透射率和反射率的一般行为。实际上,方程(7.19)定义所有干涉图的极值中,薄膜要么是半波层,要么是 1/4 波长膜层。在半波长点上,基板-薄膜系统的透射率和反射率与裸基板的透射率和反射率相同。因此,在实验光谱中可以很容易地识别出半波长点。

薄膜干涉图的其他极值必须看作 1/4 波长点。1/4 波长点的透射率由方程(7.21)决定,它决于折射率之间的关系,即方程(7.21)是否定义了透射率 T 的极大值或极小值。由于薄膜是无阻尼情况,因此反射率 $R=1-T$。

让我们讨论在 $n_1<n_3$ 的情况下 1/4 波长点的透射率特性。对于 $n_2=n_1$ 和 n_2

$=n_3$，方程(7.21)得到的透射率与环境-基板的界面相同。对于 $n_1<n_2<\sqrt{n_1 n_3}$，透射率相对于薄膜折射率的导数是正值，因此，1/4 波长点的透射率高于裸基板的透射率。在这种情况下，1/4 波长点表现为透射率极大值和反射率极小值。对于 $n_2=\sqrt{n_1 n_3}$，相应地，透射率相对于薄膜折射率的导数为零，透射率达到极大值1。对于 $n_2>\sqrt{n_1 n_3}$，透射率相对于薄膜折射率的导数为负值，但只要满足 $n_2<n_3$，透射率仍必须要高于基板的透射率。进一步增加薄膜折射率($n_2>n_3$)，导致透射率低于裸基板的透射率，从而使 1/4 波长点对应于透射率的极小值（反射率的极大值）。

让我们看看一个例子。图 7.5 显示了在石英玻璃基板上的 337nm 厚二氧化钛薄膜在正入射下的透射率 T 和反射率 R。图中还给出了裸基板的透射率 T_{sub} 和反射率 R_{sub}。

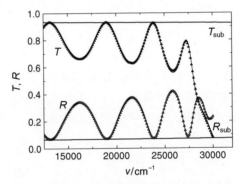

图 7.5 熔融石英基板上 TiO_2 薄膜的正入射测量光谱，入射介质为空气

我们看到了光谱的预期振荡行为。对于低于 25000 cm^{-1} 的波数，薄膜的透射率和反射率总和为 1（无阻尼），因此以前的讨论是适用的。在半波长点处，薄膜光谱与基板光谱相切，从而很容易识别半波长点。在 1/4 波长点上，测量的反射率高于基板的反射率，因此薄膜的折射率必须高于基板的折射率。显然，由于反射率极大值随波数的增加而增大，且在波数尺度上不等间距，所以折射率呈现正常色散。

事实上，我们的知识足以处理简单的逆向搜索过程。当忽略基板后表面时，用方程(7.21)可以从 1/4 波长点的 T 或 R 得到薄膜的折射率。然后，可以从方程(7.20b)中获得薄膜的厚度。

7.4.4 自支承薄膜

现在让我们转到另一个特殊情况，即薄膜不是沉积在基板上，而是被两侧的空气所包围的自支承薄膜。因此,材料1和材料3的折射率相同都是$n=1$,电场透射系数方程(7.13)和电场反射系数方程(7.14)变成:

$$t_{123} = \frac{t_{12}t_{21}e^{i\delta}}{1+r_{12}r_{21}e^{2i\delta}}$$

$$r_{123} = \frac{r_{12}+r_{21}e^{2i\delta}}{1+r_{12}r_{21}e^{2i\delta}}$$

现在,假设薄膜的折射率是复数,然后相位增益也将是复数,可以写成:

$$\delta = \delta' + i\delta''$$

由此,得到了透射率方程(7.16):

$$T = \frac{|t_{12}|^2 |t_{21}|^2 e^{-2\delta''}}{1+|r_{12}|^2 |r_{21}|^2 e^{-4\delta''}+2e^{-2\delta''}[\mathrm{Re}(r_{12}r_{21})\cos2\delta' - \mathrm{Im}(r_{12}r_{21})\sin2\delta']} \quad (7.22)$$

让我们再次检查这个方程对于$d \rightarrow 0$的解。然后,正弦值变为0,而余弦值变为1,得到:

$$T(d \rightarrow 0) = \frac{|t_{12}|^2 |t_{21}|^2}{1+|r_{12}|^2 |r_{21}|^2 + 2\mathrm{Re}(r_{12}r_{21})} = 1$$

因为$|t_{12}t_{21}|^2 = |1-r_{12}^2|^2$,并且

$$|1-r_{12}^2|^2 = |1-\mathrm{Re}r_{12}^2 - i\mathrm{Im}r_{12}^2|^2 = (1-\mathrm{Re}r_{12}^2)^2 + (\mathrm{Im}r_{12}^2)^2$$

$$= 1 - 2\mathrm{Re}r_{12}^2 + (\mathrm{Re}r_{12}^2)^2 + (\mathrm{Im}r_{12}^2)^2$$

$$= 1 - 2\mathrm{Re}r_{12}^2 + |r_{12}^2|^2$$

这样,薄膜方程预测了无限大薄膜的100%的透射率和消失的反射率,这是一个相当合理的结果。

在检查了这个渐近行为之后,现在将利用方程(7.22)来获得一种像方程(7.9)的厚平板透射率的表达式。在方程(7.22)中,吸收和斜入射都是被自动考虑,并且厚平板相应方程可以通过方程(7.22)转化为非相干光叠加的情况。

当对方程(7.22)中相位增益的实部进行平均就可以实现这一点。在此过程中,我们模拟了相位信息因干涉光波相位的随机分布而被破坏的测量。根据下式可导出厚平板的透射率T_{sub}:

$$\begin{aligned} T_{\mathrm{sub}} &= \frac{1}{\pi}\int_0^\pi d\delta'\left\{\frac{|t_{12}|^2 |t_{21}|^2 e^{-2\delta''}}{1+|r_{12}|^2 |r_{21}|^2 e^{-4\delta''} + 2e^{-2\delta''}[\mathrm{Re}(r_{12}r_{21})\cos2\delta' - \mathrm{Im}(r_{12}r_{21})\sin2\delta']}\right\} \\ &= \frac{|t_{12}|^2 |t_{21}|^2 e^{-4\pi\nu d_{\mathrm{Sub}}\mathrm{Im}\sqrt{\hat{n}_2^2-\sin^2\phi}}}{1-|r_{12}|^2 |r_{21}|^2 e^{-8\pi\nu d_{\mathrm{Sub}}\mathrm{Im}\sqrt{\hat{n}_2^2-\sin^2\phi}}} \end{aligned} \quad (7.23)$$

通过下式可以得到该积分的解:

$$\int \frac{\mathrm{d}x}{a+b\cos x+c\sin x}\Big|_{a^2>b^2+c^2} = \frac{2}{\sqrt{a^2-b^2-c^2}}\arctan\left[\frac{(a-b)\tan\frac{x}{2}+c}{\sqrt{a^2-b^2-c^2}}\right]$$

方程(7.23)和方程(7.9)相同。用同样的方法可以得到相应的反射率方程,让我们写出结果如下:

$$R_{\mathrm{sub}} = |r_{12}|^2 + \frac{|t_{12}|^2\,|r_{21}|^2\,|t_{21}|^2\mathrm{e}^{-8\pi\nu d_{\mathrm{Sub}}\mathrm{Im}\sqrt{\hat{n}_2^2-\sin^2\phi}}}{1-|r_{12}|^2\,|r_{21}|^2\mathrm{e}^{-8\pi\nu d_{\mathrm{Sub}}\mathrm{Im}\sqrt{\hat{n}_2^2-\sin^2\phi}}} \qquad (7.24)$$

方程(7.23)和方程(7.24)是描述厚平板透射率和反射率的最终结果。通过这种方法,我们给出了先前"猜测"的方程(7.9)的精确推导。这些方程在薄膜光谱学中是非常重要的,因为这种厚平板通常作为薄膜的基板需要进一步研究。显然,如果不了解裸基板的特性,就无法正确地描述薄膜-基板系统的特性。

7.4.5 厚基板上的单层薄膜

现在可以完成最后一步,将使我们可以计算在厚基板上薄膜的透射率和反射率。

首先,仔细看看现在将要研究的样品。如图7.6所示,现在处理的是在薄膜光谱学中实际的系统,即有限厚度厚基板上的薄膜。在下面,所有的基板参数用下标"sub"表示。

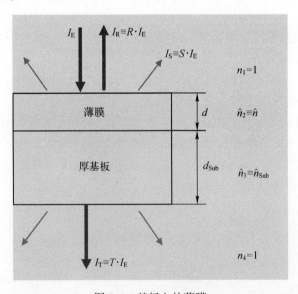

图 7.6　基板上的薄膜

为了将理论应用到系统中,薄膜和基板厚度值应与光的相干长度保持正确的关系。我们将要求,在薄膜中几乎所有的光波都是相干叠加的,而在基板中是非相干叠加的。根据方程(7.10)和方程(7.11),假设的模型厚度情况如下:

$$d \ll \frac{\lambda^2}{2\pi n \Delta\lambda} \wedge \frac{\lambda^2}{2\pi n_{sub} \Delta\lambda} < d_{Sub}$$

为了简单起见,假设周围的介质是空气($n_1 = n_4 = 1$),而薄膜和基板的折射率可能是复数的(有关符号请参见图7.6)。从方程(7.23)和方程(7.24)开始讨论,这些方程描述了裸基板的特性,唯一需要做的就是将薄膜"添加"到基板上。可以采取以下方式实现。

在方程(7.23)中,t_{12}项给出了空气-基板界面两侧电场振幅的比值,这个电场透射系数必须用相应薄膜的系数t_{123}来代替。此外,必须记住,基板材料现在与第三种材料相同,所以必须写t_{31},而不是t_{21}。对于分母必须使用相同的替换过程。它的函数描述了基板表面之间的多重内反射。因此,菲涅耳系数中的一个($r_{12} = -r_{21}$)必须由薄膜的电场反射系数r_{321}来代替,而另一个由r_{31}代替。等效的处理过程同样应用于反射率方程(7.24)。因此,在图7.6中介绍的术语中,得到了T和R的下列方程:

$$T = \frac{|t_{123}|^2 |t_{31}|^2 e^{(-2\text{Im}(\delta_{Sub}))}}{1 - |r_{321}|^2 |r_{31}|^2 e^{(-4\text{Im}(\delta_{Sub}))}} \quad (7.25)$$

$$R = |r_{123}|^2 + \frac{|t_{123}|^2 |r_{31}|^2 |t_{321}|^2 e^{(-4\text{Im}(\delta_{Sub}))}}{1 - |r_{321}|^2 |r_{31}|^2 e^{(-4\text{Im}(\delta_{Sub}))}} \quad (7.26)$$

$$t_{123} = \frac{t_{12} t_{23} e^{i\delta}}{1 + r_{12} r_{23} e^{2i\delta}}$$

$$r_{123} = \frac{r_{12} + r_{23} e^{2i\delta}}{1 + r_{12} r_{23} e^{2i\delta}}$$

$$\delta_{Sub} = 2\pi\nu d_{Sub} \sqrt{\hat{n}_{Sub}^2 - \sin^2\phi}$$

这两个方程使我们可以计算基板-薄膜系统的T和R。换句话说,现在可以执行相应的正向搜索任务。

让我们来看看到目前为止所推导出的理论体系内计算的例子。第一个例子涉及图7.5所示的二氧化钛薄膜。在该图中,单个符号对应于测量值,而实线对应于通过方程(7.25)和方程(7.26)计算的理论光谱。为了在测量和理论之间取得好的一致性,通过改变光学薄膜常数和厚度,使实验结果得到很好的拟合。在目前的情况下,这里假设使用多振子模型描述TiO_2的光学常数(见第4章),相应的光学常数如图7.7和图7.8所示。

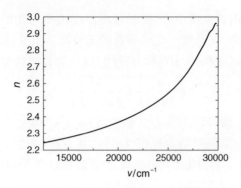

图 7.7 TiO$_2$的折射率，与图 7.5 中的光谱一致

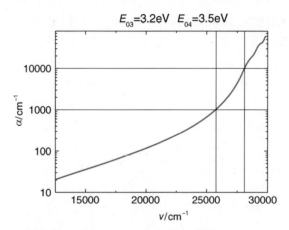

图 7.8 TiO$_2$的吸收系数，与图 7.5 中的光谱一致（E_{03}和E_{04}的值表示光子能量，其中吸收系数相应达到 1000cm^{-1} 和 10000cm^{-1}）

因此，只要正确选择了薄膜的光学常数，我们的理论就可以在基板上再现薄膜的实验光谱。这意味着，这样的光谱拟合也可以用来执行逆向搜索任务。事实上，这是已经应用于获得图 7.7 和图 7.8 中所示的光学常数的方法。从数学上讲，这可以使误差函数最小化：

$$F = \sum_{j=1}^{M} \{ w_T(v_j) [T_{\exp}(v_j) - T_{\text{calc}}(v_j)]^2 + w_R(v_j) [R_{\exp}(v_j) - R_{\text{calc}}(v_j)]^2 \}$$

(7.27)

对于上述表征任务，误差函数 F 常被称为差异函数。在这里，下标"exp"表示测量值，而下标"calc"对应于根据方程（7.25）或方程（7.26）计算的值。w 函数表示单个误差项的相对权重，选择它们与测量误差的平方成反比是有意义的。M 是计算中考虑的波数点数量。然而，像方程（7.27）这样的误差函数通常有大量的局部极小值,因此任何数学最小化过程都会导致多种解。从这种多解性出发,必须极其小心地确定物理上正确的解。

最后,看看另一个例子。图 7.9 显示了在玻璃上 157nm 厚的氧化铟锡(ITO)薄膜正入射的 T 和 R 光谱。ITO 是一种将可见光波段的透明性与较高直流导电性结合起来的材料。因此,必须预测到,在可见光波段 ITO 的折射率在 1 以上,并且具有低的吸收系数。另一方面,根据德鲁德方程由直流导电的自由电子得出红外光学常数。同样,图 7.9 中光谱通过方程(7.25)和方程(7.26)式进行拟合,相应的光学常数(图 7.10)证实了预期的行为。

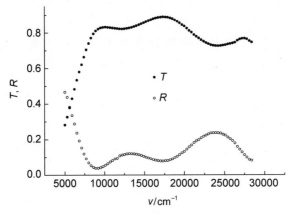

图 7.9　ITO 薄膜的 T 和 R

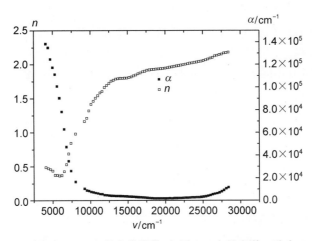

图 7.10　ITO 的光学常数,与图 7.9 中的光谱一致

7.4.6 逆向搜索程序的补充说明

让我们对应用在如图7.6所示系统中的逆向搜索过程做一些补充说明。如前所述,在逆向搜索中,任务是从测量的透射率和反射率(或其他测量)数据重新计算薄膜的光学常数和薄膜厚度。

如前几节所示,在已知几何结构和光学常数的情况下,可以给出薄膜样品光谱的显式表达式。然而,不可能得到以测量数据为函数的光学常数的显式表达式。这使得逆向搜索的数值方面比正向搜索更加复杂,因为需要应用复杂的迭代程序来寻找结果。作为一个更复杂的问题,可能无法保证结果的明确性和数值稳定性。

从形式上看,逆向搜索过程可分类为单波长法和多波长法,后者包括Kramers-Kronig方法和曲线拟合技术。通常,逆向搜索以适当定义的误差函数 F 的数值最小化为基础,如方程(7.27)所示。

方程(7.27)的数值最小化是一个纯粹的数学问题,这里不讨论相应的技巧。在理想情况下,可以得到一组光学常数,它产生的理论光谱与测量光谱一致,从而使 F 变为零。在实际中,这是不可能的,将误差函数方程(7.27)降到由测量精度 ΔT 和 ΔR 所确定的阈值以下是没有意义的,因此,当满足下式条件时,可以认为最小化是成功的。

$$F < \sum_{j=1}^{M} \{w_T(v_j)[\Delta T(v_j)]^2 + w_R(v_j)[\Delta R(v_j)]^2\}$$

由于多组光学常数可以满足该条件,因此可以获得数学上多个可接受解,必须从这些解中选择有物理意义的解。特别是在薄膜光学中,讨论解的多重性可能是一个麻烦的过程。

如果不知道在不同频率下光学常数之间的相互关系,就可以直接应用方程(7.27)的最小化条件:

$$\mathbf{grad}\ F = 0$$

它简化为一组 M 方程:

$$[T_{\exp}(v_j) - T_{\text{calc}}(v_j)] = 0$$
$$[R_{\exp}(v_j) - R_{\text{calc}}(v_j)] = 0$$

在这种情况下,假设了在不同频率下光学常数没有解析依赖性。这些方程组可以在每个感兴趣的波数处进行数值求解,这是一个典型的单波长过程。当已知薄膜厚度时,对于每个波数下有两个未知值 n 和 K 的方程。不利的是,这种方法经常存在多重解,并且在波数上不连续。

存在几种方法来减少解的多样性。首先,足够多的独立测量或巧妙地选择和组合可以减少解的多样性,这就需要使用相应的测量仪器。然而,由于缺少仪器通常不可能增加测量的次数。通过应用曲线拟合程序,给出了一种减少可能多重解的方法。在这种情况下,假设如第2~5章定义的解析色散定律。在方程(7.27)的最小化过程中,必须确定色散模型的自由参数(例如共振频率或线宽值)。通常,薄膜的厚度也可以通过这种方式获得。

曲线拟合方法在今天得到了广泛的应用,但它们的成功应用要求可靠地选择合适的色散规律。它们的优点之一可以应用在非常有限的光谱区中。

无论是使用单波长方法还是曲线拟合方法,都有一些有助于执行逆向搜索的通用规则。首先,解至少应满足两个标准:

(1) 它应该是随波数连续的。
(2) 色散应符合 Kramers-Kronig 规律。

在复杂的曲线拟合过程中,这些准则是直接满足的。然而,对于单波长方法,它们可能是排除物理上无意义解的一个标准。

另外,利用测量光谱的一般特性提供的信息也是有意义的。对于被空气包围的透明基板上单层薄膜的特殊情况,不需要任何麻烦的计算可以从光谱中获得重要的优先信息,特别是在可以识别出显示良好干涉图的情况下。表7.2总结了重要的特殊情况。

表 7.2 从正入射、透明基板、环境介质空气中的薄膜光谱中获得的先验信息

$T+R$	$T(\lambda/2)$	$T(\lambda/4)$	补充信息	说　明
=1	$=T_{sub}$	$>T_{sub}$	—	$n < n_{sub}$
	$=T_{sub}$	$<T_{sub}$	—	$n > n_{sub}$
	$<T_{sub}$	$<T_{sub}$	—	正折射率梯度 $\langle n \rangle > n_{sub}$
		$>T_{sub}$	—	正折射率梯度 $\langle n \rangle < n_{sub}$
	$>T_{sub}$	$<T_{sub}$	—	负折射率梯度 $\langle n \rangle > n_{sub}$
		$>T_{sub}$	—	负折射率梯度 $\langle n \rangle < n_{sub}$
<1	—	—		$A+S > 0$
≪1	—	—	$S=0$ 的均匀层	$A \approx 1; d >> \dfrac{\lambda}{8\pi}\dfrac{1-\sqrt{R}}{\sqrt{R}}$
≪1	—	—	$d \leq \dfrac{\lambda}{8\pi}\dfrac{1-\sqrt{R}}{\sqrt{R}}$ 的均匀层	$S>0$

让我们简短地评论一下表中提供的信息。

(1) 在表7.2的上半部分($T+R=1$),处理的是无光学损耗样品的干涉图形。$T(\lambda/2)$ 表示半波长点的透射率,$T(\lambda/4)$ 表示1/4波长点的透射率。如前所

述,1/4波长点的特征决定了薄膜相对于基板是否具有较高的折射率。此外,在没有损耗的情况下,由方程(7.25)给出的$T(\lambda/4)$不取决于薄膜厚度。因此,假设$K=0$时可以用它来计算薄膜折射率。然后,我们可以从方程(7.19)~方程(7.20b)计算薄膜厚度。

(2) 当样品没有光学损耗,但半波长点的透射率与基板的透射率不同时,必须考虑梯度折射率层的条件,这意味着薄膜折射率随着与基板距离的变化而平稳变化。当随着与基板距离的增加而薄膜折射率增大时,表现为正折射率梯度。相反,当折射率随着与基板距离的增加而减小时,表现为负折射率梯度。因此,半波长点的行为有助于识别折射率梯度的类型。$\langle n \rangle$表示平均折射率(在薄膜厚度上的平均值)。这些规则对应于线性折射率梯度的特例。

(3) 为了提供示例,在图7.11显示了在熔融石英玻璃基板($n_{sub} \approx 1.45$)上由二氧化硅($n \approx 1.45$)和五氧化二铌($n \approx 2.3$)的材料混合物制备的梯度折射率膜层的光谱。在基板附近,五氧化二铌浓度较高,但随着与基板距离的增加其浓度逐渐减小。因此,我们处理的是负折射率梯度薄膜,半波长点的透射率超过裸基板的透射率。然而,由于薄膜的平均折射率高于基板,所以在1/4波长点上,样品的透射率低于基板的透射率。这是表7.2分析的情况之一。这样的光谱不能用本章所给出的理论来计算,但是读者可以从第8章的素材中获得。

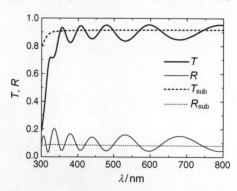

图7.11 梯度折射率层的透射率和反射率

(4) 表底部的三行对应于有损耗的样品。在这种情况下,干涉图案可能消失。然而,对于强阻尼情况,可以从方程(7.25)和方程(7.26)推导出渐近方程。该表中的某些内容未经推导。

当然,从一般光谱特征获得的先验信息,可用于识别逆向搜索过程的具有物理意义的解。此外,它可以在一开始就被用来确定合适的初始近似值,从而使方程(7.27)的最小化变得更有效和更快。

下面说明在 NIR/VIS/UV 波长区中光学均匀二氧化铪薄膜(由 PIAD 在熔融石英上制备)的特殊情况。图 7.12 显示了近正入射的 T 和 R 光谱(实际入射角为 6°)。在图的顶部,薄膜材料介电函数的实部(左)和虚部(右)为波数的函数。在图的底部,给出了相应光谱的拟合质量。符号代表实验值,线条代表理论拟合值。后者是通过 LCalc 软件实现的,使用了方程(4.6)的多振子色散模型。(详见 O. Stenzel, S. Wilbrandt, K. Friedrich, N. Kaiser "Realistische Modellierung der NIR/VIS/UV-optischen Konstanten dünner optischer Schichten im Rahmen des Oszillatormodells"; Vakuum in Forschung und Praxis 21(5) (2009) 15-23)

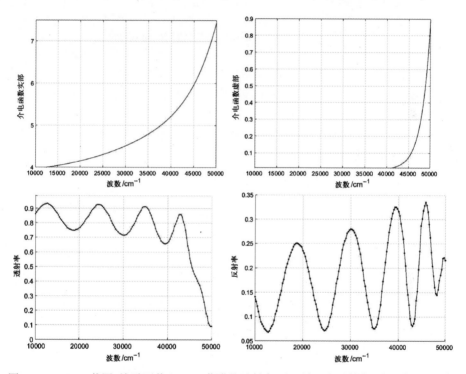

图 7.12 LCalc-截图:熔融石英上 HfO_2 薄膜的透射率(左下角)和反射率(右下角)的拟合。横坐标以 cm^{-1} 表示波数,透明区($T+R \approx 1$)扩展到近 $40000cm^{-1}$ 的波数值

一般情况下,良好的拟合质量不能保证相应的薄膜厚度和光学常数的物理相关性,但在目前具有良好的干涉图的高折射率层的情况下,可以将结果视为可靠的。事实上,正是这种干涉图,使人们可以可靠地确定透明区的厚度和折射率色散,下面将说明这一点。让我们把理论厚度从 195nm 的真实值改为 216nm 的高估值,立即导致实验和理论之间的严重偏差,如图 7.13 所示。

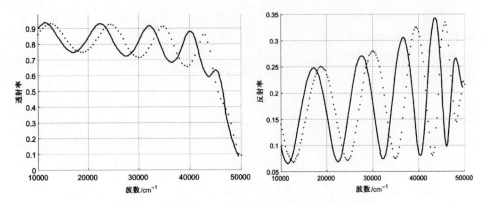

图 7.13　如图 7.12 上图所示,但有错误的薄膜厚度

显然,错误的厚度造成了计算和测量光谱的干涉图极值不再重合。另一方面,错误的厚度不会改变透明区中干涉图案的包络,这使得我们很容易区分折射率和厚度误差。

后一种说法如下所示。在这种情况下,保持正确的厚度(195nm),但高估计折射率,这会导致如图 7.14 所示的错误。

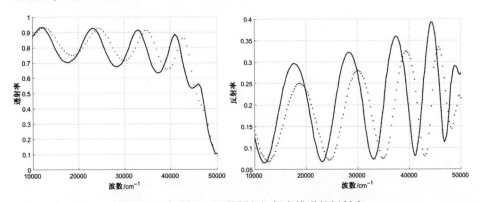

图 7.14　如图 7.12 下图所示,但有错误的折射率

与前面讨论的情况不同,错误的折射率不仅破坏了极值位置的重合,而且也破坏了干涉图的包络线。这些厚度和折射率误差的不同效应,使我们可以在不费时计算的情况下就可以区分它们,只需要看光谱就可以。

当然,极值位置失配是由错误光学厚度造成的。当假设正入射时,这一点从方程(7.19)就可以明显看出。实际上,在正入射下从方程(7.19)可以看出极值位置仅由光学厚度决定。错误的光学厚度可能是由错误的折射率和错误的几何薄膜厚度造成的。

在透明区中,包络线分别由半波长点和 1/4 波长点的光度值表示。表 7.2 中包含了讨论的必要信息。因此,在没有任何光学损耗和非均匀性的情况下,其中一个包络(源自半波长点)与基板光谱重合,另一个包络(源自 1/4 波长点)取决于薄膜的折射率,而不取决于薄膜厚度(比较方程(7.21))。因此,它仅由折射率来定义,这为我们提供了识别折射率误差的关键。我们得出的结论是,从干涉图中单独确定 n 和 d 是可行的。另一方面,错误的 n 和 d 数据,但正确的光学厚度(乘积 nd)将不会导致令人满意的拟合,这是因为错误的 QW 包络。如图 7.15 所示,它对应于低估的厚度(182nm)和高估的折射率,从而使乘积 nd 是正确的。的确,虽然得到了正确的极值波数位置,但是它们的绝对值是完全错误的。

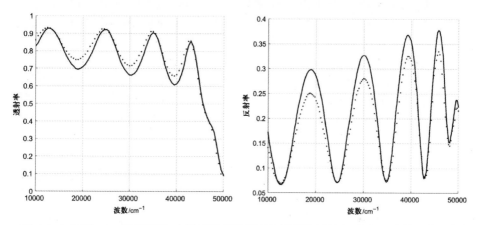

图 7.15 如图 7.12 底部所示,有错误的薄膜厚度和错误的折射率,但有正确的光学厚度

如图 7.12~图 7.15 所示的例子可以证明,在足够厚和透明样品正入射 T 和 R 光谱中的干涉图包含足够的信息来确定薄膜的厚度和折射率。以这些值作为初始近似值,即使使用局部优化的方法,光谱的后续数值拟合(例如 (4.6))也可能是成功的(图 4.12)。

当然,这个演示的例子并不真正具有挑战性,可以看作是薄膜实验室的日常工作。因此,来看看一些更复杂的光谱,它们来自既不足够厚又不足够透明的薄膜。因此,我们转向熔融石英基板上溅射铜膜的正入射光谱的拟合,相应的光谱如图 7.16 所示。

图 7.16(右)显示了铜表面的典型反射率光谱(与图 6.6 相比),表明该薄膜几乎不透明。然而,如左图所示的实验透射率揭示了一个边缘信号,峰值透射率值约为 0.1%。注意这个小的透射信号是光谱中关于薄膜厚度的唯一可用信息,因此不应被忽视。

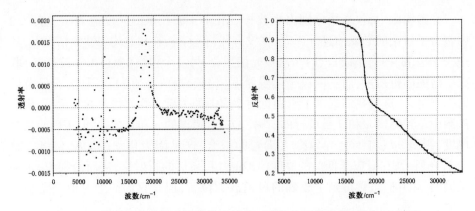

图 7.16 熔融石英基板上铜膜的透射率(左图)和反射率的"拟合"(右图)。
假设薄膜厚度太厚,使得在 18000cm^{-1} 附近不能拟合但仍然存在透射特征,
反射率仍能很好地再现

图 7.17 显示了铜膜的透射率和反射率的拟合结果。该拟合是根据德鲁特和多振子模型复合色散模型,即结合方程(3.1)、方程(3.3)和方程(4.6)。德鲁特项表示了自由电子相应的部分,而多振子模型则用来描述束缚电子的响应。

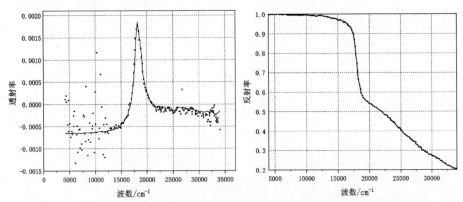

图 7.17 熔融石英基板上铜膜的透射率(左)和反射率(右)的
拟合,所得薄膜厚度为 122nm

当将其与文献数据进行比较时,可以判断由此确定的光学常数的相关性。如图 7.18 所示,从光谱拟合得到的铜色散数据与文献数据中的值不同。我们观察到一个很好的一致性,除了一些紫外的折射率数据。沉积制备薄膜的厚度预期为 112nm,拟合得到的 122nm 的值与预期结果基本吻合。

显然,即使在几乎不透明的金属薄膜中,采用多振子模型拟合正入射 T 和 R 光谱也可以得到光学常数和膜层厚度的合理结果。尽管如此,演示的问题为上

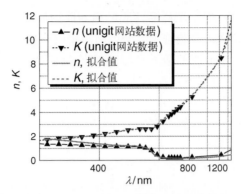

图 7.18　根据光谱(图 7.17)拟合得到铜膜的光学常数与 unigit 数据库
(www.unigit.com)相应数据进行比较

述提到的 LCalc 软件提供了一个极端的应用案例。

最后一个例子已经为下一章多层膜理论提供了桥梁。利用原位光谱技术监控薄膜的生长,是实现高精度、可重复性光学多层膜沉积的一项具有挑战性的任务。我们的最后一个例子(图 7.19)显示了通过电子束蒸发制备的包含两个结合的金属岛状薄膜(比较第 4.5.1 节和第 4.5.3 节)的介质多层膜的沉积过程中测量和计算的原位透射光谱。

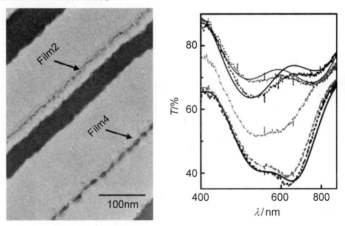

图 7.19　左图为含在介质多层膜堆中的金属岛膜的 TEM 横断面图。右图是在沉积名为"Film2"的金属岛薄膜之前、期间和之后记录的原位透射光谱。虚线对应于实验光谱,实线对应于理论光谱。用灰色表示的光谱与尚未完成的金属岛膜相对应,在计算理论光谱时无法进行模型计算。来源于 M. Held, O. Stenzel, S. Wilbrandt, N. Kaiser,
A. Tünnermann, "Manufacture and characterization of optical coatings
with incorporated copper island films" Appl. Opt. 51, (2012), 4436-4447

在图 7.19 的左边,展示了样品薄膜的横断面透射电子显微照片,特别是显示了两个金属岛薄膜嵌入在膜堆中。金属岛薄膜由一些氧化铝组分环绕的铜岛组成。右边的图显示了薄膜的透射光谱,这是在沉积命名为"Film2"的铜岛薄膜时测量的。在此,最高透射率数据对应于铜岛膜开始沉积之前的薄膜光谱。

金属岛薄膜的沉积包括三个步骤。首先,沉积一层厚度只有几 nm 的超薄氧化铝间隔层,它只会导致透射率的微小变化。接下来,沉积仅只有几 nm 厚的铜膜。图 7.19 中(右图)的灰色线显示了铜含量为一半和全部时对薄膜透射率的影响。最后通过沉积第二个氧化铝间隔层完成了岛膜沉积,相应的透射率再次以黑色显示。实验和理论透射曲线之间惊人的一致性,证明了基础理论模型的优点,从而验证了原位光谱法在多层膜(即使有金属成分)监控方面的有效性。

第8章 梯度折射率薄膜和多层膜

摘 要:从麦克斯韦方程出发,推导出了分层介质光学行为的一般理论。介绍了该理论在梯度折射率薄膜褶皱滤光片计算中的应用。从一般理论出发,推导出了多层膜计算的矩阵方程。

8.1 梯度折射率薄膜

8.1.1 一般假设

在前一章中,我们推导出了厚基板上单层均匀薄膜的透射率和反射率表达式。作为一般假设之一,薄膜的折射率不依赖于坐标,因此 $n \neq n(x,y,z)$。这是一个非常特殊的情况,可以作为简化薄膜光谱计算的模型。实际上,任何实际的光学薄膜都是非均匀的(至少是弱非均匀的)。在本章中,将讨论最重要的特殊情况,即折射率仅取决于 z 坐标(所谓的分层介质)。也就是说,薄膜的特性随着与基板之间的距离变化而变化。例如,这可能是由薄膜制备过程中沉积条件的变化引起的。

为了描述这种非均匀薄膜的光学特性,必须用依赖于 z 的介电函数求解麦克斯韦方程。

首先,让我们记住,只处理谐波电场和磁场。以下面形式写出电场和磁场表达式:

$$E = E_0(r) e^{-i\omega t}; H = H_0(r) e^{-i\omega t}$$

对于非磁性材料,有:

$$\varepsilon = \varepsilon(z); \mu = 1$$

就像在关于菲涅耳方程的章节一样,分别讨论 s 偏振和 p 偏振的特殊情况是有意义的。

在开始任何推导之前,我们声明,本章将从其内容和这里使用符号的含义两方面进行详细说明。我们在一开始就强调,整个章节将涉及相当复杂、有时是乏味的数学推导。作者个人认为,在应用这些方程之前,有必要了解适用于复杂薄膜系统计算方程的推导过程。因此,在这本书中包含了推导过程。然而,如果读者只对最后的计算"程序"感兴趣,有关信息将在表 8.1 和表 8.2 中得到,这两个表的内容就是推导的主要结果。

表 8.1 计算在半无限大基板上任意梯度折射率层的透射和反射

	s 偏振	p 偏振
u 的意义	电场	磁场
v 的意义	磁场	电场
$\varepsilon = \varepsilon(z)$ 的方程组	$\dfrac{du}{dz} = ik_0 v$ $\dfrac{dv}{dz} = ik_0(\varepsilon - \eta^2) u$	$\dfrac{du}{dz} = ik_0 \varepsilon v$ $\dfrac{dv}{dz} = ik_0 \left(1 - \dfrac{\eta^2}{\varepsilon}\right) u$
薄膜/基板界面的边界条件	$u = 1$ $v = \hat{n}_{\text{sub}} \cos\varphi_{\text{sub}}$	$u = 1$ $v = \dfrac{\cos\varphi_{\text{sub}}}{\hat{n}_{\text{sub}}}$
场透射系数和反射系数的定义	$t = \dfrac{E^{(\text{t})}}{E^{(\text{e})}}$ $r = \dfrac{E^{(\text{r})}}{E^{(\text{e})}}$	$t = \dfrac{H^{(\text{t})}}{H^{(\text{e})}}$ $r = \dfrac{H^{(\text{r})}}{H^{(\text{e})}}$
场透射系数和反射系数的表达式	$t = \dfrac{2\hat{n}_1 \cos\varphi}{u_0 \hat{n}_1 \cos\varphi + v_0}$ $r = \dfrac{u_0 \hat{n}_1 \cos\varphi - v_0}{u_0 \hat{n}_1 \cos\varphi + v_0}$	$t = \dfrac{2\cos\varphi}{u_0 \cos\varphi + \hat{n}_1 v_0}$ $r = \dfrac{u_0 \cos\varphi - \hat{n}_1 v_0}{u_0 \cos\varphi + \hat{n}_1 v_0}$
带有基板背面的强度计算	完全类似于方程(7.25)和方程(7.26)	

表 8.2 在半无限大基板上任意膜堆的透射系数和反射系数的计算

s 偏振	p 偏振
M,单层膜	
$\begin{pmatrix} \cos(k_0 \hat{n} d\cos\psi) & -\dfrac{i}{\hat{n}\cos\psi}\sin(k_0 \hat{n} d\cos\psi) \\ -i\hat{n}\cos\psi\sin(k_0 \hat{n} d\cos\psi) & \cos(k_0 \hat{n} d\cos\psi) \end{pmatrix}$	$\begin{pmatrix} \cos(k_0 \hat{n} d\cos\psi) & -\dfrac{i\hat{n}}{\cos\psi}\sin(k_0 \hat{n} d\cos\psi) \\ -i\dfrac{\cos\psi}{\hat{n}}\sin(k_0 \hat{n} d\cos\psi) & \cos(k_0 \hat{n} d\cos\psi) \end{pmatrix}$
M,膜堆	
$\hat{M}_{\text{stack}} \equiv \begin{pmatrix} m_{11} & m_{12} \\ m_{21} & m_{22} \end{pmatrix} = \prod_{j=1}^{N} \hat{M}_j(d_j)$	
场透射系数和反射系数	
$t = \dfrac{E^{(\text{t})}}{E^{(\text{e})}}; r = \dfrac{E^{(\text{r})}}{E^{(\text{e})}}$	$t = \dfrac{H^{(\text{t})}}{H^{(\text{e})}}; r = \dfrac{H^{(\text{r})}}{H^{(\text{e})}}$

(续)

s 偏振	p 偏振
场透射系数和反射系数的表达式	
$t = \dfrac{2\hat{n}_1 \cos\varphi}{(m_{11} + m_{12}\hat{n}_{\text{sub}} \cos\varphi_{\text{sub}})\hat{n}_1 \cos\varphi + m_{21} + m_{22}\hat{n}_{\text{sub}} \cos\varphi_{\text{sub}}}$ $t = \dfrac{(m_{11} + m_{12}\hat{n}_{\text{sub}} \cos\varphi_{\text{sub}})\hat{n}_1 \cos\varphi - (m_{21} + m_{22}\hat{n}_{\text{sub}} \cos\varphi_{\text{sub}})}{(m_{11} + m_{12}\hat{n}_{\text{sub}} \cos\varphi_{\text{sub}})\hat{n}_1 \cos\varphi + m_{21} + m_{22}\hat{n}_{\text{sub}} \cos\varphi_{\text{sub}}}$	$t = \dfrac{2\dfrac{\cos\varphi}{\hat{n}_1}}{\left(m_{11} + m_{12}\dfrac{\cos\varphi_{\text{sub}}}{\hat{n}_{\text{sub}}}\right)\dfrac{\cos\varphi}{\hat{n}_1} + \left(m_{21} + m_{22}\dfrac{\cos\varphi_{\text{sub}}}{\hat{n}_{\text{sub}}}\right)}$ $t = \dfrac{\left(m_{11} + m_{12}\dfrac{\cos\varphi_{\text{sub}}}{\hat{n}_{\text{sub}}}\right)\dfrac{\cos\varphi}{\hat{n}_1} - \left(m_{21} + m_{22}\dfrac{\cos\varphi_{\text{sub}}}{\hat{n}_{\text{sub}}}\right)}{\left(m_{11} + m_{12}\dfrac{\cos\varphi_{\text{sub}}}{\hat{n}_{\text{sub}}}\right)\dfrac{\cos\varphi}{\hat{n}_1} + \left(m_{21} + m_{22}\dfrac{\cos\varphi_{\text{sub}}}{\hat{n}_{\text{sub}}}\right)}$
带有基板背面的透射率和反射率计算,完全类似于方程(7.25)和方程(7.26)	

关于这些符号,与目前为止所使用的菲涅耳系数的含义将有重要的区别,任何场透射系数 t_{ij}、t_{ijk} 或反射系数 r_{ij}、r_{ijk} 都有电场之间比值的含义。在本章中,这只适用于 s 偏振的情况。对于 p 偏振,任何场的透射系数或反射系数都有相应磁场之间比值的含义。特别是,方程(6.15)中菲涅耳方程的 t_p 不适用于本章导出的表达式,必须用磁场的相关表达式代替(见第8.1.4节)。

8.1.2 s 偏振

让我们从 s 偏振的情况开始。假设有如图6.3所示的坐标系统,有场分量:

$$\boldsymbol{E} = \begin{pmatrix} 0 \\ E_y \\ 0 \end{pmatrix}$$

从方程(2.1)中第2个方程,得到方程组(8.1)(与第6.2节中计算相比较):

$$\begin{cases} \mathrm{i}\omega\mu_0 H_x = -\dfrac{\partial}{\partial z}E_y \\ \mathrm{i}\omega\mu_0 H_y = 0 \\ \mathrm{i}\omega\mu_0 H_z = \dfrac{\partial}{\partial x}E_y \end{cases} \quad (8.1)$$

因此,对于 $\omega \neq 0$,有:

$$\boldsymbol{H} = \begin{pmatrix} H_x \\ 0 \\ H_z \end{pmatrix}$$

所以,从方程(2.1)中的第 4 个方程,可以得到

$$\begin{cases} \dfrac{\partial}{\partial z}H_x - \dfrac{\partial}{\partial z}H_z = -i\omega\varepsilon\varepsilon_0 E_y \\ \dfrac{\partial}{\partial y}H_z = \dfrac{\partial}{\partial y}H_x = 0 \end{cases} \tag{8.2}$$

将方程(8.1)中的第一个方程和第三个方程对坐标进行二次微分,并对它们求和,得到波动方程:

$$\dfrac{\partial^2}{\partial x^2}E_y + \dfrac{\partial^2}{\partial z^2}E_y = -\dfrac{\omega^2}{c^2}\varepsilon(z)E_y \tag{8.3}$$

这里,用方程(8.2)代替了磁场的导数。方程(8.3)可以根据以下条件分离变量:

$$E_y(x,z) = X(x)U(z) \tag{8.4}$$

得到结果为:

$$\dfrac{1}{X}\dfrac{d^2 X}{dx^2} = -\dfrac{1}{U}\dfrac{d^2 U}{dz^2} - \dfrac{\omega^2}{c^2}\varepsilon(z) = \text{const.} \tag{8.5}$$

为了方便起见,重写常量如下所示:

$$\text{const.} = -k_0^2 \eta^2 ; k_0 \equiv \dfrac{\omega}{c} \tag{8.6}$$

从方程(8.5)立即得到

$$X \propto e^{ik_0 \eta x} \tag{8.7}$$

因此,根据方程(8.4),整个电场可以写成:

$$E_y = U(z)e^{ik_0 \eta x} \tag{8.8}$$

然后,根据方程(8.1),假设磁场:

$$\begin{cases} H_x = -V(z)e^{ik_0 \eta x} \\ H_z = -W(z)e^{ik_0 \eta x} \end{cases} \tag{8.9}$$

最后,从方程(8.1)和方程(8.2)中,得到了下列场振幅的方程组:

$$\begin{cases} \dfrac{dU}{dz} = i\omega\mu_0 V \\ \dfrac{dV}{dz} = i\omega\varepsilon_0(\varepsilon - \eta^2)U \\ \mu_0 W + \dfrac{\eta}{c}U = 0 \end{cases} \tag{8.10}$$

方程组(8.10)可以计算在介质中任意点的场振幅。因此,它可以计算透射率和反射率。由于我们只对通过表面透射或反射的强度感兴趣,最终只需要计

算坡印亭矢量的 z 分量。因此,对于我们而言,计算场的水平分量就足够了,因此从方程(8.10)开始,只需考虑前两个方程。

最后写出 U 和 V 的特定波动方程。将方程组(8.10)中的前两个方程对坐标进行微分,得到:

$$\begin{cases} \dfrac{\mathrm{d}^2 U}{\mathrm{d}z^2} + \dfrac{\omega^2}{c^2}(\varepsilon(z)-\eta^2)U = 0 \\ \dfrac{\mathrm{d}^2 V}{\mathrm{d}z^2} - \dfrac{1}{(\varepsilon(z)-\eta^2)} \dfrac{\mathrm{d}\varepsilon}{\mathrm{d}z}\dfrac{\mathrm{d}V}{\mathrm{d}z} + \dfrac{\omega^2}{c^2}(\varepsilon(z)-\eta^2)V = 0 \end{cases} \tag{8.11}$$

当推导用于计算多层膜堆 T 和 R 的最重要矩阵方法时,将不得不回到方程(8.11)。但在此之前,看看 p 偏振的相应方程会是什么样子的。

8.1.3　p 偏振

p 偏振的计算与 s 偏振的计算相似。在 p 偏振的情况下,有:

$$\boldsymbol{E} = \begin{pmatrix} E_x \\ 0 \\ E_z \end{pmatrix}; \quad \boldsymbol{H} = \begin{pmatrix} 0 \\ H_y \\ 0 \end{pmatrix}$$

我们将不再重复全部计算,而只提到主要的差别和最终结果。主要差别在于,与 s 偏振情况相比,E 和 H 的角色互换更为方便。因此,为了代替方程(8.4),假设:

$$H_y(x,z) = X(x)U(z)$$

不是方程(8.8)和方程(8.9),得到:

$$\begin{cases} H_y = U(z)\mathrm{e}^{\mathrm{i}k_0\eta x} \\ E_x = V(z)\mathrm{e}^{\mathrm{i}k_0\eta x} \\ E_z = W(z)\mathrm{e}^{\mathrm{i}k_0\eta x} \end{cases}$$

这就得出了方程组:

$$\begin{cases} \dfrac{\mathrm{d}U}{\mathrm{d}z} = \mathrm{i}\omega\varepsilon\varepsilon_0 V \\ \dfrac{\mathrm{d}V}{\mathrm{d}z} = \mathrm{i}\omega\mu_0\left(1-\dfrac{\eta^2}{\varepsilon}\right)U \end{cases} \tag{8.12}$$

相应的波动方程如下:

$$\begin{cases} \dfrac{d^2 U}{dz^2} - \dfrac{1}{\varepsilon} \dfrac{d\varepsilon}{dz} \dfrac{dU}{dz} + \dfrac{\omega^2}{c^2}(\varepsilon(z) - \eta^2)U = 0 \\ \dfrac{d^2 V}{dz^2} - \dfrac{\eta^2}{\varepsilon(z)(\varepsilon(z) - \eta^2)} \dfrac{d\varepsilon}{dz} \dfrac{dV}{dz} + \dfrac{\omega^2}{c^2}(\varepsilon(z) - \eta^2)V = 0 \end{cases} \quad (8.13)$$

8.1.4 透射率和反射率的计算

现在计算沉积在基板上分层介质的透射率和反射率。从到目前为止推导出的方程的一些形式变换开始。首先,确定物理意义上的 η 值。从方程(8.7)或方程(8.8)可以清楚地看出,乘积 ηk_0 必须等于波矢 $\boldsymbol{k}$ 的 x 分量。因此,有:

$$k_x = \frac{\omega}{c} n \sin\psi = \frac{\omega}{c} \eta \Rightarrow \eta = n \sin\psi$$

式中:ψ 为在分层介质中的传播角。现在 ψ 和 n 都依赖于 z 坐标。条件方程(8.6)具有以下的含义:

$$n \sin\psi = \text{const.}$$

并且,它是斯涅耳折射定律在折射率不断变化介质中的推广。当入射介质的折射率为 1 时,当然,$\eta = \sin\varphi$,其中 φ 是入射角。

现在我们将修改方程(8.10)和方程(8.12),以便得到具有相同维度的函数 u 和 v,虽然它们代表不同类型的场。为此,构建以下函数:

s 偏振:

$$\begin{cases} u = U \\ v = \sqrt{\dfrac{\mu_0}{\varepsilon_0}} V \end{cases} \quad (8.14)$$

p 偏振:

$$\begin{cases} u = U \\ v = \sqrt{\dfrac{\varepsilon_0}{\mu_0}} V \end{cases} \quad (8.15)$$

然后,代替方程(8.10)和方程(8.12),可得到简化的方程:

s 偏振:

$$\begin{cases} \dfrac{du}{dz} = ik_0 v \\ \dfrac{dv}{dz} = ik_0(\varepsilon - \eta^2)u \end{cases} \quad (8.16)$$

p 偏振:

$$\begin{cases} \dfrac{\mathrm{d}u}{\mathrm{d}z} = \mathrm{i}k_0 \varepsilon v \\ \dfrac{\mathrm{d}v}{\mathrm{d}z} = \mathrm{i}k_0 \left(1 - \dfrac{\eta^2}{\varepsilon}\right) u \end{cases} \tag{8.17}$$

方程(8.10)和方程(8.12)的优点是,现在函数 u 和 v 具有相同的维数。因此,在方程(8.16)和方程(8.17)的数学处理中,可以将这些函数视为无量纲。当然,替换方程(8.14)和方程(8.15)不会改变表达式(8.11)和表达式(8.13)。

现在我们讨论场的透射系数和反射系数。在 s 偏振的情况下, u 对应于电场(事实上是 y 分量)。V 值与 H 场的 x 分量相关。这是全场 H 与 $\cos\psi$ 相乘。从方程(6.9)和方程(8.14)得到:

$$v = \sqrt{\dfrac{u_0}{\varepsilon_0}} V = \pm \hat{n} E_y \cos\psi \tag{8.18}$$

现在,假设入射介质的折射率为 n_1 的情况。在入射介质中,传播角 ψ 等于入射角 φ。类似于第 6 章的讨论,在环境-薄膜界面($z=0$ 处),有:

$$\begin{cases} u(z=0) \equiv u_0 = E^{(\mathrm{e})} + E^{(\mathrm{r})} \\ v(z=0) \equiv v_0 = \hat{n}_1 \cos\varphi (E^{(\mathrm{e})} - E^{(\mathrm{r})}) \end{cases} \tag{8.19}$$

注释:在这里和下面,我们正式使用复数表示入射介质的折射率。这具有一定的意义,因为当从弱吸收基板的背面反射时(或在背面照射的情况下),光确实是从吸收介质入射的。然而,要记住,光源所在的最终入射介质必须具有实折射率,而且入射角也应该是实数的。

第二个方程中的"−"反映了这样一个事实,即反射波的波矢 z 分量与入射波的 z 分量具有相反的符号。因此,从方程(8.18)开始,相应的磁场是定向反平行的。现在使用以下定义:

$$t = \dfrac{E^{(\mathrm{t})}}{E^{(\mathrm{e})}}; r = \dfrac{E^{(\mathrm{r})}}{E^{(\mathrm{e})}}$$

我们考虑特例 $E^{(\mathrm{t})} = 1$,这不会改变 t 和 r 的值。然后从方程(8.19)得到:

$$t = \dfrac{2\hat{n}_1 \cos\varphi}{u_0 \hat{n}_1 \cos\varphi + v_0}; r = \dfrac{u_0 \hat{n}_1 \cos\varphi - v_0}{u_0 \hat{n}_1 \cos\varphi + v_0} \tag{8.20}$$

u_0 和 v_0 的值对应于空气/薄膜界面处的 u 和 $v(z=0)$。

方程(8.20)在结构上与在第 6 章中得到的菲涅耳系数相似。它们可以计算通过非均匀薄膜 s 偏振的反射率和透射率。然而,首先必须要解方程(8.16)

或方程(8.11)的系统。为此,仍然需要了解薄膜/基板边界的边界条件。

暂时假设没有后表面的基板。然后,由方程(8.20)计算的 t 和 r 值,是在第 7 章中场传输系数 t_{123} 和 r_{123} 的简单推广。因此,在基板中只有一个电场 $E^{(t)} = 1$ 的透射波。由此可知,在薄膜/基板边界处,有:

$$u = 1$$

$$v = \hat{n}_{sub} \cos\varphi_{sub}$$

式中:第二个条件又是方程(6.9)和方程(8.14)的结果,φ_{sub} 是在基板中的传播角。

根据方程(7.25)和方程(7.26),再次计算厚基板上分层介质的透射率和反射率。为此,必须根据方程(8.20)将 t_{123} 和 r_{123} 值替换为 t 和 r。为了说明 t_{321} 和 r_{321},假设基板介质为入射介质,以外层空间为基板,必须重新计算 u 和 v。然后用基板参数代替先前的入射参数,根据方程(8.20)再次计算 t 和 r。在方程(7.25)和方程(7.26)中,用重新计算的 t 替换 t_{321},用重新计算的 r 替换 r_{321}。

还有一种可能的情况是,入射的介质和出射的介质是不同的。在这种情况下,根据方程(6.19)计算 T 时需要考虑相应的前置因子 $\mathrm{Re}(n_{exit}\cos\varphi_{exit})/n_{inc}\cos\varphi_{inc}$。

这似乎是一个麻烦的计算,但它提供了一个简单的方法来以计算具有任意 $n(z)$ 依赖性的介质光谱。当然和以前一样,折射率可能是复数且依赖于波长,所以这个方法确实非常通用。

在讨论 p 偏振的情况之前,让我们看两个与正入射相对应的例子,因为这样偏振态就没有意义了。

1. 例子

回到图 7.11 所示的光谱,此图显示了在熔融石英上沉积的梯度折射率膜层的 T 和 R 光谱。有趣的是,在梯度折射率膜层的情况下,薄膜的透射率和反射率值不等于半波长点处裸基板的透射率和反射率。到目前为止,我们还没有用理论来证实这一点。根据本章推导的理论,这样的计算应该是可行的。

图 8.1 显示了模型计算的结果,其中我们假设一个折射率与 z 有关的厚度为 300nm 的薄膜。为了简单起见,忽略色散和吸收。我们考虑了负梯度和正梯度两种情况,而在这两种梯度下的平均介电函数是相同的。对于此模型计算,假定介电函数具有如下的 z 依赖性:

正梯度:$\varepsilon(z) = 4.9 - 0.003\mathrm{nm}^{-1}z$

负梯度:$\varepsilon(z) = 4.0 + 0.003\mathrm{nm}^{-1}z$

结果如图 8.1 所示。

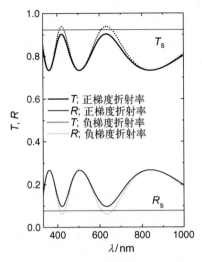

图 8.1 玻璃上厚度为 300nm 的梯度折射率薄膜的计算光谱

我们看到,在半波长点透射率高于或低于基板透射率,这取决于梯度的符号。这符合表 7.2 中给出的一般规律。另一方面,1/4 波长点对假设的弱折射率梯度薄膜完全不敏感,它们只依赖于平均折射率,这对两种折射率梯度的膜层都是一样的。

2. 例子

在第二个例子中,我们考虑另一种折射率梯度的情况,即根据正弦函数依赖于 z 的折射率。因此,周期性变化的折射率方程如下:

$$\hat{n} = \hat{n}(z) = \langle \hat{n} \rangle + \Delta \hat{n} \sin\left(\frac{2\pi z}{\Lambda_z}\right)$$

式中:Λ_z 是折射率轮廓的周期;$\langle \hat{n} \rangle$ 是空间平均折射率;$\Delta \hat{n}$ 决定调制深度。具有类似折射率分布的薄膜系统称为褶皱滤光片(Rugate)。

实际上,上述折射率轮廓的薄膜很难制备。但是,当将具有正弦填充因子 $p = p(z)$ 的两种光学材料混合时,就可能接近这样的轮廓。图 8.2 显示了在熔融石英上厚度为 1500nm 薄膜的计算的 T 和 R 光谱。在这个计算中,假设了近似正弦的折射率分布,以二氧化硅(SiO_2)和五氧化二铌(Nb_2O_5)为混合材料,通过方程(4.11)即可获得:

$$p = p(z) = \frac{1 + \sin\left(\dfrac{2\pi z}{\Lambda_z}\right)}{2}; \Lambda_z = 150 \text{nm}$$

因此,假定该材料是由具有连续变化填充因子的低折射率和高折射率材料

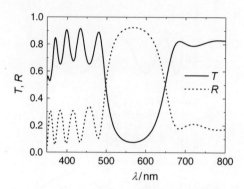

图 8.2 计算了具有近正弦折射率轮廓的薄膜光谱,薄膜厚度相当于 10 个周期

混合而成。图 8.2 中的光谱显示一个清晰的反射峰,其中心波长位于:

$$\lambda_{\text{reject}} = 2\langle n \rangle \Lambda_z$$

显然,这样的系统可能会真正应用在滤光片中。

现在让我们来讨论 p 偏振情况。与 s 偏振不同的是,方程(8.17)中的函数 u 现在对应于磁场,而 v 对应于电场。考虑到这一点,可以类似于 s 偏振的情况进行计算。

代替方程(8.18),现在有:

$$v = \sqrt{\frac{\varepsilon_0}{\mu_0}} V = \pm \frac{H_y}{\hat{n}} \cos\psi$$

相应地,在环境/薄膜界面上,确定了以下的条件:

$$u_0 = H^{(e)} + H^{(r)}$$

$$v_0 = \frac{\cos\varphi}{\hat{n}_1}(H^{(e)} - H^{(r)})$$

我们看到,方程的结构与 s 偏振情况相同,唯一的不同之处必须由 $\cos\varphi/n$ 代替 $n\cos\varphi$ 项。现在,代替熟悉的电场透射系数和反射系数,更方便地根据下式来定义磁场的透射系数和反射系数:

$$t = \frac{H^{(t)}}{H^{(e)}}; r = \frac{H^{(r)}}{H^{(e)}}$$

在简化假设 $H^{(t)} = 1$ 的情况下,得到如下的结果:

$$\begin{cases} t = \dfrac{2\cos\varphi}{u_0 \cos\varphi + \hat{n}_1 v_0} \\ r = \dfrac{u_0 \cos\varphi - \hat{n}_1 v_0}{u_0 \cos\varphi + \hat{n}_1 v_0} \end{cases} \quad (8.21)$$

式中:u 和 v 再次在薄膜/环境界面处获取。因此,必须用以下方程给出的薄膜/基板界面的边界条件来求解方程(8.17):

$$\begin{cases} u = 1 \\ v = \dfrac{\cos\varphi_{\text{sub}}}{\hat{n}_{\text{sub}}} \end{cases}$$

在计算了 u 和 v 之后,根据方程(8.21)计算场透射系数和反射系数(用于磁场)。说到强度,你必须记住不要使用方程(6.19)那样的表达式,因为它们只对电场传输系数有效。对于实折射率,这最容易被看到。事实上,强度与以下因子成正比:

$$I \propto n\cos\varphi \, |E|^2 \propto n\cos\varphi \left|\frac{H}{n}\right|^2 = \frac{\cos\varphi}{n}|H|^2$$

在入射和出射介质相同的情况下,厚基板上分层介质的 T 和 R 计算与 s 偏振计算过程相同。如果这些介质不同,当处理磁场透射系数时,必须根据以下条件考虑透射率的修正因子:

$$T = \frac{\text{Re}\left(\dfrac{\cos\varphi_{\text{exit}}}{\hat{n}_{\text{exit}}}\right)}{\dfrac{\cos\varphi_{\text{inc}}}{n_{\text{inc}}}} |t|^2 ; R = |r|^2 \qquad (8.22)$$

为了对计算方法进行系统的概述,表 8.1 总结了计算的主要步骤。

8.2 多层膜系统

8.2.1 特征矩阵

我们现在将讨论薄膜光谱学中最重要的计算方法:矩阵法。同样,从材料的数学推导开始。首先将对 s 偏振进行推导,在本节末将对 p 偏振进行类比的简短处理。

从方程(8.16)的系统开始。

s 偏振:

$$\frac{du}{dz} = ik_0 v$$

$$\frac{dv}{dz} = ik_0(\varepsilon - \eta^2)u$$

假设薄膜-空气界面对应 z 值为 $z=0$。我们的任务是寻找满足任意给定边界条件的方程(8.16)的解：
$$u(0)=u_0; \quad v(0)=v_0 \tag{8.23}$$

让我们进一步假设，已经知道方程(8.16)的两个特殊解，对应的特殊边界条件为：
$$u_1(z) \quad 并 \quad u_1(0)=1$$
$$v_1(z) \quad 并 \quad v_1(0)=0$$

和
$$u_2(z) \quad 并 \quad u_2(0)=0$$
$$v_2(z) \quad 并 \quad v_2(0)=1$$

从方程(8.16)，显然有
$$v_1\frac{du_2}{dz}-v_2\frac{du_1}{dz}=u_1\frac{dv_2}{dz}-u_2\frac{dv_1}{dz}=0$$

因此
$$\frac{d}{dz}(u_1v_2-u_2v_1)=0 \Rightarrow u_1v_2-u_2v_1 = \text{const.} = 1 \tag{8.24}$$

另一方面，由于叠加原理，用边界条件方程(8.23)解方程(8.16)可写成：
$$u(z)=u_1(z)u_0+u_2(z)v_0$$
$$v(z)=v_1(z)u_0+v_2(z)v_0$$

或
$$\begin{pmatrix}u(z)\\v(z)\end{pmatrix}=\begin{pmatrix}u_1(z) & u_2(z)\\v_1(z) & v_2(z)\end{pmatrix}\begin{pmatrix}u_0\\v_0\end{pmatrix} \tag{8.25}$$

取方程(8.25)逆矩阵并使用方程(8.24)，得到：
$$\begin{pmatrix}u_0\\v_0\end{pmatrix}=\hat{M}\begin{pmatrix}u(z)\\v(z)\end{pmatrix}=\begin{pmatrix}v_2(z) & -u_2(z)\\-v_1(z) & u_1(z)\end{pmatrix}\begin{pmatrix}u(z)\\v(z)\end{pmatrix} \tag{8.26}$$

矩阵
$$\hat{M}=\hat{M}(z)\equiv\begin{pmatrix}v_2(z) & -u_2(z)\\-v_1(z) & u_1(z)\end{pmatrix} \tag{8.27}$$

被称为薄膜的特征矩阵。

如方程(8.26)所示，利用特征矩阵，可以将 $z=0$ 处的电场和磁场与薄膜中任何其他 z 值处的电场和磁场联系起来。当然，如8.1节所述，有了这些场就可以计算透射率和反射率。因此，特征矩阵的知识足以描述具有介电函数 $\varepsilon=\varepsilon(z)$ 的任何介质的光学特性。

对于 p 偏振，方程(8.26)和方程(8.27)也是有效的，唯一的区别是 u 和 v

现在是方程(8.17)的解。

8.2.2 单层均质薄膜的特征矩阵

让我们计算单层均质薄膜($n \neq n(z)$)的特征矩阵。这是一个重要的特例。对于 s 偏振,从方程(8.11)得到:

$$\frac{d^2 u}{dz^2} + \frac{\omega^2}{c^2}(\varepsilon - \eta^2) u = 0$$

$$\frac{d^2 v}{dz^2} + \frac{\omega^2}{c^2}(\varepsilon - \eta^2) v = 0$$

并且

$$(\varepsilon - \eta^2) = \hat{n}^2 \cos^2 \psi$$

符合方程(8.16)的解可写成:

$$u_1 = \cos(k_0 \hat{n} z \cos\psi)$$

$$v_1 = i\hat{n}\cos\psi \sin(k_0 \hat{n} z \cos\psi)$$

$$u_2 = \frac{i}{\hat{n}\cos\psi} \sin(k_0 \hat{n} z \cos\psi)$$

$$v_2 = \cos(k_0 \hat{n} z \cos\psi)$$

特征矩阵变成:

$$\hat{M}(z) \equiv \begin{pmatrix} v_2(z) & -u_2(z) \\ -v_1(z) & u_1(z) \end{pmatrix}$$

$$= \begin{pmatrix} \cos(k_0 \hat{n} z \cos\psi) & -\dfrac{i}{\hat{n}\cos\psi} \sin(k_0 \hat{n} z \cos\psi) \\ -i\hat{n}\cos\psi \sin(k_0 \hat{n} z \cos\psi) & \cos(k_0 \hat{n} z \cos\psi) \end{pmatrix} \quad (8.28)$$

方程(8.28)对 s 偏振有效。对于 p 偏振,以同样的方法获得:

$$\hat{M}(z) \equiv \begin{pmatrix} v_2(z) & -u_2(z) \\ -v_1(z) & u_1(z) \end{pmatrix}$$

$$= \begin{pmatrix} \cos(k_0 \hat{n} z \cos\psi) & -\dfrac{i\hat{n}}{\cos\psi} \sin(k_0 \hat{n} z \cos\psi) \\ -i\dfrac{\cos\psi}{\hat{n}} \sin(k_0 \hat{n} z \cos\psi) & \cos(k_0 \hat{n} z \cos\psi) \end{pmatrix} \quad (8.29)$$

8.2.3 膜堆的特征矩阵

现在让我们假设不是单层均质薄膜,有数量为 N 的均匀薄膜的膜堆,它们

每层都有一个厚度 d_j 和一个折射率 n_j。让我们从入射介质一侧来开始对膜层计数。第一层薄膜从 $z=0$ 延伸到 $z=z_1$,因此 $d_1=z_1-0=z_1$。相应地,第二层膜从 $z=z_1$ 延伸到 $z=z_2$,因此 $d_2=z_2-z_1$,依此类推。我们从方程(8.26)中获得的是计算膜堆特征矩阵的递归方法:

$$\begin{pmatrix} u_0 \\ v_0 \end{pmatrix} = \hat{M}_1(z_1) \begin{pmatrix} u(z_1) \\ v(z_1) \end{pmatrix} = \hat{M}_1(z_1) \hat{M}_2(z_2-z_1) \begin{pmatrix} u(z_2) \\ v(z_2) \end{pmatrix}$$

$$= \hat{M}_1(d_1) \hat{M}_2(d_2) \cdots \hat{M}_N(d_N) \begin{pmatrix} u(z_N) \\ v(z_N) \end{pmatrix}$$

结果表明,通过对单层薄膜的特征矩阵进行简单的乘法,整个膜堆可以用 2×2 矩阵来表征,因此有下式:

$$\hat{M}_{\text{stack}} \equiv \begin{pmatrix} m_{11} & m_{12} \\ m_{21} & m_{22} \end{pmatrix} = \prod_{j=1}^{N} \hat{M}_j(d_j) \tag{8.30}$$

注释:在其他文献来源中,膜层的计数顺序可以从基板开始到入射介质结束。这就导致了上述方程的修正,因此这两种方法不能混合使用。另外,这两种方法都是有意义的:通常参与制备光学薄膜的科学家,自然会按其沉积顺序对薄膜层数进行计数。因此,第一层膜是最接近基板表面的薄膜。然而,更多从事光学薄膜表征的科学家可能会在光波传播通过膜堆时的顺序对膜层进行计数,这样第一层膜就是最接近入射介质的薄膜。

8.2.4 透射率和反射率的计算

为了计算膜堆的透射率和反射率,唯一需要做的就是将膜堆特征矩阵的四个元素与透射率和反射率联系起来。

s 偏振

如 8.1 节所示,在膜堆/基板边界有:

$$u = u(z_N) = 1$$
$$v = v(z_N) = \hat{n}_{\text{sub}} \cos\varphi_{\text{sub}}$$

从方程(8.20)开始,可得到:

$$t = \frac{2\hat{n}_1 \cos\varphi}{u_0 \hat{n}_1 \cos\varphi + v_0}; \quad r = \frac{u_0 \hat{n}_1 \cos\varphi - v_0}{u_0 \hat{n}_1 \cos\varphi + v_0}$$

从方程(8.26)和方程(8.30)得到:

$$\begin{pmatrix} u_0 \\ v_0 \end{pmatrix} = \begin{pmatrix} m_{11} & m_{12} \\ m_{21} & m_{22} \end{pmatrix} \begin{pmatrix} u(z_N) \\ v(z_N) \end{pmatrix} = \begin{pmatrix} m_{11} & m_{12} \\ m_{21} & m_{22} \end{pmatrix} \begin{pmatrix} 1 \\ \hat{n}_{sub}\cos\varphi_{sub} \end{pmatrix}$$

因此：

$$u_0 = m_{11} + m_{12}\hat{n}_{sub}\cos\varphi_{sub}$$

$$v_0 = m_{21} + m_{22}\hat{n}_{sub}\cos\varphi_{sub}$$

进而有：

$$\begin{cases} t = \dfrac{2\hat{n}_1\cos\varphi}{(m_{11}+m_{12}\hat{n}_{sub}\cos\varphi_{sub})\hat{n}_1\cos\varphi + m_{21}+m_{22}\hat{n}_{sub}\cos\varphi_{sub}} \\ r = \dfrac{(m_{11}+m_{12}\hat{n}_{sub}\cos\varphi_{sub})\hat{n}_1\cos\varphi - (m_{21}+m_{22}\hat{n}_{sub}\cos\varphi_{sub})}{(m_{11}+m_{12}\hat{n}_{sub}\cos\varphi_{sub})\hat{n}_1\cos\varphi + m_{21}+m_{22}\hat{n}_{sub}\cos\varphi_{sub}} \end{cases} \quad (8.31)$$

强度系数可以用常规的方法获得。

p 偏振

相应地，对于 p 偏振有：

$$u(z_N) = 1$$

$$v(z_N) = \frac{\cos\varphi_{sub}}{\hat{n}_{sub}}$$

和

$$t = \frac{\dfrac{2\cos\varphi}{\hat{n}_1}}{u_0\dfrac{\cos\varphi}{\hat{n}_1}+v_0}; \quad r = \frac{u_0\dfrac{\cos\varphi}{\hat{n}_1}-v_0}{u_0\dfrac{\cos\varphi}{\hat{n}_1}+v_0}$$

从

$$\begin{pmatrix} u_0 \\ v_0 \end{pmatrix} = \begin{pmatrix} m_{11} & m_{12} \\ m_{21} & m_{22} \end{pmatrix} \begin{pmatrix} u(z_N) \\ v(z_N) \end{pmatrix} = \begin{pmatrix} m_{11} & m_{12} \\ m_{21} & m_{22} \end{pmatrix} \begin{pmatrix} 1 \\ \dfrac{\cos\varphi_{sub}}{\hat{n}_{sub}} \end{pmatrix}$$

可得到：

$$u_0 = m_{11} + m_{12}\frac{\cos\varphi_{sub}}{\hat{n}_{sub}}$$

$$v_0 = m_{21} + m_{22}\frac{\cos\varphi_{sub}}{\hat{n}_{sub}}$$

所以 t 和 r 变为

$$\begin{cases} t = \dfrac{2\dfrac{\cos\varphi}{\hat{n}_1}}{\left(m_{11}+m_{12}\dfrac{\cos\varphi_{\text{sub}}}{\hat{n}_{\text{sub}}}\right)\dfrac{\cos\varphi}{\hat{n}_1}+\left(m_{21}+m_{22}\dfrac{\cos\varphi_{\text{sub}}}{\hat{n}_{\text{sub}}}\right)} \\[2em] r = \dfrac{\left(m_{11}+m_{12}\dfrac{\cos\varphi_{\text{sub}}}{\hat{n}_{\text{sub}}}\right)\dfrac{\cos\varphi}{\hat{n}_1}-\left(m_{21}+m_{22}\dfrac{\cos\varphi_{\text{sub}}}{\hat{n}_{\text{sub}}}\right)}{\left(m_{11}+m_{12}\dfrac{\cos\varphi_{\text{sub}}}{\hat{n}_{\text{sub}}}\right)\dfrac{\cos\varphi}{\hat{n}_1}+\left(m_{21}+m_{22}\dfrac{\cos\varphi_{\text{sub}}}{\hat{n}_{\text{sub}}}\right)} \end{cases} \qquad (8.32)$$

在计算 p 偏振的强度透射系数和反射系数时,必须再次记住,场系数 t 和 r 表示磁场之间的关系。因此,对于 T 和 R 的计算,必须使用方程(8.22)。

表 8.2 简述了用矩阵法计算膜堆光谱的主要步骤。

矩阵法提供了计算许多实际相关的薄膜系统光谱特性的可能性,如高反射膜、减反射膜等。一般说来,表 8.2 中所列方程的内容量多,足可以写成光学薄膜系统设计问题的完整专著。我们强调,这不是这本书的目的。因此,感兴趣的读者可参阅有关该主题的专业文献。不过,第 9 章将讨论一些特殊系统,一些简单的例子包括在第 6~9 章的问题中。

第 9 章 特殊几何结构

摘 要:本章更具有应用性,将说明一般理论在实际相关薄膜系统中的应用,重点放在 1/4 波长多层膜堆和在此基础上推导出的多层膜系统。详细讨论了超快光学系统中的色散补偿问题。还介绍了横向结构薄膜(光栅波导结构)在替代陷波滤光片设计上的应用。从蒸发和溅射技术的实验例子说明了所提出思想的实用性。

9.1 1/4 波长膜堆和多层膜系统

本章将总结本书的第二部分,用第 8 章中推导出的理论来描述特殊的多层膜系统。此外,还将给出基于所谓的谐振光栅波导结构(GWS)的窄带滤光片和吸收器的定性处理。

让我们从简单的 1/4 波长膜堆的例子开始。正如我们在第 7 章中所提到的,在给定的参考波长 λ_0 下,非吸收膜层可作为 1/4 波长膜层,假设满足下列条件(正入射):

$$nd = \frac{\lambda_0}{4} \tag{9.1}$$

现在假设,有一个由高折射率膜层和低折射率膜层交替构成的多层膜堆,其相应的折射率分别为 n_1 和 n_2,光学厚度由方程(9.1)决定。在这种情况下,所有膜层在相同的参考波长 λ_0 下是 1/4 波长膜层。让我们看看这样这个系统的反射率会是怎样的?

注释:一系列交替的高折射率膜层和低折射率膜层都由方程(9.1)定义光学厚度,定义了一个准周期多层膜堆,其光学厚度的周期为参考波长的一半。较高的参考波长对应于较厚的膜层,从而相应地具有更厚的膜堆厚度。

如果将一对高折射率和低折射率的 1/4 波长膜层构成的膜堆周期重复 N 次,那么对于正入射,膜堆的矩阵变为方程(8.29)和方程(8.30):

$$M = \begin{pmatrix} \left(-\dfrac{n_2}{n_1}\right)^N & 0 \\ 0 & \left(-\dfrac{n_1}{n_2}\right)^N \end{pmatrix}$$

从方程(8.31)中,我们发现以空气作为入射介质的反射率:

$$R = |r|^2 = \left| \dfrac{1 - \left(\dfrac{n_1}{n_2}\right)^{2N} n_{\text{sub}}}{1 + \left(\dfrac{n_1}{n_2}\right)^{2N} n_{\text{sub}}} \right|^2$$

很显然,对于任意一对折射率 $n_1 \neq n_2$,得到:

$$\lim_{N \to \infty} R = 1$$

因此,1/4 波长膜层的膜堆可以在参考波长附近作为高反射镜(介质反射镜)的应用。

注释:1/4 波长膜层膜堆的应用范围并不局限于高反射镜。请注意,满足下式时,即

$$\dfrac{1}{n_{\text{sub}}} = \left(\dfrac{n_1}{n_2}\right)^{2N}$$

反射率变为零,因此 QW 系统用作减反射膜层。基板的折射率通常大于1,第一层的折射率(从入射介质算起)应低于第二层膜的折射率。此外,任何中间反射率可以通过 n_1、n_2 和 N 的适当组合来实现。

前面的讨论考虑了偶数层的情况。关于高反射率的一般结论对于奇数 1/4 波长膜堆也是有效的,因为读者自己可以很容易地检查它。

以前的推导纯粹是数学上的。但是在数学的背后,有导致高反射率的简单物理机制:透射波相干相消,而反射波相干相长,而减反射薄膜的情况恰好相反。

了解了介质反射镜的工作原理后,也很容易理解窄带通滤光片的一般结构原理。让我们从一个由高折射率 1/4 波长膜层(H)和低折射率 1/4 波长膜层(L)交替构成的介质反射镜开始,正式写出的 1/4 波长膜层的膜堆如下:

空气/H(LH)^N/ 基板 (膜堆 1)

这意味着,多层膜堆从空气侧的高折射率 1/4 波长膜层开始,然后是以低折射率和高折射率 1/4 波长膜层为基本膜对重复 N 次。因此,膜堆 1 中的 1/4 波长膜层的总数是 $2N+1$。

假设 N 是偶数,则相同的膜堆可以写成:

$$\text{空气}/\text{H}(\text{LH})^N/\text{基板} = \text{空气}/(\text{HL})^N\text{H}/\text{基板}$$
$$= \text{空气}/(\text{HL})^{N/2}\text{H}(\text{LH})^{N/2}/\text{基板}$$

现在让我们修改膜堆,在膜堆的中心引入另一个 1/4 波长的高折射率膜层,并获得设计:

$$\text{空气}/(\text{HL})^{N/2}\text{H H}(\text{LH})^{N/2}/\text{基板} \qquad (\text{膜堆 2})$$

在参考波长处,组合 HH 显然是半波层,因此它没有光学效应并且可以被去除。这样得到:

$$\text{空气}/(\text{HL})^{N/2}\text{HH}(\text{LH})^{N/2}/\text{基板} = \text{空气}/(\text{HL})^{N/2}(\text{LH})^{N/2}/\text{基板}$$
$$= \text{空气}/(\text{HL})^{N/2-1}\text{H L L H}(\text{LH})^{N/2-1}/\text{基板}$$

同样,组合 LL 是半波层并且也可以去除。但是这种去除将产生一个新的半波层,循环该过程直到根本没有剩余膜层为止。因此,在参考波长处,膜堆 2 具有与空气-基板界面相同的透射率和反射率。因此,对于典型的玻璃基板,我们预测的透射率在 0.92 左右。

到目前为止,关于膜堆 1 的高反射率和膜堆 2 的高透射率仅考虑在参考波长 λ_0 处的 T 值和 R 值。除了这个波长,T 和 R 光谱可以根据第 8 章中推导出的理论方法来计算。

图 9.1 显示了两个膜堆计算的反射率。在第一种情况(黑线),假设 1/4 波长的膜堆 1 的周期数 $N=10$ (21 层)、高折射率膜层 $n_\text{H}=2.3$、低折射率膜层 $n_\text{L}=1.5$、参考波长 $\lambda_0=600\text{nm}$,模拟过程忽略了膜层的色散和吸收。计算结果证实了在参考波长附近的高反射,这个高反射率的波长区有时被称为截止带。

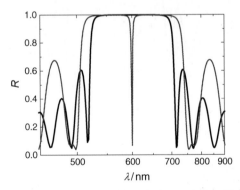

图 9.1 膜堆 1(黑色)和膜堆 2(红色)的计算反射光谱。在这两种情况下,参考波长都是 600nm(见彩插)

第二个光谱(红线)对应于膜堆 2 的系统反射率,所有参数与膜堆 1 相同。

光谱特性看起来相似,但是在参考波长上,膜堆 2 显示出反射率的急剧下降,这对应于窄的高透射率区。因此,膜堆 1 可以作为宽带反射镜的初始结构,膜堆 2 可以作为窄线宽透射滤光片,该滤光片在 600nm 处透光但截止参考波长附近的光波。

实际上,非常需要截止如图 9.1 所示的高反射区之外的旁瓣。例如,当膜堆作为截止滤光片时这可能是必要的。

我们来演示平坦化截止带长波侧反射率特性的最简单方法。然后,将得到长波通滤光片,它反射较短波长的光同时透射长波长区。同样,从膜堆 1 开始,但是修改膜堆的第一层和最后一层:外层的厚度将根据以下内容选择,但不是 1/4 波长膜层:

$$n_H d_H = \frac{\lambda_0}{8}$$

然后,代替膜堆 1,获得了设计膜堆 3:

空气/0.5H(LH)$^{N-1}$L0.5H/基板　　　　　　(膜堆 3)

该膜系具有如图 9.2 所示的红色反射率。特别是,可以看到光谱的短波长边缘处的反射旁瓣被放大,而长波边缘处的反射旁瓣几乎完全被截止。因此,该膜系可以作为简单的长波通截止滤光片。

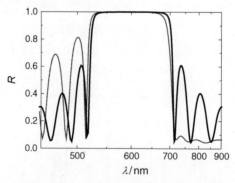

图 9.2　计算了膜堆 1(黑色)和膜堆 3(红色)的反射光谱。
在这两种情况下,参考波长为 600nm(见彩插)

在本节结束时,我们最后要指出的是,1/4 波长膜堆中存在的截止带与周期系统中波传播的基本原理有关。事实上,任何实际的 1/4 波长膜堆都表示具有折射率周期调制的截断周期排列。在这样的系统中,干涉相消禁止波在某些光谱区中传播。因此,在这些"禁区"中,透射率接近于零。由于能量守恒的原因,反射率必须接近值 1。对于具有连续折射率分布的任何其他周期性膜层结构,可以获得相同的效果,如图 8.2 中所示的褶皱滤光片的反射率曲线。

9.2 啁啾和色散镜

9.2.1 短脉冲光的基本特性:定性讨论

9.1 节的例子都与反射镜有关,讨论的所有设计在某些光谱区都表现出高反射率。

现在我们将讨论一种特殊类型的反射镜,其技术指标稍微复杂一些。我们将证明,对于超短脉冲光反射镜的特定应用,在特定波长范围内对高反射率的要求可能是不够的,但必须用更复杂的光谱目标代替,该目标涉及镜面反射率绝对值以及相位的要求。

首先,让我们了解到目前为止尚未提到的短脉冲光的基本特征。当谈论光脉冲时,用单色波来描述电磁场的方法就完全失效了。只要考虑一个长度或持续时间有限的波列,它就不再是单色的,而是包含一定的频谱。序列(脉冲)越短,它的频谱就必须越宽。如何理解这种行为?

对有限长度的序列进行傅里叶分析很容易证明这个问题。这是一个纯粹的数学练习,我们不会在这里做,而是参考相应的数学或光学教科书。相反,让我们用图 9.3 来说明这种现象。

在图 9.3 的顶部,有一组具有等频率(或波矢)间隔的 5 个余弦函数(黑线),它们具有相同的零相位。稍后将在第 12 章的问题 9 中分析,该叠加就是在时域中等距隔分布的一系列光脉冲的总和。在图 9.3 中,我们着重于 5 个余弦函数在任意选择的光脉冲附近的叠加,红线表示 5 个余弦函数的代数和。它确实类似于光脉冲,其持续时间或宽度为余弦函数集的平均(中心)频率的几个周期。

现在想象一下,每一个余弦函数都描述了单色波的电场。所有电场以和的方式叠加,如红线所示。我们得到的是一个短或窄区域的强振幅振荡电场,而在该区域之外电场被耗尽。因此,不同的单色波的叠加可能导致有限持续时间的光脉冲形成。

现在放大脉冲的频谱。为此,选择 9 个具有相同频率间隔的余弦函数,而不是 5 个具有相同频率间隔的余弦函数(图 9.3 底部)。这样就能保持中心频率,但其频谱比前面的例子要宽两倍。同样,红线显示叠加的结果,即将这些余弦函数彼此相加。当比较顶部和底部的红色曲线时,可以清楚地看到,在第二个示例中产生的脉冲更短(或更窄),而峰值振幅增加。

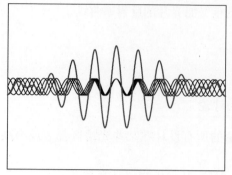 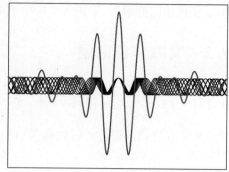

图 9.3 超短光脉冲是由等频率间距但不同模向量的谐波叠加而成。
左图中的脉冲由 5 个谐波组成。右图的脉冲由 9 次谐波组成。
右图中的脉冲具有更宽的频谱,并且在时域中显得更短(见彩插)

这个例子是为了说明上述的结论,即较短的光脉冲往往比持续时间长的脉冲具有更宽的频谱。

实际上,这种效应类似于前面方程(4.2)~方程(4.4)所描述的结果。通常,可以假设脉冲持续时间 τ 和频谱宽度 $\Delta\omega$ 通过某种"不确定"关系相互关联,如下所示:

$$\tau\Delta\omega \geqslant \text{const} \tag{9.2}$$

根据具体的脉冲形状、τ 和 $\Delta\omega$ 相应的数学定义,常数的大小在 1 和 2 之间。

图 9.3 所示的漂亮图片对应于理想情况,即所有余弦函数具有等间隔频率以及相同的零相位。一旦产生这样的光脉冲,它就可以光的速度在真空中传播而不改变其形状或宽度。

当这样的脉冲通过实际的材料传播时,上述的图像就会发生变化。由于折射率的色散(比较第 2.3 节),组成脉冲的每个余弦单色波以其自身的相速度传播。特别是,在图 9.3 的中心单个余弦的峰值将不再重合。因此,在通过色散介质传播期间(甚至空气,但是尤其是通过固体光学元件传播时),这种脉冲往往会改变其形状和宽度。这是我们非常不希望发生的,因为一旦产生了用于复杂实验的超短光脉冲(需要花费大量成本和努力),就需要将它从产生的地方传输到实验装置中而不会产生失真。

因此,让我们定性地了解色散对脉冲传播的影响,图 9.4 给出了相应的图解。

与图 9.3 所示类似,图 9.4 显示了由单色波叠加而成的光脉冲。在图 9.4 的例子中,已经叠加了 21 个振幅相同的余弦波,并且由于这个数目很高,因此不再显示所有这些单波列。然而,实际上在色散介质的入口处它们叠加成了短脉冲,如图9.4(a)所示。

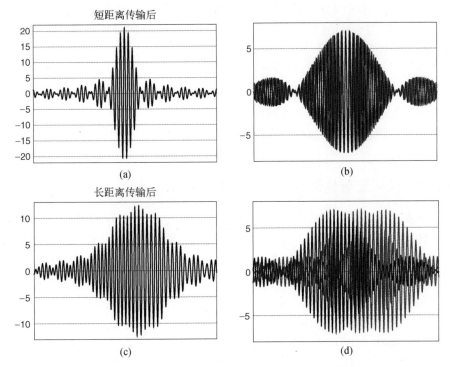

图9.4 色散介质中脉冲展宽机制的示意图(见彩插)
(a) 产生的短脉冲;(b) 色散介质入口附近超短脉冲的蓝色,绿色和红色分量;
(c) 为产生的(更宽)脉冲(见彩插);(d) 脉冲通过色散介质某种方式传播后的蓝色,绿色和红色分量。

然而,当通过色散介质时,每个余弦波"感觉"到的折射率都各不相同。因此,即使假设21次谐波的波矢模量在真空中等距间隔分布,它们在色散介质中也不再等距分布。因此,必须把色散性纳入我们的定性图像中。

对于模型计算,根据方程(4.10)假定了柯西型折射率色散。这导致了脉冲谐波之间的附加相移,该脉冲随传播距离而增大。结果,我们观察到脉冲形状的失真。图9.4(c)显示了脉冲在色散介质中传播一定距离后的形状。现在脉冲的峰值强度明显较低,但与介质入口处的宽度相比,脉冲显得更宽。

为了突出脉冲展宽机制,如图9.4所示。图9.4(b)显示了相同脉冲的稍微不同的表示,完整的脉冲不是将所有21个谐波相互叠加,而是将脉冲分解为3个有效的部分脉冲,红色的脉冲包含7个具有最低频率的谐波,绿色包括7个中等频率的谐波,深蓝色是最高频率的7个谐波。在色散介质的入口处(图9.4(b)),这3个部分脉冲重叠,并且它们的叠加正是图9.4(c)所示的脉冲。

最后,图9.4(d)显示了3个部分脉冲通过色散介质传播一定距离之后的状态。由于假定的柯西型色散,3个部分脉冲不再重合:红色脉冲在前面传播,深蓝色脉冲相对于绿色脉冲有延迟。当计算这3个脉冲的叠加时,精确地获得了如图9.4(c)所示的宽脉冲。

我们得出的结论是,观测到的脉冲展宽是由于组成全脉冲的部分脉冲的传播速度不同造成的。在示例中,红色分量在前,然后是绿色分量,最后是深蓝色分量。将原始脉冲分解为部分脉冲的方法是任意的,但是任何类型的分解都会产生相同的物理结果。这样的脉冲,其中频谱分量看上去相对于彼此偏移,被称为啁啾脉冲。

9.2.2 啁啾反射镜设计的主要思路

从图9.4可以明显看出,当迫使部分脉冲再次重合时,脉冲展宽效应可能发生逆转。这可以通过迫使部分脉冲行进不同的几何路径来实现:红色部分脉冲传播最长路径,而蓝色部分则传播最短路径。传统的色散元件(所谓的脉冲压缩器)使用棱镜或衍射光栅实现。图9.5显示了另一种方法,该方法是基于深度调制的高/低折射率膜层周期膜堆。如图所示,光谱的蓝色部分在薄膜顶部反射,而红光则穿透薄膜最深。通过这种方式,红光必须以额外的方式行进用来补偿脉冲的啁啾,如图9.4所示。相应类型的薄膜就是所谓的啁啾反射镜。

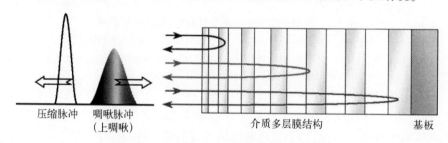

图9.5　啁啾镜工作原理示意图(见彩插)

9.2.3 一阶和二阶色散理论

现在将讨论一种理论方法,在更定性的层面上解释前面所阐述的效应。这个数学方法与已经在2.2节、2.5节和5.1节中解释过的内容是一致的,因此将尽量以一种相当简洁的方式来进行推导。

从迄今为止的定性讨论中,我们应该理解的是,在光脉冲的情况下用单色余弦函数描述波的电场是不够的。相反,必须假设电场可以由不同频率的单色波叠加来表示,而单色波定义了脉冲的频谱 $F(\omega)$。对于沿 z 轴传播的脉冲,有:

$$E = E(z,t)$$

我们将脉冲的频谱 $F(\omega)$ 定义为 $z=0$ 处场的傅里叶图像,根据:

$$F(\omega) = \int_{-\infty}^{+\infty} E_0(t) e^{i\omega t} dt; \quad E_0(t) \equiv E(z=0,t)$$

然后,在进行傅里叶逆变换时,沿 z 轴传播脉冲的电场可以写成:

$$E(z,t) = \frac{1}{2\pi} \int_{-\infty}^{+\infty} F(\omega) e^{-i[\omega t - k(\omega)z]} d\omega = \frac{1}{2\pi} \int_{-\infty}^{+\infty} \int_{-\infty}^{+\infty} E_0(\xi) e^{-i[\omega(t-\xi) - k(\omega)z]} d\omega d\xi \tag{9.3}$$

在本节中,我们将忽略任何吸收,从而假定波矢 k 是纯实数的。现在定义脉冲频谱的中心频率为 ω_0。将电场的时间依赖性表示为具有该中心频率的谐波振荡,但是具有随着时间变化的振幅 A_0,其包含了关于脉冲形状的信息:

$$E_0(t) \equiv A_0(t) e^{-i\omega_0 t} \tag{9.4}$$

剩下的是数学问题。当将方程(9.4)代入方程(9.3)时,得到:

$$E(z,t) = \frac{1}{2\pi} \int_{-\infty}^{+\infty} \int_{-\infty}^{+\infty} A_0(\xi) e^{-i\omega_0 \xi} e^{-i[\omega(t-\xi) - k(\omega)z]} d\omega d\xi$$

$$= \frac{1}{2\pi} \int_{-\infty}^{+\infty} \int_{-\infty}^{+\infty} A_0(\xi) e^{-i\omega_0 \xi} e^{-i\omega_0 t} e^{+i\omega_0 t} e^{-i[\omega(t-\xi) - k(\omega)z]} d\omega d\xi$$

$$= \frac{1}{2\pi} e^{-i\omega_0 t} \int_{-\infty}^{+\infty} A_0(\xi) d\xi \int_{-\infty}^{+\infty} e^{-i[(\omega-\omega_0)(t-\xi) - k(\omega)z]} d\omega \tag{9.5}$$

现在将实波矢量 $k(\omega)$ 展开为以脉冲中心频率的级数,得到:

$$k(\omega) = k(\omega_0) + \frac{dk}{d\omega}\bigg|_{\omega_0} (\omega - \omega_0) + \frac{1}{2} \frac{d^2 k}{d\omega^2}\bigg|_{\omega_0} (\omega - \omega_0)^2 + \cdots \tag{9.6}$$

与

$$k(\omega_0) \equiv k_0$$

将方程(9.6)代入方程(9.5)时,我们发现:

$$E(z,t) = \frac{1}{2\pi} e^{-i\omega_0 t} \int_{-\infty}^{+\infty} A_0(\xi) d\xi \int_{-\infty}^{+\infty} e^{-i[(\omega-\omega_0)^2(t-\xi) - k(\omega)z]} d\omega$$

$$= \frac{1}{2\pi} e^{-i(\omega_0 t - k_0 z)} \int_{-\infty}^{+\infty} A_0(\xi) d\xi \int_{-\infty}^{+\infty} e^{-i\left[(\omega-\omega_0)^2(t-\xi) - \frac{dk}{d\omega}|_{\omega_0}(\omega-\omega_0)z\right]} e^{\frac{id^2 k}{2d\omega^2}|_{\omega_0}(\omega-\omega_0)^2 z} d\omega$$

$$= E(z,t) \equiv A(z,t) e^{-i(\omega_0 t - k_0 z)}$$

因此,我们把电场表示为沿 z 轴传播的振幅 $A(z,t)$ 的单色波乘积,它在任何时间 t 含有关于脉冲空间形状的所有信息:

$$A(z,t) = \frac{1}{2\pi} \int_{-\infty}^{+\infty} A_0(\xi) d\xi \int_{-\infty}^{+\infty} e^{-i\left[(t-\xi) - z\frac{dk}{d\omega}|_{\omega_0}\right](\omega-\omega_0)} e^{\frac{i}{2} z \frac{d^2 k}{d\omega^2}|_{\omega_0} (\omega-\omega_0)^2} d\omega \tag{9.7}$$

在一阶色散理论中,假设在方程(9.6)中只有前两个项不为零。因此需要:

$$\left.\frac{d^2k}{d\omega^2}\right|_{\omega_0}=0$$

$$\left.\frac{d^jk}{d\omega^j}\right|_{\omega_0}=0; \quad j>2$$

在这个近似中,从方程(9.7)中得到振幅:

$$A(z,t)=\frac{1}{2\pi}\int_{-\infty}^{+\infty}A_0(\xi)d\xi\int_{-\infty}^{+\infty}e^{-i\left[(t-\xi)-z\frac{dk}{d\omega}\big|_{\omega_0}\right](\omega-\omega_0)}d\omega$$

$$=\frac{1}{2\pi}\int_{-\infty}^{+\infty}A_0(\xi)d\xi 2\pi\delta\left[(t-\xi)-z\left.\frac{dk}{d\omega}\right|_{\omega_0}\right]=A_0\left(t-z\left.\frac{dk}{d\omega}\right|_{\omega_0}\right) \quad (9.8)$$

对于整个场,相应地得到:

$$E(z,t)\equiv A(z,t)e^{-i(\omega_0 t-k_0 z)}=A_0\left(t-z\left.\frac{dk}{d\omega}\right|_{\omega_0}\right)e^{-i(\omega_0 t-k_0 z)}$$

$$\equiv 振幅\,e^{-i相位} \quad (9.9)$$

$$振幅=A_0\left(t-z\left.\frac{dk}{d\omega}\right|_{\omega_0}\right)$$

$$相位=\omega_0 t-k_0 z$$

在方程(9.9)中,最后分别给出了一阶色散理论中振幅和相位的表达式。请注意,在任何距离 z 处的振幅因子与 $z=0$ 处的振幅因子完全相同,因此脉冲传播时其形状没有任何畸变。当观察传播速度时,发现了更有趣的特性。

让我们再次计算相速度,即沿着 z 轴行进时的恒定相位点的速度。有:

$$相位=\omega_0 t-k_0 z=\text{const}\left|\frac{d}{dt}\Rightarrow \omega_0-k_0\left.\frac{dz}{dt}\right|_{相位=\text{const}}=0\right.$$

$$\Rightarrow \left.\frac{dz}{dt}\right|_{相位=\text{const}}\equiv v_{相位}=\frac{\omega_0}{k_0} \quad (9.10)$$

请记住假设 k 是实数的,这个结果与方程(2.17)一致。事实上,这并不是什么新鲜事。然而,令人惊奇的是,恒定振幅的点以另一速度传播,即所谓的群速度 v_{group}。实际上,从方程(9.9)发现:

$$振幅=A_0\left(t-z\left.\frac{dk}{d\omega}\right|_{\omega_0}\right)=\text{const}\left|\frac{d}{dt}\right.$$

$$\Rightarrow\frac{dA_0\left(t-z\frac{dk}{d\omega}\big|_{\omega_0}\right)}{dt}=\frac{dA_0\left(t-z\frac{dk}{d\omega}\big|_{\omega_0}\right)}{d\left(t-z\frac{dk}{d\omega}\big|_{\omega_0}\right)}\frac{d\left(t-z\frac{dk}{d\omega}\big|_{\omega_0}\right)}{dt}=0$$

$$\Rightarrow \frac{\mathrm{d}A_0\left(t-z\frac{\mathrm{d}k}{\mathrm{d}\omega}\bigg|_{\omega_0}\right)}{\mathrm{d}t} = 0 = 1 - \frac{\mathrm{d}z}{\mathrm{d}t}\bigg|_{\text{振幅}=\text{const}} \frac{\mathrm{d}k}{\mathrm{d}\omega}\bigg|_{\omega_0} \tag{9.11}$$

$$\Rightarrow \frac{\mathrm{d}z}{\mathrm{d}t}\bigg|_{\text{振幅}=\text{const}} \equiv v_{\text{group}} = \frac{\mathrm{d}\omega}{\mathrm{d}k}\bigg|_{\omega_0}$$

这也许不太能说明问题。但是在一阶色散理论中,恒定相位点和恒定振幅点以不同的速度传播的结果是我们必须接受的事实。让我们简单地看看一些结果。在假定无吸收情况下,波矢绝对值的方程为(比较方程(2.13)):

$$k(\omega) = \frac{\omega}{c}\sqrt{\varepsilon(\omega)} = \frac{\omega}{c}n(\omega)$$

从方程(9.10)和方程(9.11),立即获得:

$$\begin{cases} v_{\text{phase}} = \dfrac{c}{n(\omega_0)} \\ v_{\text{group}} = \dfrac{c}{n(\omega_0) + \omega_0 \dfrac{\mathrm{d}n}{\mathrm{d}\omega}\bigg|_{\omega_0}} \end{cases} \tag{9.12}$$

我们知道折射率可能小于1,因此相速度超过真空中的光速并不奇怪。这不会造成任何麻烦,因为相速度与信号速度不是相关联。另一方面,恒定振幅的点肯定可以作为信号,因为该给定振幅可以与启动探测器响应的信号电平阈值相关联。因此,它的速度不能比在真空中的光速快。事实并非如此。

注释:作为一个例子,当根据方程(5.10)使用折射率时,可以证明这种效果:

$$\varepsilon(\omega \to \infty) \to 1 - \frac{Nq^2}{\varepsilon_0 m\omega^2} = 1 - \frac{\omega_p^2}{\omega^2} = n^2 < 1$$

直接代入方程(9.12)的结果是($\omega_0 > \omega_p$):

$$v_{\text{phase}} = \frac{c}{n(\omega_0)} > c$$

$$v_{\text{group}} = \frac{c}{n(\omega_0) + \omega_0 \dfrac{\mathrm{d}n}{\mathrm{d}\omega}\bigg|_{\omega_0}} = cn(\omega_0) > c$$

与相速度相比,虽然折射率小于1,但是群速度小于c。

当然,根据方程(9.12)的反常色散可能导致群速度大于c。但是我们假设是没有吸收的情况,并且在这样的光谱区中总是正常色散的。在脉冲通过吸收介质的情况下,由于反常色散,根据方程(9.12)的群速度当然可能大于 c。但在这种情况下,它不再对应于恒定振幅点的速度,因为恒定振幅点在传播过程中由于吸收而变得阻尼。因此,在吸收介质中,群速度可以描述脉冲的某些几何特征的传播,但它不再适合于信号传输。此外,对于实际的色散机制,一阶色散理论只是一个粗略的近似,事实上,不得不考虑方程(9.6)中的高阶项。这就引出了所谓的二阶色散理论。这里要求:

$$\left.\frac{d^2 k}{d\omega^2}\right|_{\omega_0} \neq 0$$

$$\frac{d^j k}{d\omega^j} = 0; \quad j > 2$$

在这种情况下,方程(9.7)中所有美妙的地方都与描述脉冲传播有关。因此,从方程(9.7)可以明显看出,二阶效应由群延迟色散 GDD 的值控制,群延迟色散 GDD 是在脉冲经过距离 l 时获得的:

$$\left. GDD \right|_{\omega_0} \equiv l \left.\frac{d^2 k}{d\omega^2}\right|_{\omega_0} = l \left.\frac{d^2\left[n(\omega)\frac{\omega}{c}\right]}{d\omega^2}\right|_{\omega_0} \tag{9.13}$$

特别地,当超短光脉冲通过色散介质传播时,二阶效应似乎与观察到的超短光脉冲的持续时间展宽有关。

注释:例如,具有高斯振幅分布的脉冲展宽如下式。

$$\tau(l) = \tau_0 \sqrt{1 + \frac{|GDD|^2}{\tau_0^4}}$$

这里,τ_0 是 $z = 0$ 时的脉冲宽度,$\tau(l)$ 是 $z = l$ 时的脉冲宽度。

在高阶色散理论中,必须考虑方程(9.6)中更多的项。因此,三阶效应受三阶色散 TOD 控制:

$$\left. TOD \right|_{\omega_0} \equiv l \left.\frac{d^3 k}{d\omega^3}\right|_{\omega_0} = l \left.\frac{d^3\left[n(\omega)\frac{\omega}{c}\right]}{d\omega^3}\right|_{\omega_0} \tag{9.14}$$

等等。

为了完整起见,在提到的色散效应中,一阶效应通常根据所谓的群延迟 GD 来量化,其定义为:

$$\text{GD}\big|_{\omega_0} \equiv l\frac{dk}{d\omega}\bigg|_{\omega_0} = l\frac{d\left[n(\omega)\dfrac{\omega}{c}\right]}{d\omega}\bigg|_{\omega_0} \tag{9.15}$$

例如,在图9.6中,说明了对应于方程(4.7)多振子模型的典型色散的折射率、群延迟和群延迟色散之间的关系。正的群延迟色散导致光脉冲的上啁啾,即蓝色光谱分量相对于红色分量被延迟。图9.4中的示例对应于正GDD的情况。

9.2.4 色散镜的光谱目标和实例

为了补偿如图9.5所示的镜面反射时的脉冲展宽效应,在与脉冲频谱对应的光谱区要求反射镜高反射率是不够的。相反,必须制定附加的相位条件,以补偿方程(9.7)中 $e^{\frac{i}{2}z\frac{d^2k}{d\omega^2}\big|_{\omega_0}(\omega-\omega_0^2)} = e^{\frac{i}{2}\text{GDD}(z)\big|_{\omega_0}(\omega-\omega_0^2)}$ 项的影响。当把镜面复反射系数展开成泰勒级数时,满足下式:

$$r(\omega) = \sqrt{R(\omega)}\, e^{i\delta_r(\omega)}$$

$$\delta_r(\omega) = \delta_r(\omega_0) + \frac{d\delta_r}{d\omega}\bigg|_{\omega_0}(\omega-\omega_0) + \frac{1}{2}\frac{d^2\delta_r}{d\omega^2}\bigg|_{\omega_0}(\omega-\omega_0)^2+\cdots$$

由二阶色散效应引起的脉冲展宽可以通过在适当的光谱区的反射来补偿。

$$\frac{d^2\delta_r}{d\omega^2} = \text{GDD}_{\text{target}} = -l\frac{d^2\left[n(\omega)\dfrac{\omega}{c}\right]}{d\omega^2} \tag{9.16}$$

当然,除了定义目标GDD之外,相应的光谱目标还可以包括方程(9.14)中TOD或高阶色散项。因此,设计用于超短光脉冲反射和色散补偿的反射镜的目标必须包含振幅和相位,例如下式所示(当然有一些允许的公差):

$$\begin{cases} R(\omega) \geqslant R_{\text{target}}(\omega) \\ \dfrac{d^2\delta_r}{d\omega^2}(\omega) = \text{GDD}_{\text{target}}(\omega) \end{cases} \tag{9.17}$$

实现如方程(9.17)所定义的复杂光谱目标的反射镜就是色散反射镜,而啁啾反射镜是更广泛应用色散镜的例子。

可以为一对色散镜编写导数目标,也可以为反射镜上不同入射角的多次反射所对应的GDD补偿策略编写导数目标。这种方法比单一镜面反射可以获得更平滑的GDD特性。

相应色散反射镜设计的例子如图9.7和图9.8所示,由米哈伊尔·特鲁别茨科夫(Mikhael Trubetskov)使用OptiLayer光学薄膜设计软件完成设计计算。

在图9.7中,对入射角为5°的 p 偏振光,给出了980~1080nm波长范围内的设计。在上述的光谱区,需要最高反射率以及 -500fs^2 的负 GDD 目标。负 GDD 是为了补偿在通过色散光学材料的传播过程中经常得到的上啁啾正 GDD(比较图 9.6)。该设计以五氧化二铌为高折射率材料,二氧化硅为低折射率材料。

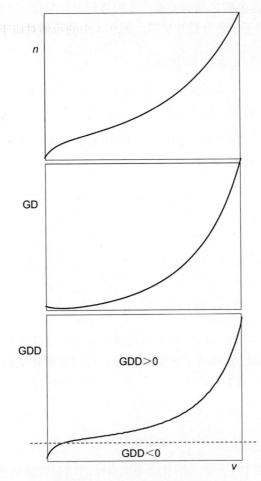

图 9.6 折射率(顶部)、群延迟(中间)和群延迟色散(在底部)之间的关系。假设折射率色散为多振子色散模型

图 9.7(a)绘制了设计的反射镜的折射率分布,这与在选定的相关波长下假定的 $n(z)$ 依赖性无关。在该实例中,z 轴垂直于基板表面并指向薄膜的生长方向。假设折射率是柯西色散型并忽略吸收(比较第 4.4 节)。图 9.7(b)和(c)绘制了理论反射率和 GDD 曲线。

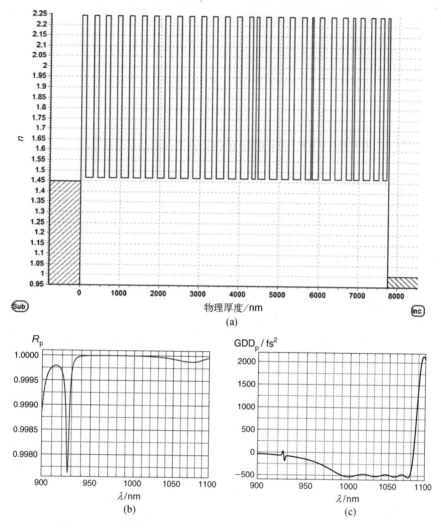

图 9.7 （a）为单角度设计的折射率分布图；（b）为计算的反射率；
（c）为计算的 GDD。Mikhael Trubestkov 提供的数据，经许可复制

如图 9.8 所示的设计由相同的材料组成，但是设计用于更宽的光谱区（680~880nm）。同样，将折射率绘制在图的上方。这是一个双角度设计，对于两个选定的入射角（虚线：5°；点划线：20°），p 偏振光谱特性如图下方所示。在两个入射角度下，都观察到了 GDD 中的明显振荡（~100fs^2）。但是这些振荡似乎是反对称的，并且当假设 5°和 20°入射角的双反射几何结构时，才能观察到平滑的特征。因此，图下方中的实线表示两个角度反射后的平均特性，即振幅反射

率的几何平均值：

$$\langle R \rangle_{\text{geom}} = \sqrt{R_{5°} R_{20°}}$$

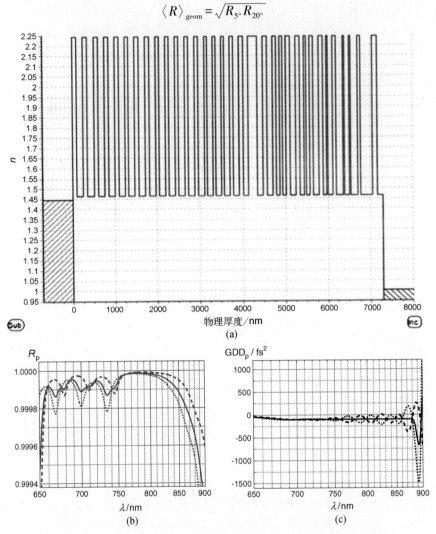

图 9.8 （a）为双角度下设计的折射率分布图；（b）为计算的反射率；（c）为计算的 GDD，细节在文中解释。Mikhael Trubestkov 提供的数据，经许可复制

相反，平均 GDD 是根据两个角度下 GDD 的算术平均得到的：

$$\langle \text{GDD} \rangle_{\text{arithm}} = \frac{\text{GDD}_{5°} + \text{GDD}_{20°}}{2}$$

9.3 结构表面

到目前为止,假设光学系统特性(例如折射率)的只沿着 z 轴调制,而 z 轴垂直于薄膜表面。现在我们将简单讨论具有横向调制的薄膜的光学特征。

为简单起见,从沿 x 轴周期性调制的模型情况开始,其周期为 Λ。当电磁波入射到具有类似正弦表面轮廓的表面时会发生什么?很显然,这种结构将作为衍射光栅。一部分光将以常规方式透射或反射,但另一部分光可能主要是被衍射。由于假定的表面轮廓周期性,引入倒数光栅矢量如下(图 9.9):

$$G = \frac{2\pi}{\Lambda} e_x \qquad (9.18)$$

当光入射到这种周期性结构表面上时,原则上,其波矢可由方程(9.18)给出的倒数光栅矢量 G 的任意倍数 m 改变。因此,电磁波与光栅相互作用后的波矢量通常由下式给出:

$$k = \frac{2\pi}{\lambda} n_j e^{(j)} \qquad (9.19)$$

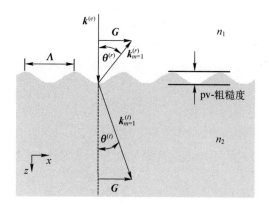

图 9.9 在一维正弦曲面轮廓处的一级衍射光传播的几何假设。
假设所有折射率都是实数

式中:$j=1$ 对应于反射;$j=2$ 对应于透射;e 是方程(6.9)中的传播矢量。对于正入射和实折射率,得到的传播角由下式给出:

$$\sin\theta_m^{(j)} = \frac{k_x}{|\boldsymbol{k}|} = m\frac{|\boldsymbol{G}|}{|\boldsymbol{k}|}; \quad m = 0, \pm 1, \pm 2, \cdots \quad (9.20)$$

在第一级衍射中,我们设置 $m=1$,然后从方程(9.20)开始,透射光束和反射光束中的衍射角 θ 将由下式给出:

$$\begin{cases} \sin\theta^{(r)} = \dfrac{\lambda}{n_1 \Lambda} \\ \sin\theta^{(t)} = \dfrac{\lambda}{n_2 \Lambda} \end{cases} \quad (9.21)$$

这给我们带来了一个有趣的考虑。如果:

$$\frac{\lambda}{n_j} < \Lambda \quad (9.22)$$

是成立的,衍射波以方程(9.21)定义的实传播角在相应的介质中传播。因此,入射波的一些能量将用于产生衍射波。

这是理解非规则形状光学表面弹性光散射效应的关键。一旦复杂的表面轮廓包含许多空间谐波,这些谐波中的每一个谐波都会产生衍射波,只要满足方程(9.22)衍射波都会按方程(9.21)定义的不同传播角传播。对于空间谐波的连续傅里叶谱,光实际上被衍射到各个方向,从而在实际中产生了一定数量的弹性散射光。但是为了产生散射光,相应的空间谐波周期必须超过方程(9.22)给出的周期阈值。在这种表示法中,通常透射/反射的贡献对应于零级衍射。

现在让我们来考虑相反的情况。满足方程(9.23)的空间谐波将以完全不同的方式表现。

$$\frac{\lambda}{n_j} \geq \Lambda \quad (9.23)$$

如方程(9.21)所示,它们不能产生传播到介质1或介质2之一的衍射光。在这种情况下,所有衍射级都形成倏逝波,将对零级透射率和反射率的绝对值产生影响,但不会产生散射光。

对于满足方程(9.23)的表面轮廓,我们将进一步使用术语"亚波长结构"。特别地,这样的亚波长结构可以达到所谓的蛾眼结构减反射的目的。图9.10给出了两个周期性结构的光学表面的例子,左边的图显示了二维结构,而右边的图则是一维结构。

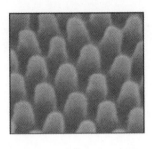

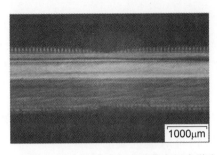

图9.10 左侧为夜间飞蛾眼睛的高分辨率 SEM 图像。照片拍摄于夫琅禾费应用光学和精密工程研究所 IOF(德国,耶拿);右侧为应用于太赫兹的结构化 Topas® 样品(中心截面的显微镜照片)[C. Brückner, B. Pradarutti, O. Stenzel, R. Steinkopf, S. Riehemann, G. Notni, A. Tünnermann: Broadband antireflective surface-relief structure for THz optics, Optics Express 15, 779-789 (2007)])

9.4 共振光栅波导结构的评论

9.4.1 总体思路

在前面的小节中,已经证明,当层数变得无限大时,透射中的相消干涉和反射中相长干涉可能是多层膜堆的反射率接近100%。实际上,当单层膜与衍射光栅组合时,可以通过单层结构设计以更微妙的方式实现相同的高反射率,这就是采用所谓的共振光栅波导结构(GWS)。您可能会注意到,由于光栅的存在,系统的几何结构还是周期性的。

在最简单的结构中,GWS 是由单个高折射率层(波导层)构成,顶部具有一维衍射光栅(如图9.11所示)。薄膜(波导)的折射率要高于入射介质和基板的折射率。对于足够大的光传播角,它将在两个薄膜界面处全内反射,使得光波不能离开薄膜,而是在波导中传播。

我们限制入射介质为空气的情况,现在尝试获得一个 GWS 主要功能的定性理解。

如图9.11所示,入射辐射首先入射到衍射光栅上。在一般情况下,这将出现对应于不同衍射级的几种模式衍射波,在反射和透射中都会发生。它们在反射和透射中都会产生以传播角 ψ_m 传播的衍射波,可以根据以下方程(9.24)计算 m 级衍射波的传播角 ψ_m(比较第9.3节)。

$$\begin{cases} 反射:\sin\psi_m = \sin\varphi + \dfrac{m\lambda}{\Lambda}, & m=0,\pm 1,\pm 2,\cdots \\ 透射:\sin\psi_m = \dfrac{\sin\varphi}{n} + \dfrac{m\lambda}{n\Lambda}; & m=0,\pm 1,\pm 2,\cdots \end{cases} \quad (9.24)$$

式中:m 为衍射的级数。对于反射模式,波在空气中传播,因此 $n=1$。对于透射模式,n 等于薄膜材料的折射率。对于第 0 次衍射级,方程(9.24)与斯涅耳折射定律相同,Λ 是光栅的周期。

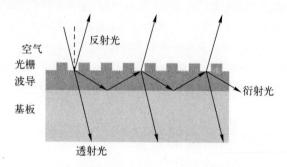

图 9.11　GWS 的基本结构。在高折射率薄膜中,零级衍射波和一级衍射波都可以
传播,一级衍射波在膜边界处遭受全内反射。该系统的性能
取决于多重反射波和衍射、再衍射波的干涉

9.4.2　传播模式和光栅周期

与全内反射的情况一样,只有当 $\sin\psi_m < 1$ 时模式才能传播到薄膜中(或回到入射介质中),否则波就会消失。特别地,可以选择几何参数使得在反射中不产生衍射波,而在透射时允许至少一级衍射波传播。为简单起见,我们仅考虑 $m = +1$ 的情况,即

$$反射:\sin\psi_1 > 1 \Rightarrow \sin\varphi + \frac{\lambda}{\Lambda} > 1 \Rightarrow \Lambda < \frac{\lambda}{1-\sin\varphi}$$

$$透射:\sin\psi_1 < 1 \Rightarrow \frac{\sin\varphi}{n} + \frac{\lambda}{n\Lambda} < 1 \Rightarrow \Lambda > \frac{\lambda}{n-\sin\varphi}$$

这些条件适用于:

$$\frac{\lambda}{n-\sin\varphi} < \Lambda < \frac{\lambda}{1-\sin\varphi} \quad (9.25)$$

只要满足 $n>1$,条件方程(9.25)定义了适合于我们想法的光栅周期范围。根据方程(9.25)选择的光栅周期保证入射波"产生"至少三种传播模式:镜

面反射波(反射,$m=0$),通常的透射波(透射,$m=0$)和传播到薄膜中的衍射波(透射,$m=1$)。

一旦光栅产生衍射波,在下一次反射到光栅上时它可以重新衍射到0级,从而提高通常的透射率和反射率。当相位关系匹配时,镜面反射波可以得到增强,而透射变得被抑制—类似于我们在多层膜堆中看到的情况。当然,为了得到100%的反射,不应该允许任何部分衍射的光离开系统而进入基板。衍射波在薄膜-基板界面处的全内反射条件是满足的。根据方程(6.24),得出以下条件:

$$\sin\psi_1 = \frac{\sin\varphi}{n} + \frac{\lambda}{n\Lambda} > \frac{n_{sub}}{n}$$

或

$$\Lambda < \frac{\lambda}{n_{sub} - \sin\varphi} \qquad (9.26)$$

对于 $n_{sub} > 1$,方程(9.25)和方程(9.26)最终为

$$\frac{\lambda}{n - \sin\varphi} < \Lambda < \frac{\lambda}{n_{sub} - \sin\varphi} \qquad (9.27)$$

对于负一级($m=-1$),在类比中得到:

$$\frac{\lambda}{n + \sin\varphi} < \Lambda < \frac{\lambda}{n_{sub} + \sin\varphi} \qquad (9.28)$$

结果表明,薄膜的折射率必须高于基板的折射率。因为在斜入射时,正一级和负一级在物理上是不同的,在一般情况下,有两种类型的一级衍射波。

9.4.3 传播模式之间的能量交换

在阐明了波长、光栅周期和折射率之间的关系后,现在让我们尝试性地了解入射波、透射波、反射波和一级衍射波之间的能量交换。想象一个波前入射到光栅上,强度的一部分将被镜面反射,而另一部分则通常是透射或衍射。衍射波在薄膜-基板边界处受到全反射,并且第二次反射到光栅上,但是现在从薄膜一侧反射回来。同样,它可能会被反射(保持相同的衍射模式)或经历第二次衍射过程,从而将强度扩展到其他允许的模式之一。注意,主要衍射为正一级的波可能在第二次反射时衍射为负一级传播模式。

现在假设已经选择了一个特定的膜厚,以便衍射波在薄膜中执行一个循环后干涉相长。光波通过薄膜传播时的相位增益已经在前面计算过(比较方程(7.15))。有:

$$2\delta = \frac{4\pi}{\lambda}nd\cos\psi$$

因此,衍射波列产生结构性叠加的条件为

$$\frac{4\pi}{\lambda}nd\cos\psi + 2\delta_{21} + 2\delta_{23} = 2j\pi; \quad j = 0,1,2,\cdots \tag{9.29}$$

$2\delta_{21}$ 是波在薄膜的光栅侧反射时的相移,$2\delta_{23}$ 是在薄膜-基板侧反射时的相移。为了便于数学计算,引入了因子 2。与以前一样 j 是干涉级次。

在相长干涉条件下,波的强度预计会增加。在薄膜-基板界面上不能有能量消失。衍射波所能到达的唯一能量损耗通道就是光栅上的再次衍射,这种损耗与衍射波的强度成正比增长。在稳态条件下,光栅的损耗必须补偿入射辐射的能量输入。唯一的问题是,在衍射波的能量损耗机制中,哪一种是占主导地位的,零级透射还是反射?

事实上,在所讨论的衍射波相干叠加的情况下,稳态情况下的入射强度只对系统反射率有贡献。只要有能量再次衍射到零级透射波中,部分强度由于薄膜-基板界面的反射而返回光栅,并且再次对衍射波做出贡献。因此,在这种情况下没有稳定的状态,由于上述反馈机制,衍射波的强度仍然增加;另一方面,任何进入零级反射波的强度都会永远离开系统。因此,衍射波(导波)的强度将增加,直到零级反射光的强度完全补偿由入射辐射引起的能量输入为止。换句话说,我们得到 100% 的反射率。然后,由于零级和一级衍射波的多次内反射之间的相消干涉及其相互能量交换,透射率必须为零。

9.4.4　GWS 薄膜厚度的解析估算

当然,只有当波长与方程(9.29)一致时,衍射波列的相长干涉才有可能。让我们进一步把这个波长称为共振波长 λ_0。根据方程(9.29),存在与期望的共振波长对应的若干膜层厚度值 $\{d_j\}$。可根据以下方程明确计算:

$$d = d_j = \frac{\lambda_0 \Lambda}{2\pi} \frac{j\pi - \delta_{21} - \delta_{23}}{\sqrt{n^2\Lambda^2 - (\Lambda\sin\varphi \pm \lambda_0)^2}} \tag{9.30}$$

当方程(9.29)中 $\cos\psi$ 被以下方程代替时,并假设 $m = \pm 1$ 从方程(9.24)得到:

$$\cos\psi = \sqrt{1 - \frac{(\Lambda\sin\varphi \pm \lambda_0)^2}{n^2\Lambda^2}}$$

假定本章为全内反射条件(还可参阅第 6~8 章问题),根据菲涅耳系数很容易计算相移 δ_{23}。另一方面,由于光栅本身的有限轮廓深度,因此无法以这种方式计算 δ_{21}。然而,当光栅深度远小于波长时,它可以忽略不计,然后根据薄膜-空气界面处的菲涅耳系数表达式再次求出相移。由此得出以下的方程：

$$\begin{cases} \tan\delta_{21,s} = \dfrac{1}{n^2}\tan\delta_{21,p} = \sqrt{\dfrac{(\Lambda\sin\varphi\pm\lambda_0)^2-\Lambda^2}{n^2\Lambda^2-(\Lambda\sin\varphi\pm\lambda_0)^2}} \\ \tan\delta_{23,s} = \dfrac{n_{\text{sub}}^2}{n^2}\tan\delta_{23,p} = \sqrt{\dfrac{(\Lambda\sin\varphi\pm\lambda_0)^2-n_{\text{sub}}^2\Lambda^2}{n^2\Lambda^2-(\Lambda\sin\varphi\pm\lambda_0)^2}} \\ \text{'}+\text{'}: \Lambda \in \left[\dfrac{\lambda_0}{n-\sin\varphi}, \dfrac{\lambda_0}{n_{\text{sub}}-\sin\varphi}\right] \\ \text{'}-\text{'}: \Lambda \in \left[\dfrac{\lambda_0}{n+\sin\varphi}, \dfrac{\lambda_0}{n_{\text{sub}}+\sin\varphi}\right] \end{cases} \quad (9.31)$$

式中：下标 s 和 p 表示入射光的 s 偏振或 p 偏振；n_{sub} 是基板折射率。方程(9.30)~方程(9.31)中的不同符号对应于正一级(+)衍射和负一级(-)衍射，在倾斜光入射的情况下，这两个级次是不相等的。

当应用方程(9.30)~方程(9.31)时，应该记住，这些方程是在忽略光栅的有限轮廓深度的情况下获得的。这产生了膜层厚度估计的系统误差，厚度误差约为光栅深度本身的量级。另一方面，在方程(9.30)~方程(9.31)中忽略了任何吸收损耗。实际上，吸收将在波导层中引起一定的吸收损耗率 A。另外，吸收的存在破坏了波导界面处的全内反射，即使在共振条件下也会导致残余透射率 T，两种情况都降低了系统可实现的峰值反射率 $R_{\max}$。

GWS 是极窄线反射滤光片的候选系统，该系统仅在共振条件下反射，在共振条件下反射率理论上可以达到 100%。因此，反射光谱有望显示出接近理想反射的窄峰，这表明它可以用作窄带反射滤光片。

由于要考虑光栅的实际轮廓形状和深度，因此对 GWS 的精确理论处理更为复杂。在这种情况下，我们迄今为止得出的理论体系显然具有很大的不足。实际上，现在可以使用商业光栅求解器软件进行此类计算，例如该软件可以在严格耦合波近似(RCWA)中完成这些计算。在这里，麦克斯韦方程组经过严格求解，将电场和磁场展开为一系列布拉格模式。

图 9.12 显示了这样计算的 GWS 正入射反射光谱，其光谱参数如图所示。由于假定的一维光栅结构明显是横向各向异性的，即使在正入射时反射行为也取决于偏振。在倾斜入射时，由于正负一级衍射的行为不同，每条反射谱线分裂成两个最大值。

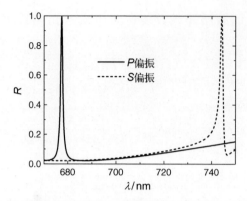

图 9.12　GWS 正入射反射率的模型计算。薄膜的折射率为 2.3,基板的折射率为 1.37。假定的光栅周期为 475nm,光栅深度为 40nm,薄膜厚度为 285.2nm

9.4.5　基于 GWS 的简单反射镜和吸收器设计示例

要产生如 9.4.1 节所讨论的那种类型光栅波导结构,必须在低折射率透明基板上沉积高折射率的波导层。在此基础上,采用合适的光刻技术来制作薄膜表面的光栅。

事实上,人们可能会选择一种稍微不同的方式。可以在基板的顶部蚀刻光栅,然后再沉积波导层。在这种情况下,得到的不是图 9.11 中的几何结构,而是图 9.13 中所示几何结构。

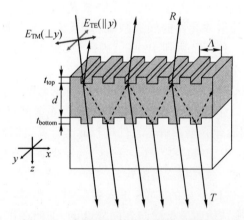

图 9.13　光栅波导结构的交替几何结构

让我们来看看这种方式产生的光栅波导结构。在实验中,使用熔融石英晶体作为基板,样品制备开始在裸基板表面上以光刻方式写入光栅。图 9.14 给出了具有矩形光栅的基板表面 SEM 图像(沟槽深度 $t=57\text{nm}, \Lambda=330\text{nm}$)。

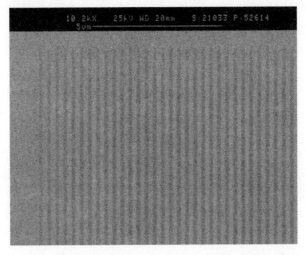

图 9.14　熔融石英上光栅的 SEM 图像。FSU(IAP,德国耶拿)提供

在沉积波导层之前,使用蔡司(Zeiss)显微分光光度计测量了基板上光栅系统的正入射的两个偏振透射率。由于样品面积小(约 1mm^2),因此必须使用显微分光光度计。相应的透射光谱如图 9.15 所示,在 330 和 480nm 处出现两处异常,分别对应于 $\lambda=\Lambda$ 和 $\lambda=n_{\text{sub}}\Lambda$。TE 表示 s 偏振,在光栅理论中,这意味着电场矢量平行于光栅的凹槽。相应地,在 TM 波(p 偏振)中,电场矢量垂直于沟槽。

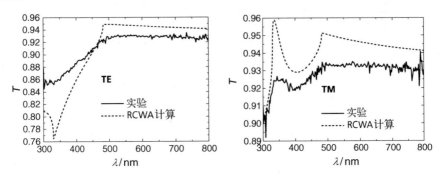

图 9.15　图 9.14 中二氧化硅基板表面结构的透射光谱

然后,在 Balzers BAK 640 沉积系统中,通过电子束蒸发沉积高折射率波导层(在本例中为二氧化钛)。因此,我们预计最终样品的结构与图 9.13 所示几何结构非常相似,而不是图 9.11 所示的几何结构。

由于 GWS 结构的透射和反射光谱对入射角极其敏感,显微分光光度计的高数值孔径使得利用这种仪器无法记录光谱。取而代之的是,必须使用激光光源进行样品照明,以确保样品表面几乎是平行的入射光。在本研究中,采用了德国哥廷根激光实验室的透射和反射测量装置。入射光采用亚皮秒激光脉冲的钛宝石激光器,利用该激光系统,在受激光脉冲光谱带宽限制的光谱区,可以在 $\lambda = 750nm$ 附近记录近正入射时的透射率和反射率光谱。实际中,入射角设定为 $10°$。

图 9.16(a)显示了 RCWA 计算的 GWS 的 TE 波透射率和反射率,该光栅结构是使用在 SiO_2 基板上的 TiO_2 薄膜制成的。在给定的光谱区,TiO_2 折射率设定为 2.216,消光系数约为 6×10^{-5}。计算中假设膜层厚度为 400nm、光栅厚度为 50nm、光栅周期为 328nm。在薄膜的两侧,假定矩形光栅轮廓如图 9.13 所示,填充系数为 0.5,入射角为 $9.8°$。

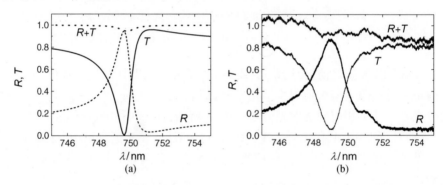

图 9.16 (a)为计算的 GWS(TE 波)透射率和反射率;(b)为实验光谱

从图 9.16(b)中可以看到以 $10°$ 的入射角记录的相应实验光谱。蒸发的 TiO_2 质量覆盖厚度为 451nm,根据图 9.13 可知 $d \approx 401nm$。

从图中可以看出,实验中共振的最大反射率约 87%,而截止带半高宽 FWHM 约为 2nm。因此,反射率略低于理论值,在共振时理论值约为 95%。由于测量的透射率 T 和反射率 R 之和在频谱的几个部分中明显超过 100% 的值,所以很显然,T 和 R 的测量不准确度在百分之几的量级。

注释: 吸收对这种单层 GWS 的峰值反射率影响的粗略分析估计,可以通过以下准则来判断:

$$R_{max}(\lambda_0) \leq 1 - \frac{2\lambda_0 k(\lambda_0)}{n(\lambda_0)\Delta\lambda}$$

式中:λ_0 是谐振波长;$\Delta\lambda$ 是截止带 FWHM。有关推导请参阅 O. Stenzel:Optical coatings:Material aspects in theory and practice,Springer (2014)。当假设 $n=2.216$ 且 $K=6\times10^{-5}$ 以及 $\Delta\lambda=1.5$nm 时,我们得出估计值:

$$R_{max}(\lambda_0=750nm) \leq 0.97$$

该估计值与 RCWA 计算的结果有很好的一致性,理论的峰值反射率为 0.95,而实验的峰值反射率约为 0.87 甚至更低,这是由于有额外的散射损耗,在提出的理论方法中并没有考虑。

在对图 9.11 或图 9.13 的设计稍加修改,GWS 可以用作光谱选择吸收器。图 9.17(a)描述了基于 GWS 的吸收器的可能实现方式之一。它由波导薄膜和金属层组成,通过衍射光栅彼此隔开。由于足够厚的金属膜层,透射率自动为零,因此光要么被系统反射要么被金属部分吸收。同样,衍射波在波导-空气界面处是全内反射状态,使得衍射波多次反射到金属表面,从而增强了光的吸收。在共振条件下,可以获得反射的相消性干涉,从而有效地增强了光吸收。特别是在 p 偏振的情况下,导模可以耦合到波导-金属界面处的表面等离极化激元。

图 9.17(b)显示在近 650nm 处具有减反射的模型系统的计算反射率(RCWA),理论吸收率接近 100%。

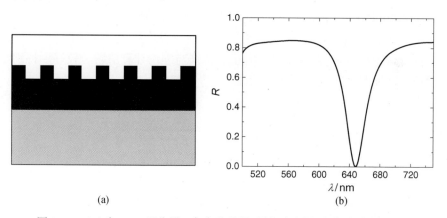

图 9.17 (a)为 GWS 吸收器。灰色为基板,黑色为金属,白色为波导材料。(b)为计算的 p 偏振反射率(RCWA);$d=250$nm,光栅轮廓深度 50nm,$\Lambda=475$nm,$n=1.37$,铝材料作为金属层

让我们用相应的实例来完成本章。实验用电子束光刻技术制备了周期为 500nm、轮廓深度接近 50nm 的金反射光栅。图 9.18(a)显示了模型计算所需的

光栅起伏轮廓。当光栅被嵌入到空气中时,系统显示出计算得到的 TM 波的正入射吸收率 A,如图 9.18(b) 中的实线。假设将系统嵌入氟化镁,虚线所示的就是理论吸收率。最显著的差异是,在金表面上的表面等离极化激元的共振激发波长,它从空气/金表面的大约 600nm 变为 MgF_2/金表面的 800nm。因此,对于较薄的 MgF_2 膜层,当 MgF_2 的厚度从零增加到某个效应达到饱和的特征值时,等离子体吸收线应该从 600nm 移动到 800nm。我们以这种方式获得了可调谐光谱和偏振选择性吸收器。

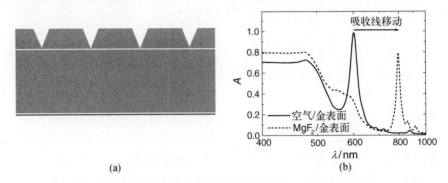

图 9.18 (a) 为假设的金光栅几何结构。(b) 以空气和 MgF_2 为入射介质计算的光栅正入射反射率(TM 波)

图 9.19 显示了 MgF_2 薄膜厚度对共振吸收波长的影响。图 9.19(a) 是 RCWA 计算的结果。显然,通过氟化镁厚度调节吸收波长是可能的。实验吸收率略低于理论计算值,但测量光谱的主要特征与理论计算值吻合较好。特别是,可以很好地证明吸收线的预测调谐性。

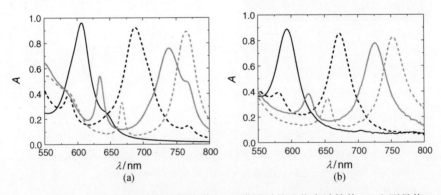

图 9.19 如图 9.18 所示的金光栅在镀有薄 MgF_2 膜层时的吸收率计算值(a)和测量值(b)。黑色实线表示没有 MgF_2 膜层,黑色虚线表示 50nm MgF_2 膜层,灰色实线为 100nm 的 MgF_2 膜层,灰色虚线为 150nm 的 MgF_2 膜层

9.5 第6章到本章的回顾

9.5.1 主要结果概述

为了保证任何光学元件的耐用性和高光学性能,其表面必须镀制特殊设计的多层薄膜,以实现定制的光学特性和表面保护。目前生产的大多数薄膜几乎都是由光学各向同性和均质材料制成。因此,理解均匀和各向同性固体薄膜,以及由它们构建的多层薄膜光学特性理论是至关重要的,本书第二部分的第6章到第9章主要介绍了此类系统。

特别是,我们获得了以下结果:

(1) 光在理想光滑表面或界面的反射,以及通过界面的透射可以用菲涅耳方程来描述,作为菲涅耳方程的特例,讨论了光的金属反射和全内反射。

(2) 建立了传播表面等离激元的色散关系。

(3) 推导出计算厚板的透射率和反射率显式表达式,推导的理论也适用考虑吸收和倾斜入射的影响。

(4) 还推导出了单层膜的相应方程。它们包括自支撑薄膜、半无限大基板上的薄膜,以及可能具有吸收的有限厚度基板上的薄膜。还讨论了1/4波长膜层和半波膜层的重要特例。

(5) 最后,我们推导了计算多层膜堆透射率和反射率的矩阵形式。用简单的例子证明,如高反射镜、窄带滤光片、以及截止滤光片等。

先前已经推导出来的结果可以处理光学均匀和各向同性材料构建的任何多层膜堆的光学特性,足以处理大量实际重要的薄膜系统。另一方面,现在有大量的理论和实验研究致力于实现光学非均匀或各向异性薄膜材料,以制造具有新颖光学特性的薄膜。为了顺应这些趋势,我们还考虑到迄今为止所提到的均质和各向同性薄膜以外的特殊系统。

我们证明了单轴光学各向异性对菲涅耳反射系数的影响。在此基础上,解释了巨双折射光学(GBO)新领域的重要作用。

本章推导出了计算折射率沿薄膜轴向变化的非均匀薄膜光学特性的数学方法。作为例子,我们考虑了线性梯度膜层和褶皱滤光片的特殊情况。与1/4波长膜堆一样,折射率的周期性调制导致透射截止带的出现(与高反射区相对应)。

作为最后一个例子,我们对共振光栅波导结构(GWS)的特性进行了定性讨论。在前面的叙述中,这些系统将光学非均匀性与光学各向异性结合起来。事实上,将一维衍射光栅看作横向织构的薄膜,随着折射率的周期性调制而呈现横向非均匀性。另一方面,它显然是各向异性的,即使在正入射下也表现出偏振特性。同样,这些系统都显示出反射最大值,相当于透射的截止带。与1/4波长膜堆或褶皱滤光片的情况一样,截止带是由假定的光栅结构系统周期性引起的。

表9.1概述了上述薄膜类型及其与均匀性和各向同性的相互关系。在表格的左上角表示典型的由均匀和各向同性的薄膜材料组成的介质薄膜。基于薄膜材料的各向异性或非均匀性表示薄膜的类别(在表格中向下移动),如巨型双折射光学元件和褶皱滤光片。最后,共振光栅波导结构(GWS)将横向非均匀性与各向异性结合起来。

表9.1 薄膜光学研究领域的综合概述

光学均匀性	光学各向异性	纯材料或纳米均匀各向同性混合物		复合或多孔膜层	
		非吸收	吸收	非吸收	吸收
是	是	传统介质薄膜(8.2,9.1节)	传统(选择性)吸收器,金属薄膜	复合介质薄膜	金属陶瓷 金属岛薄膜
是	否	巨双折射元件(6.5节)	偏振片		金属岛状薄膜(4.5节)
否	是	褶皱滤光片,梯度折射率膜层(8.1节)		褶皱滤光片,梯度折射率膜层	
否	否	光栅衍射波导结构(反射镜)(9.4节)	衍射波导结构(吸收器)(9.4节)	光子晶体和等离子体	

相反,从传统薄膜开始在表9.1中向右边移动,显示的是纳米异质薄膜材料,但是由于结构单元特征尺寸较小,它们在光学上可能是均匀的。通过这种方式可以操纵光学材料的特性,为设计任务提供更多的光学常数选择的灵活性。在第4章中,曾讨论的金属岛状薄膜就是一个突出的例子。

最复杂的情况,即将各向异性、吸收和非均质性在不同长度尺度上的结合,最终是光子学和等离子体学领域的结合,但这不是本书的主题。

9.5.2 进一步的实验实例

为了说明本书第二部分中得到的理论结果,让我们再看一些实验例子。这里给出的所有示例都与反射镜的指标有关,并且都是基于周期或准周期调制系统的光学特性。第一个例子是有无(PIAD)等离子体辅助的电子束蒸发沉积的薄膜。

第一个例子:图9.20显示了测量的各种1/4波长膜堆的近正入射反射率,中心波长为355nm。通过等离子体离子辅助电子束蒸发(PIAD)制备不同的氧化物材料,如二氧化硅、氧化铝、二氧化铪和二氧化锆以及它们的混合物构成的多层膜堆。高折射率材料与低折射率材料的折射率对比度越高,高反射率的波长带宽就越宽。

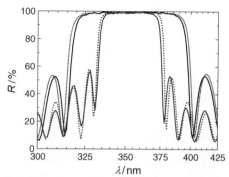

图 9.20 参考波长为 35nm 设计的 1/4 波长膜堆的测量反射光谱

第二个例子:图 9.21 显示了由五氧化二铌和二氧化硅构成的褶皱滤光片的

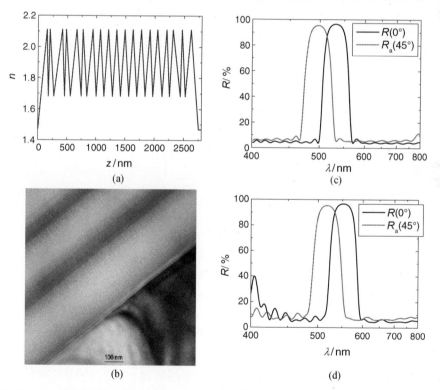

图 9.21 (a) 褶皱滤光片的折射率分布;(b) 是褶皱滤光片前两个周期的 TEM 截面图像; (c) 褶皱滤光片的计算光谱特性;(d) 褶皱滤光片在不同入射角下测量的反射率,滤光片由相同的材料制成。TEM 图像由 FSU(德国,耶拿)Ute Kaiser 提供

计算反射率(c)和相应的折射率分布(a)。使用PIAD沉积制备了褶皱滤光片,测量的光谱特性显示在图右下方。除了一些波长失配,实验和设计似乎获得了很好的一致性。注意当增加入射角时,反射结构向短波方向产生角度偏移(见后面的第9.5.3节)。

图9.21(b)的横断面透射电镜(TEM)图像显示了褶皱滤光片的两个周期,该滤光片由同一种材料制成,是为抑制近红外线设计的,浓度(和折射率)分布随着与基板距离的增加而连续变化。

我们认识到,在第一个和第二个示例中,光学特性的准周期性是沿着垂直于薄膜表面实现的。因此,这样的系统通常具有较大的几何厚度和光学厚度。

更复杂的褶皱滤光片可以使用更先进的溅射沉积薄膜技术来制造。图9.22给出了更复杂设计的褶皱滤光片反射率,该滤光片有两个窄的截止带。

与图9.21所示的折射率分布相比,这种双波段反射对应更复杂的折射率分布。图9.23描绘了与图9.22所示反射率相对应的典型折射率分布。从图中可以看出,它主要由核心区(用红色表示)控制,核心区实质上是两个正弦函数的叠加。匹配区(在深蓝色中显示)主要是平坦化抑制区的反射光谱。

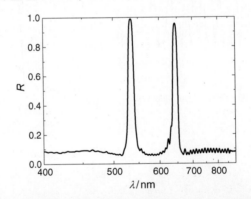

图9.22 在近正入射下测量溅射褶皱滤光片的反射率。滤光片的物理厚度约为15μm。详细见:H. Bartzsch, K. Täschner, P. Frach, E. Schultheiß, Precision optical coatings with continuously varying refractive index deposited by reactive magnetron sputtering using nanoscale film growth control; Proceedings of 7th International Nanotechnology Symposium, May 26-27, (2009), Dresden, Germany

注释:图9.22中的反射光谱(两条截然不同的截止线)和图9.23的折射率分布(两个正弦曲线叠加的拍)之间的对应关系就是所谓的傅里叶变换薄膜合成原理。这里,滤光片的折射率分布和光谱特性似乎通过傅里叶变换彼此相关。这个主题的详细讨论可见:J. A. Dobrowolski

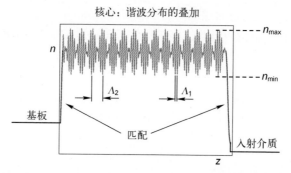

图 9.23 如图 9.22 所示的双波段褶皱滤光片的折射率分布轮廓图。Kerstin Täschner(Fraunhofer FEP Dresden, Germany)提供的数值数据

and D. Lowe, Optical thin film synthesis program based on the use of Fourier transforms, Appl. Opt. 17, (1978), 3039–3050). The function of the matching regions is described in: W. H. Southwell and R. L. Hall, Rugate filter sidelobe suppression using quintic and rugated quintic matching layers, Appl. Opt. 28, (1989), 2949–2951.

第三个例子：第三个例子涉及具有改进窄线反射特性的更先进的介质光栅波导结构（GWS）。在这种 GWS 中，光学特性的周期调制通常是在平面表面结构上完成的。因此，薄膜可能比以前的例子薄得多。为了说明反射镜设计的总体思路，图 9.24 显示了图 9.11/9.13 所示的 GWS 在更宽光谱区的反射特性。如图所示，GWS 的反射率显示出相当粗略的行为，保留了与无光栅（黑色曲线）的薄膜干涉结构的参考光谱，但叠加了窄尖峰的高反射率峰值。注意，由于横向的凹槽，即使是正入射，光谱对偏振也是敏感的。关于应用，我们的主要兴趣当然集中在窄尖峰上，因为在理论上它们可用于设计窄线反射镜（或陷波滤光片）。

但是，在考虑宽带频率应用时，计算出的频谱并不是太好。如果将正弦干涉结构抑制到尽可能低和平滑的非共振背景反射会更加合适。为了实现这一目的，我们实际上必须制备类似于结构化宽带减反射薄膜（BBAR）。在我们的例子中，将给出由氧化铪和氧化铝制成的仅具有几百纳米厚度的结构梯度折射率薄膜的结果。在理论上计算的相应光谱特性在图 9.24(b) 中给出。

实际上，通过在图案化的熔融二氧化硅基板上沉积高折射率宽带减反射薄膜来制备样品，氧化铝和氧化铪及其混合物都可以用作薄膜材料。图 9.25(a) 为 GWS 在日光下的外观。当用 TE 波照射时，观察到一个位于 633nm 的窄反射峰，入射角约为 17°（比较图 9.24(b)）。该样品的标称峰值反射率达到 89% 以上。由于所设计的减反射膜层的特性,在 450nm-800nm 的光谱区,非共振干涉结构受到了强烈的抑制。因此,该结构在宽光谱区具有窄线宽反射镜的光谱特性。

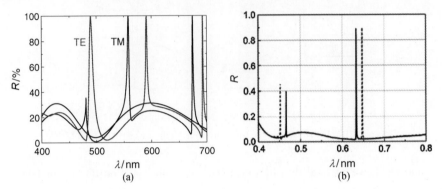

图 9.24 (a)为计算的 GWS 正入射反射率:TM 电场垂直于凹槽方向,TE 电场平行于凹槽。波导膜的折射率 $n=2.3$,$n_{sub}=1.5$。黑色曲线 $t_{top}=t_{bottom}=0$,$d=325$nm;红色和深蓝色正弦曲线所对应的参数为:凹槽($\Lambda\approx320$nm),$t_{top}=50$nm,$t_{bottom}=0$,$d=300$nm。使用 unigit 软件(www.unigit.com)进行计算。(b)为 GWS 的理论 TE 反射率(对比:
O. Stenzel, S. Wilbrandt, X. Chen, R. Schlegel, L. Coriand, A. Duparré, U. Zeitner,
T. Benkenstein, C. Wächter, Observation of the waveguide resonance in a periodically patterned high refractive index broadband antireflection coating, Applied Optics 53,(2014),3147-3156);
实线是 17°入射角的反射率曲线,虚线是 20°入射角的反射率曲线(见彩插)

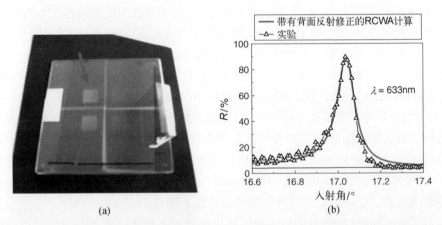

图 9.25 (a)为日光下 GWS 的外观颜色(箭头);(b)为 633nm 波长下反射率的测量值和计算值。对比 O. Stenzel, S. Wilbrandt, X. Chen, R. Schlegel, L. Coriand, A. Duparré, U. Zeitner,
T. Benkenstein, C. Wächter, Observation of the waveguide resonance in a periodically patterned high refractive index broadband antireflection coating, Applied Optics 53,(2014),3147-3156

由于反射光谱极窄,现有仪器的光谱分辨率无法满足反射光谱测试需求。相反,可以使用激光测角仪装置通过角扫描来验证在固定波长 633nm 处的峰值反射率。结果与理论角光谱一起在图 9.25(b)中给出。该方法是非常出色的,并证明了此类 GWS 设计在窄线宽反射镜应用中的原理适用性。

9.5.3 问题

(1) 假设空气为入射介质,第二介质具有光学常数 $\hat{n}=0.1+5i$ 时,计算在正入射下复菲涅耳系数 r 的绝对值和相位,然后计算强度反射率 R。

答案: $|r|\approx 0.9923, R\approx 0.9847$,相位为 3.536 或 202.6°(根据方程(6.16)计算)。

(2) 假设全内反射几何结构,使入射角等于全反射的临界角。计算两种偏振类型的 t 和 r 以及 T 和 R。

答案: $t_s=2, r_s=1, t_p=2n_1/n_2, r_p=1$,对于两种偏振,$R=1$ 和 $T=0$。

(3) 从 p 偏振菲涅耳方程和实数折射率出发,推导出计算布鲁斯特角 ($\tan\varphi_B=n_2/n_1$) 的表达式。

(4) 对于 s 偏振,菲涅尔系数与方程 $t_s=1+r_s$ 相关。根据 Müller 约定推导出 p 偏振的相应方程:

$$\frac{n_2}{n_1}t_p = 1+r_p$$

(5) 推导出全内反射界面处的相移显式表达式(仅在实数折射率下)。

答案:

对于 s 偏振

$$\arg r_s = 2\arctan\left(-\frac{\sqrt{\sin^2\varphi - \frac{n_2^2}{n_1^2}}}{\cos\varphi}\right)$$

对于 p 偏振

$$\arg r_p = 2\arctan\left(-\frac{n_1\sqrt{\frac{n_1^2}{n_2^2}\sin^2\varphi - 1}}{n_2\cos\varphi}\right)$$

注释:请使用方程(6.14)和方程(6.16),并考虑 $\cos\psi$ 是纯虚数。然后计算出菲涅耳系数的相位。为了获得方程(9.31),根据方程(9.24),

角度 ψ 必须表示为光栅周期和波长的函数。

(6) 假设 $\omega \to 0$！对于倾斜入射的空气-金属界面重复相同的操作。
答案：p 偏振：没有相移；s 偏振：相移为 π。

注释：对于消失的频率，金属的折射率通过模量变得无限大。因此，根据菲涅耳方程，我们立即得到 $r_p \to 1$ 和 $r_s \to -1$。在任何入射角下，s 偏振在金属表面上的电场矢量与模量相等的，但方向是反平行的，因此产生的电场强度为零。另一方面，从图 6.3 可以看出，p 偏振的电场强度矢量的相互取向取决于入射角。对于正入射，与 s 偏振相同的情况，因此矢量等于模量并且是反平行的。另一方面，在掠入射时矢量几乎是平行的，场强矢量叠加获得更高的场强。因此，在掠入射时，在 p 偏振光的反射光谱中可以检测到金属表面弱吸收的吸附物质层，而 s 偏振光的反射率对吸附物不敏感。这种效应经常用于红外光谱区，用于检测金属界面上的吸附物。相应的光谱方法通常称为红外反射吸收光谱 IRAS。由于频率限制（IR），在 IRAS 中可以检测到吸附物的振动自由度。在 p 偏振中，所得到的 E 矢量垂直于金属表面，它只能激发与表面垂直的分子振动。因此，所得到的光谱可用于识别吸附物质的分子，并可以确定它们相对于表面的取向。

(7) 计算空气-玻璃和玻璃-空气表面的布儒斯特角并比较结果。假设 $n_{\text{glass}} = 1.45$。
答案：空气-玻璃 $\varphi_B = 55.4°$，玻璃-空气 $\varphi_B = 34.6°$。
两个角度都是通过斯涅尔折射定律相互关联的。

(8) 在布儒斯特角入射，计算出问题 7 表面透射光的偏振度。假设入射光是非偏振的，计算在布鲁斯特角入射下玻璃板透射光的偏振度。
答案：透射的偏振度定义为

$$\left| \frac{T_s - T_p}{T_s + T_p} \right|$$

在没有吸收的情况下，它可以写成

$$\left| \frac{R_p - R_s}{2 - R_s - R_p} \right|$$

在布儒斯特角上，$R_p = 0$。直接应用方程 (6.16) 和方程 (6.18)，在空气-玻璃界面处产生的偏振度为 0.067,在玻璃-空气界面处偏振度相同。可以利用方程(7.1)计算厚玻璃板的偏振度,可以得到偏振度为 0.126 或 12.6%。

(9) 当以布鲁斯特角的非偏振光照射玻璃板时,为了达到 99.9% 的偏振度,应该按顺序排列多少片玻璃板? 忽略 s 偏振光多次反射的影响。

答案:30 片。

(10) 计算 1/4 波长膜层和半波膜层的特征矩阵。

答案:

$$1/4 \text{ 波长膜层}: M = \begin{pmatrix} 0 & -\dfrac{i}{n} \\ -in & 0 \end{pmatrix}$$

$$\text{半波层}: M = \begin{pmatrix} -1 & 0 \\ 0 & -1 \end{pmatrix}$$

注释:与已经讨论过的半波层特性相对应,其特性矩阵不包含任何关于薄膜折射率的信息。

(11) 单色光波从空气($n=1$)入射到光滑玻璃表面($n=1.5$)。假设正入射,在表面光强反射率是多少? 当玻璃表面镀有折射率为 2.3 的半波层时,反射率的变化是多少?

(12) $\lambda = 5000$nm 的单色光波从空气($n=1$)入射到几乎无吸收的半导体材料表面。在正入射下,测量的反射率为 36%。您的目标是通过单层减反射薄膜来降低表面的反射率,计算理想的减反射效果所需薄膜的折射率和几何厚度。猜猜是哪种半导体材料?

答案:$n=2, d=(2j+1)\times 625$nm$; j=0,1,2,\cdots$ 半导体材料是锗。

(13) 在图 9.26 中,可以看到在透明基板上沉积的单层薄膜的正入射实验透射光谱和反射光谱(T, R)。此外,这些图还显示了相应的裸基板(未镀膜)的 T_{sub} 和 R_{sub} 光谱。无需计算,利用干涉图获得有关薄膜的明显信息。如果可能的话,回答以下问题:

① 与基板相比,薄膜是高折射率还是低折射率?
② 折射率的梯度是正还是负? 或无折射率梯度?
③ 明显的光学损耗?

(14) 想象一个透明基板上的单层薄膜。虽然没有指定基板,但您的任务是估算薄膜折射率。测量一个正入射透射谱,并在 $\lambda = 500$nm 处确定一个 1/4 波长点。在入射角为 45° 时重复测量,发现 1/4 波长点已经移到 $\lambda = 479.6$nm。在

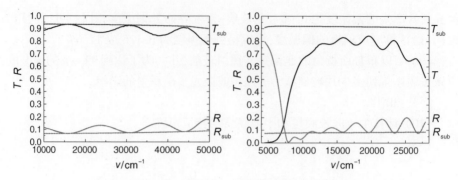

图 9.26 熔融石英基板上不同单层薄膜的实验光谱

忽略色散的条件下从这些数据估计薄膜折射率,假设空气为入射介质和出射介质。

答案:$n \approx 2.5$

(15) 想想如图 7.5 所示的正入射薄膜光谱。在倾斜入射下光谱的定性变化是什么?

答:干涉图向较短的波长或更高的波数移动。为了检查,从方程(7.15)计算下式

$$\left.\frac{\partial \lambda}{\partial \varphi}\right|_{\delta=\text{const.}}$$

你应该发现:

$$\left.\frac{\partial \lambda}{\partial \varphi}\right|_{\delta=\text{const.}} = -\lambda \frac{\sin\varphi\cos\varphi}{n^2 - \sin^2\varphi} < 0$$

这种波长偏移(角度偏移)与薄膜的厚度无关,原则上可用于估算单层薄膜的折射率 n。薄膜折射率越高,角偏移越小。

在入射介质的折射率不为 1 的情况下,角度偏移由下式给出:

$$\left.\frac{\partial \lambda}{\partial \varphi}\right|_{\delta=\text{const.}} = -\lambda n_1^2 \frac{\sin\varphi\cos\varphi}{n_2^2 - n_1^2\sin^2\varphi} < 0$$

在该方程中,n_2 是薄膜折射率。

注释:作为向较短波长偏移的结果,薄膜干涉色也取决于入射角。当倾斜入射时,干涉滤光片的颜色向蓝紫色的方向变化。有关示例请参见图 9.27。

图 9.27　透射干涉滤光片的角度偏移图。这是 Josephine Wolf(IOF Jena)的手

（16）在方程(8.10)、方程(8.12)、方程(8.14)~方程(8.16)中,确保这些方程中的尺度是正确的。记住,对于不同的偏振,U 和 V 的含义是不同的。

（17）在方程(9.30)中,预期有多个厚度值能够引起 GWS 的相同共振频率。考虑干涉级次 j 对 GWS 反射峰 FWHM 的影响。

答案：FWHM $\propto 1/d_j$

注释：与我们在第 4 章学到的完全相似,FWHM 与波导中光子的"寿命"成反比。只要波导中没有吸收,光子从波导中逸出的唯一机会就是反射到光栅上产生的衍射。因此,FWHM 与导波光子在光栅上的反射率成正比,而反射率与薄膜的厚度成反比。

（18）写出折射率为 n 的 $3\lambda/4$ 膜层和折射率为 n 的 $4\lambda/2$ 膜层的特征矩阵（正入射,膜层无吸收）。

答：从问题 10 的结果开始,就会得到：

$$M_{\frac{3\lambda}{4}} = \begin{pmatrix} 0 & \dfrac{i}{n} \\ in & 0 \end{pmatrix}; \quad M_{\frac{4\lambda}{2}} = \begin{pmatrix} 1 & 0 \\ 0 & 1 \end{pmatrix}$$

（19）$\begin{pmatrix} 2 & 1 \\ 1 & 2 \end{pmatrix}$ 的逆矩阵。

答案：$\begin{pmatrix} \dfrac{2}{3} & -\dfrac{1}{3} \\ -\dfrac{1}{3} & \dfrac{2}{3} \end{pmatrix}$

（20）设想一个具有折射率 $n_{sub} = 1.5$ 的平面透明玻璃板。在 1064nm 的波长下,需要将其正入射反射率降到 $R<1\%$。请记住玻璃板有两个表面,寻找解决这个问题的薄膜设计方案。假设主要可用的薄膜材料具有以下折射率 @ 1064nm。

材料1:$n=1.5$。
材料2:$n=1.65$。
材料3:$n=2.0$。
材料4:$n=2.3$。
指出膜层的设计顺序和几何厚度值。

(21) 在问题20的条件下,设计一个指标如下的分束镜(垂直入射):
$R=60\%\pm3\%$ @ 1064nm;$T=40\%\pm3\%$ @ 1064nm
同样,请记住玻璃板有两个表面,指出膜层的设计顺序和几何厚度值。

第三部分　光与物质相互作用的半经典描述

"Magie des Steinkreises"（石环的魔力），绘画由阿斯特里德·莱特勒创作（Astrid Leiterer）（耶拿，德国）。照片经过许可转载。

强量子力学理论引起了物理学家之间长时间的争议性讨论，因为量子纠缠的概念产生了一种被称为"远距离幽灵行为"的效应，这给量子力学带来了一丝神秘感。然而，在本书后续部分中出现的半经典表象中，离奇的相互作用会很常见。在希登塞岛海岸，无阴影、半透明仙女的令人敬畏的外观仍然是本书中唯一的神秘现象。

第10章 爱因斯坦系数

摘　要：利用爱因斯坦系数对电磁辐射与量子力学两能级系统的相互作用进行了简单描述。将微扰理论方法与对应原理相结合，得到了电偶极子近似中爱因斯坦系数的显式表达式，同时避免使用电磁场量子化的数学运算方法。这些结果用于介绍激光的工作原理。

10.1　主要注释

从本章开始，我们将转向光学薄膜光谱的更精确描述。我们的目的是发展一种关于光与物质之间相互作用的半经典理论。在这里，将用量子力学模型描述电磁场问题，而在这之前，都是基于麦克斯韦方程描述该类问题。对于特定的薄膜光谱学的主题，这样的处理可以得到如下重要的结果，即：

（1）在第2~4章中建立的色散模型需根据牛顿运动方程（物质的经典处理）进行修正，这里我们将通过求解薛定谔方程来计算微观偶极矩。

（2）在从量子力学的角度计算微观偶极矩后，根据方程（3.20）－方程（3.22d）计算介电函数，得出光学常数的量子力学表达式，然后将其用于求解麦克斯韦方程。

（3）在第6~9章中建立的基于麦克斯韦理论的模型仍然有效。

为了发展上述理论，关于量子力学的一些基础知识对于读者来说是绝对必要的，这些知识涉及薛定谔方程、波函数的一般性质，以及简单的量子力学模型，如谐振子和微扰理论。我们的目的是将这些理论方法应用于电磁辐射与物质相互作用的处理。

10.2　唯象学描述

首先，我们必须建立一个合适的物理模型。量子力学中处理辐射问题的最简单的可能性是考虑所谓的两能级系统。该想法是忽略实际材料系统可能具有的多个能级，而着重关注两个能级的情况。当电磁波的频率接近由两个能级所描述的子系统的本征频率时，这个假设是有意义的。

根据爱因斯坦系数,推导两级系统与电磁辐射的相互作用是非常普遍的方法,本章的目的是建立两者之间的作用关系。

我们来看看图 10.1,它展示了两个离散能级 E_1 和 E_2。能级 2 表示高能级,能级 1 表示低能级。简单来说,将第 1 能级称为基态,第 2 能级称为激发态。为了用爱因斯坦系数来描述辐射与两能级系统之间的相互作用,我们必须考虑三种现象:两能级系统对光的吸收,自发发射和受激辐射。

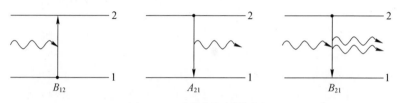

图 10.1 爱因斯坦系数介绍

假设系统开始处于低能级态。当系统接收辐射,并且辐射频率接近系统的本征频率时,光的吸收过程会将系统从能级 1 转移到能级 2(量子系统被激发)。根据能量守恒定律,两级系统的这种能量增益必然伴随着辐射场的能量损耗,因此能量从电磁场转移到两能级系统中。当电磁辐射更强时,该吸收过程变得更有可能。

因此,通过光的吸收从能级 1 到能级 2 的跃迁概率与以下因素成比例:

(1) 辐射强度;

(2) 系统处于能级 1 状态的统计概率。

现在让我们假设电磁场与大量这样的两能级系统相互作用。这样,该电磁场的绝大部分能量可以转移到两级系统中。然而,电场的能量损耗总是等于两能级系统激发能量的整数倍。在简单描述中,可以被吸收的这些单个光能部分将被称为光子。

现在我们考虑的情况是,即系统处于第 2 能级(激发)的情况。根据经验我们知道,在一定时间内任何激发的系统都会失去能量,从而释放能量后重新回到基态,系统必须经历与光吸收相反的过程,即光的发射。假设受激发的量子系统可以通过发射恰好对应于两个能级之间的能量差的光而释放能量,在这种情况下,我们讨论光子的自发发射。通过从能级 2 到能级 1 自发发射的跃迁概率与处于能级 2 状态的系统统计概率成比例。

还存在第二种将系统从激发态转变为基态的机制。我们假设该系统也可以产生所谓的受激发射过程。这个过程可以理解为由电磁波激发的光发射。由此过程产生的从能级 2 到能级 1 的跃迁概率与以下因素成比例:

(1) 辐射强度；

(2) 处于能级 2 状态的系统统计概率。

当然,这些基本过程中任何粒子都是以特定的比例系数跃迁。如果到目前为止所考虑的任何过程被证明是不必要的,在进一步的推导中,相应的比例系数将变为零。

正如读者已经猜到的那样,上面所提到的比例系数就是所谓的爱因斯坦系数。爱因斯坦系数常用以下符号进行表示：

(1) A_{21} 表示自发发射 $(2\rightarrow 1)$；

(2) B_{21} 表示受激发射 $(2\rightarrow 1)$；

(3) B_{12} 表示吸收 $(1\rightarrow 2)$。

下一节将讨论爱因斯坦系数的数学表达,我们的目的是推导出爱因斯坦系数在偶极近似下的精确表达式。

最后,图 10.1 给出了所有提到的基本过程的示意图。这里,垂直箭头对应于基态和激发态之间的跃迁,而正弦线表示光子的湮灭或产生。

10.3 数学处理

通常,在爱因斯坦系数的理论中,电磁场的特征是辐射场所谓的谱密度,定义为

$$u \equiv \frac{dE}{V d\omega} \tag{10.1}$$

该方程将频谱密度定义为单位角频率间隔、单位体积内的场能量。在量子力学中,通常使用符号 E 表示能量。这可能会导致与电场强度的混淆,我们将在必要时使用适当的下标避免引起误解。

进一步假设,有 N_0 个与辐射场相互作用的两能级系统,令 N_1 表示基态的数量,N_2 表示激发态的数量。很明显：

$$N_1 + N_2 = N_0 = \text{const} \tag{10.2}$$

由于辐射场能够改变激发态的数量,根据 10.2 节的跃迁机制,激发态的变化可以表示为

$$\frac{dN_2}{dt} = N_1 B_{12} u - N_2 B_{21} u - N_2 A_{21} \tag{10.3}$$

对应于图 10.1,第一项描述吸收,其导致激发态集居数的增加。第二项对应于受激发射,第三项对应于自发发射,两者均导致激发态集居数的减少。当然,在这里和本节中,我们只考虑与两能级系统本征频率相对应频率处的谱密

度。到目前为止,还不知道这个频率是如何与系统的激发能相联系的。

当然,只要无法给出爱因斯坦系数的明确表达式,这种处理就不是很有用。因此,让我们谈谈如何确定它们。

首先,在辐射与物质热力学平衡的特殊情况下,可以得到一些有趣的信息。在这种情况下 $dN_2/dt=0$,从方程(10.3)可以得到:

$$\text{平衡条件}: \frac{N_1}{N_2} = \frac{B_{21}u + A_{21}}{B_{12}u} \tag{10.4}$$

另一方面,在平衡条件下,玻尔兹曼的统计方法成立,因此有:

$$\text{平衡条件}: \frac{N_1}{N_2} = e^{\frac{E_2-E_1}{k_B T}} \tag{10.5}$$

式中:T 是绝对温度。结合方程(10.4)和方程(10.5),得到了平衡条件下辐射场谱密度的方程

$$\text{平衡条件}: u = \frac{A_{21}}{B_{12}\left(e^{\frac{E_2-E_1}{k_B T}} - \frac{B_{21}}{B_{12}}\right)} \tag{10.6}$$

讨论方程(10.6)中的一些特殊情况是有用的,让我们考虑 $T \to 0$ 的情况。显然,在这种情况下,两能级系统本征频率处的辐射场强度正在消失。在另一种极端情况下($T \to \infty$),假设辐射密度变大是有意义的。如果是这样,方程(10.6)必须要求:

$$B_{12} = B_{21} \tag{10.7}$$

因此,受激发射的假设对于热力学来说是绝对必要的条件。

事实上,我们不需要从直觉上得到无穷大温度得到无穷大频谱密度的结论。方程(10.7)将通过以下量子跃迁的微扰理论处理而独立获得。

10.4 量子跃迁的微扰理论

为了获得关于爱因斯坦系数的数学模型,现在有必要将量子力学的数学方法应用于光与物质的相互作用。在量子力学中,我们讨论的是哈密顿算符而不是经典理论力学中熟悉的哈密顿函数,它是由经典的哈密顿函数代入相应的量子力学算符的坐标和矩得到的。系统的行为由波函数 Ψ 描述,从薛定谔方程的解得到:

$$i\hbar \frac{\partial}{\partial t}\Psi(r,t) = H\Psi(r,t) \tag{10.8}$$

式中:波函数 Ψ 取决于坐标和时间。如果哈密顿算符(或哈密顿量)不明确地依

赖于时间,那么可以从方程(10.8)得到与时间无关的薛定谔方程:

$$\Psi(\boldsymbol{r},t) = e^{-\frac{i}{\hbar}Et}\psi(\boldsymbol{r})$$

得到:

$$\boldsymbol{H}\psi(\boldsymbol{r}) = E\psi(\boldsymbol{r}) \tag{10.9}$$

式中:E 为能量。方程(10.9)表示本征值问题,可以求解方程(10.9)获得与时间无关的本征函数 $\psi_n(r)$ 以及本征值 E_n。本征值 E_n 必须被视为系统的允许能级。为简单起见,在本章中我们将假设能级是离散的且非退化的。量子数 n 通常用于计算能级和波函数,不应与折射率混淆。此外,让我们回想一下,波函数(或哈密顿量的本征函数)是相互正交并且归一化为 1。

现在将考虑的特定问题如图 10.2 所示。想象一个与时间无关的哈密顿量 $\boldsymbol{H}_0$,它具有一组本征函数和相应的本征值 $\{E_n\}$。进一步考虑,在 $t<0$ 的某个时刻,系统处于 l 量子态并且具有能量 E_l。

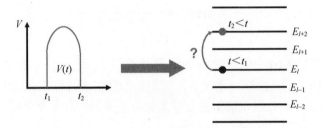

图 10.2 量子跃迁

在这种情况下,波函数 $\Psi_l(\boldsymbol{r},t)$ 满足薛定谔方程:

$$i\hbar\frac{\partial}{\partial t}\Psi_l(\boldsymbol{r},t) = \boldsymbol{H}_0\Psi_l(\boldsymbol{r},t) \tag{10.10}$$

能级 E_l 是本征值问题的解。

$$\boldsymbol{H}_0\psi_l(\boldsymbol{r}) = E_l\psi_l(\boldsymbol{r}) \tag{10.11}$$

并且

$$\Psi_l(\boldsymbol{r},t) = e^{-i\frac{E_l}{\hbar}t}\psi_l(\boldsymbol{r}) \tag{10.12}$$

现在考虑更加复杂的情况,用光照射所讨论的系统,光源将在 $t_1=0$ 时打开。现在情况完全不同了,该系统不再由与时间无关的哈密顿量 $\boldsymbol{H}_0$ 描述。相反,完整的哈密顿算符现在由下式给出:

$$\boldsymbol{H} = \boldsymbol{H}(t) = \boldsymbol{H}_0 + V(t) \tag{10.13}$$

式中:与时间相关的微扰算符 V 描述了光与系统之间的相互作用。

最后,在 $t_2=t_0$ 时关掉光源,同样,方程(10.10)~方程(10.12)对系统有效。

问题是:现在是否有机会找到系统处于量子态 m 但不同于在 $t=0$ 时占据的量子态? 如果是,那么将说明微扰 V 导致 l 态和 $m \neq l$ 态之间的量子跃迁。现在我们的任务是了解这种跃迁的必要条件。

首先,介绍一下常用术语:

(1) 如果 $l \rightarrow m$ 跃迁的概率等于零,则相对于给定的微扰 V 禁止跃迁。

(2) 如果 $l \rightarrow m$ 跃迁的概率大于零,则相对于给定的微扰 V 允许跃迁。

(3) 将跃迁分类为允许或禁止的方法称为选择定则。

显然,爱因斯坦的系数 B_{12} 必须与跃迁几率相关。特别是对于禁止的跃迁,爱因斯坦系数应为零。现在让我们转向数学问题,处理感兴趣的时间间隔:

$$0 < t < t_0$$

因为微扰可能是与时间相关的,必须考虑与时间相关的薛定谔方程:

$$i\hbar \frac{\partial}{\partial t} \Psi(\boldsymbol{r},t) = \boldsymbol{H} \Psi(\boldsymbol{r},t) \tag{10.14}$$

式中包括了哈密顿算符方程(10.13)。为了求解,将未知波函数展开为无微扰哈密顿量 $\boldsymbol{H}_0$ 的一系列本征函数:

$$\Psi(\boldsymbol{r},t) = \sum_n a_n(t) \Psi_n(\boldsymbol{r},t) \tag{10.15}$$

式中:展开系数 a_n 也与时间相关。根据归一化条件,有

$$\sum_n |a_n(t)|^2 = 1 \tag{10.16}$$

如方程(10.15)所述的系统处于量子叠加态,按照量子力学的通常解释,当叠加态方程(10.15)作为测量过程的结果被破坏时,值 $|a_n(t)|^2$ 应该看作在第 n 量子态中系统的概率。

因此,展开系数 $\{a_n\}$ 的时间演变是我们所要关注的。将方程(10.15)中的波函数代入方程(10.14)得到:

$$i\hbar \frac{\partial}{\partial t} \Psi(\boldsymbol{r},t) = i\hbar \frac{\partial}{\partial t} \Big[\sum_n a_n(t) \Psi_n(\boldsymbol{r},t) \Big]$$

$$= i\hbar \sum_n \Psi_n(\boldsymbol{r},t) \frac{\partial}{\partial t} a_n(t) + i\hbar \sum_n a_n(t) \frac{\partial}{\partial t} \Psi_n(\boldsymbol{r},t)$$

$$= \boldsymbol{H} \Psi(\boldsymbol{r},t) = \boldsymbol{H} \sum_n a_n(t) \Psi_n(\boldsymbol{r},t)$$

$$= \boldsymbol{H}_0 \sum_n a_n(t) \Psi_n(\boldsymbol{r},t) + \boldsymbol{V} \sum_n a_n(t) \Psi_n(\boldsymbol{r},t)$$

$$\Rightarrow i\hbar \sum_n \Psi_n(\boldsymbol{r},t) \frac{\partial}{\partial t} a_n(t) = \boldsymbol{V} \sum_n a_n(t) \Psi_n(\boldsymbol{r},t) \tag{10.17}$$

因为对于每一个 n，有：

$$i\hbar\frac{\partial}{\partial t}\Psi_n(\boldsymbol{r},t)=\boldsymbol{H}_0\Psi_n(\boldsymbol{r},t)$$

现在让我们讨论微扰是否可以将系统从 l 态转移到 m 态。将共轭复数函数 $\Psi_m^*(\boldsymbol{r},t)$ 从左侧乘以方程(10.17)并积分。由于波函数的归一化和正交性，有：

$$\int\Psi_m^*(\boldsymbol{r},t)\Psi_n(\boldsymbol{r},t)\mathrm{d}\boldsymbol{r}=\delta_{mn}$$

根据方程(10.17)可以得到：

$$i\hbar\dot{a}_m=\sum_n a_n\int\Psi_m^*(\boldsymbol{r},t)V\Psi_n(\boldsymbol{r},t)\mathrm{d}\boldsymbol{r} \qquad (10.18)$$

根据方程(10.12)，可以写成下式：

$$\Psi_m^*(\boldsymbol{r},t)=\mathrm{e}^{i\frac{E_m}{\hbar}t}\psi_m^*(\boldsymbol{r})$$

$$\Psi_n(\boldsymbol{r},t)=\mathrm{e}^{-i\frac{E_n}{\hbar}t}\psi_n(\boldsymbol{r})$$

将跃迁角频率表达为

$$\omega_{mn}=\frac{E_m-E_n}{\hbar} \qquad (10.19)$$

然后可以将方程(10.18)重写为

$$i\hbar\dot{a}_m=\sum_n a_n V_{mn}\mathrm{e}^{i\omega_{mn}t} \qquad (10.20)$$

所谓的矩阵元 V_{mn} 定义为

$$V_{mn}\equiv\int\psi_m^*(\boldsymbol{r})V\psi_n(\boldsymbol{r})\mathrm{d}\boldsymbol{r} \qquad (10.21)$$

现在我们设定初始条件。在 $t=0$ 时，要求：

$$|a_l|=1;a_{n\neq l}=0$$

特别是，当 $t=0$ 时 $a_m=0$。只要 a_l 的模接近 1，它可以被认为是常数，并且第 m 个量子态需要满足：

$$i\hbar\dot{a}_m\big|_{t\geq 0}=a_l V_{ml}\mathrm{e}^{i\omega_{ml}t}\neq 0 \qquad (10.22)$$

为了满足方程(10.22)，绝对有必要使矩阵元 V_{ml} 不为零。我们以这种方式得到的是选择定则的一般表述：对于给定微扰 V，当微扰算符 V_{ml} 对应的矩阵元不为零时，它才能引起能态 l 和 m 之间的量子跃迁。

现在让我们看一下微观量子系统与光相互作用的具体情况。当系统的空间展开远小于波长时，可以忽略光波的空间结构并且将电场视为均匀振荡的电场。在偶极子近似中，微扰算符可以写成：

$$V = -pE = -pE_0\cos\omega t = -\frac{1}{2}(pE_0 e^{-i\omega t} + pE_0 e^{i\omega t}) \qquad (10.23)$$

式中：E 为电场矢量；E_0 为振幅。从方程(10.22)发现：

$$a_m(t) = a_l \frac{\boldsymbol{p}_{ml} \boldsymbol{E}_0}{2\hbar} \left\{ \frac{e^{i(\omega_{ml}-\omega)t}-1}{\omega_{ml}-\omega} + \frac{e^{i(\omega_{ml}+\omega)t}-1}{\omega_{ml}+\omega} \right\} \qquad (10.24)$$

这里只要 $|a_l| \approx 1$ 就有效。$\boldsymbol{p}_{ml}$ 是偶极算符的矩阵元。从方程(10.24)我们可以看出，对于偶极子跃迁，偶极算符的矩阵元不能为零。此外，我们认识到跃迁频率 ω_{ml} 是共振频率：电场频率越接近跃迁频率 ω_{ml} 或 ω_{lm} 之一，产生跃迁的可能性就越大。

为了将该结果与方程(10.3)进行比较，再次假设我们处理的是量子系统集合（例如原子或分子），而 N_l 是处于 l 量子态系统的数量。此外，在态 l 和 m 之间的跃迁速率由下式给出：

$$\frac{dN_m}{dt} \propto \frac{d}{dt}|a_m|^2 \propto |\boldsymbol{p}_{ml}|^2 |\boldsymbol{E}_0|^2 N_l \qquad (10.25a)$$

交换下标，可以得到：

$$\frac{dN_l}{dt} \propto \frac{d}{dt}|a_l|^2 \propto |\boldsymbol{p}_{lm}|^2 |\boldsymbol{E}_0|^2 N_m \qquad (10.25b)$$

显然，当与方程(10.3)比较时，可以看出上述关系方程(10.25)中之一对应于吸收，而另一个关系对应于受激发射，这取决于 $E_m > E_l$ 还是 $E_m < E_l$。但是比例因子是完全相同的，这是由于偶极算符的厄米性，有：

$$|\boldsymbol{p}_{ml}|^2 = |\boldsymbol{p}_{lm}|^2$$

因此，爱因斯坦系数 B_{12} 和 B_{21} 必须相同。另一方面，从方程(10.25)的结果证明了这一点：

$$B_{12} \propto |p_{12}|^2 \qquad (10.26)$$

事实上，这是我们进一步讨论爱因斯坦系数的最重要的结论。第二个结论是，根据方程(10.19)，当下面条件满足时，辐射与两能级量子系统发生共振：

$$\omega = \omega_{21} \equiv \frac{E_2 - E_1}{\hbar} \qquad (10.27)$$

相应地，如前定义的光子能量必须等于 $\hbar\omega_{21}$。

最后，考虑到我们的新发现，重新改写方程(10.6)如下。

$$\text{平衡条件}: u(\omega_{21}) = \frac{A_{21}}{B_{12}\left(e^{\frac{\hbar\omega_{21}}{k_B T}} - 1\right)} \qquad (10.28)$$

10.5 普朗克方程

10.5.1 思路

方程(10.28)描述了两能级量子系统集合在温度为 T 的情况下平衡态的辐射光谱密度。本节的目的是独立地推导出光谱密度的替代表达式,可以将该表达式与方程(10.28)进行比较,从而给出系数 A_{21} 和 B_{21} 之比的表达式,将得到著名的普朗克方程。从方程(10.1)定义开始:

$$u \equiv \frac{\mathrm{d}E}{V\mathrm{d}\omega}$$

每个角频率间隔的光子系统的能量可以表示为具有角频率 ω 的光子能量($\hbar\omega$),乘以预期在相应的量子态中发现的平均光子数($<N>$),再乘以在相应频率下每个角频率间隔的量子态数量(量子态密度 $\mathrm{d}Z/\mathrm{d}\omega$),表示如下:

$$\frac{\mathrm{d}E}{\mathrm{d}\omega} = \hbar\omega \langle N \rangle \frac{\mathrm{d}Z}{\mathrm{d}\omega} \qquad (10.29)$$

现在的任务是计算方程(10.29)中的每个项,首先从平均光子数 $<N>$ 开始。

10.5.2 普朗克分布

为了获得在平衡情况下 $<N>$ 的表达式,让我们计算当每个能量为 $\hbar\omega$ 的 N 个光子被激发时在量子态中累积的能量,显然它的能量将是 $N\hbar\omega$。在平衡状态下,用玻尔兹曼因子给出 N 个光子激发态的概率 w:

$$w(N) = \frac{x^N}{\sum_N x^N} \text{ 并且 } x \equiv \mathrm{e}^{-\frac{\hbar\omega}{k_B T}}$$

激发量子态中光子的平均数用通常的方法计算:

$$\langle N \rangle = \sum_N N w(N) = \frac{\sum_N N x^N}{\sum_N x^N} = x \frac{\mathrm{d}}{\mathrm{d}x} \ln \sum_N x^N$$

$$= x \frac{\mathrm{d}}{\mathrm{d}x} \ln(1-x)^{-1} = \frac{x}{1-x}$$

$$\Rightarrow \langle N \rangle = \frac{1}{\mathrm{e}^{\frac{\hbar\omega}{k_B T}} - 1} \qquad (10.30)$$

方程(10.30)被称为普朗克分布,适用于光子系统。这是玻色–爱因斯坦分布的一个特例。

10.5.3 态密度

剩下要确定的就是态密度。让我们从简单的一维问题开始,即在两个不可渗透壁之间的粒子一维运动(例如沿着 x 轴),相应的波函数如图 10.3 所示。当然,我们进一步假设运动的"粒子"是光子。

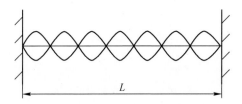

图 10.3 两壁间粒子薛定谔方程的驻波解

当两个壁之间的间隔为 L 时,从量子力学中得知,系统允许的本征态对应于如图 10.3 所示的驻波,因此允许的波长值变为

$$\lambda_n = \frac{2L}{n_x}; n_x = 1,2,3,\cdots \quad (10.31)$$

对应于波矢的允许值为

$$k_x = \frac{2\pi}{\lambda} = \frac{\pi n_x}{L} \quad (10.32)$$

式中: n_x 是一个量子数。

让我们将结果推广到三维情况。想象一个体积为 $V = L^3$ 的空心立方体,代替如图 10.3 所示的系统,并计算立方体内的允许的能态。因此,获得了波矢:

$$k^2 = k_x^2 + k_y^2 + k_z^2 = \left(\frac{\pi}{L}\right)^2 (n_x^2 + n_y^2 + n_z^2) \equiv \left(\frac{\pi}{L}n\right)^2 \quad (10.33)$$

需要注意的是,这里定义的值 n 不是量子数。对于足够大的 n_x, n_y 和 n_z, n 可视为是连续函数。特别地,可以确定 n 区间 dZ/dn 中的量子态数。为此,让我们看一看图 10.4。它可视化了 n 个态所占据的 n 个空间,这些态对应于 0 到给定最大 n 值之间的 n 个值。每个量子态对应于 n_x, n_y 和 n_z 三个分量,占据 n 空间中体积为 1 的立方体。因此,图 10.4 中半径为 n 的球体的体积对应全部量子态,然而,由于 n_x, n_y 和 n_z 不为负值,因此,只计算第一个八分之一球体中的量子态数。我们确定总的量子态数 Z 为

$$Z = \frac{1}{8} \cdot \frac{4\pi}{3} n^3 \cdot 2$$

引入因子 2 是为了解释光子相对于其偏振方向的简并性。

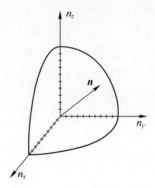

图 10.4　量子态数量的计算

因此,有:

$$Z = \frac{\pi}{3}n^3 \Rightarrow \frac{\mathrm{d}Z}{\mathrm{d}n} = \pi n^2 \tag{10.34}$$

从方程(10.33)中可以看出:

$$k^2 = \frac{\omega^2}{c^2} = \left(\frac{\pi}{L}n\right)^2 \Rightarrow n^2 = \left(\frac{L\omega}{\pi c}\right)^2 \tag{10.35}$$

并且

$$\frac{\mathrm{d}n}{\mathrm{d}\omega} = \frac{L}{\pi c} \tag{10.36}$$

结合方程(10.34)~方程(10.36),最终得到:

$$\frac{\mathrm{d}Z}{\mathrm{d}\omega} = \frac{\mathrm{d}Z}{\mathrm{d}n}\frac{\mathrm{d}n}{\mathrm{d}\omega} = \pi\left(\frac{L\omega}{\pi c}\right)^2 \frac{L}{\pi c} = \frac{L^3 \omega^2}{c^3 \pi^2} = V\frac{\omega^2}{c^3 \pi^2} \tag{10.37}$$

现在已经计算出方程(10.29)中所有项的值。总之,我们发现:

$$\frac{\mathrm{d}E}{\mathrm{d}\omega} = \hbar\omega\langle N\rangle\frac{\mathrm{d}Z}{\mathrm{d}\omega} = \hbar\omega\frac{1}{\mathrm{e}^{\frac{\hbar\omega}{k_B T}}-1}V\frac{\omega^2}{c^3\pi^2} = V\frac{\hbar\omega^3}{c^3\pi^2}\frac{1}{\mathrm{e}^{\frac{\hbar\omega}{k_B T}}-1}$$

和

$$u(\omega,T) = \frac{\hbar\omega^3}{c^3\pi^2}\frac{1}{\mathrm{e}^{\frac{\hbar\omega}{k_B T}}-1} \tag{10.38}$$

方程(10.38)就是著名的普朗克黑体辐射方程。

10.6 偶极近似中爱因斯坦系数的表达式

方程(10.38)描述了在平衡情况下,壁面温度为 T 的空心立方体中的电磁辐射光谱密度。因此,对于任何给定角频率 ω,由壁上的原子或分子引起的光子吸收通过相同原子或分子的自发和受激发射过程进行补偿。正是这种情况推导出了方程(10.28)。因此,比较方程(10.28)和方程(10.38),我们发现爱因斯坦系数之间的重要关系,即

$$\frac{A_{21}}{B_{21}} = \frac{\hbar\omega^3}{\pi^2 c^3} \tag{10.39}$$

因此,爱因斯坦系数中只有一个仍有待确定。后面,我们将利用对应原理直接计算系数 A_{21}。在此之前,对方程(10.39)做如下说明。

A_{21}(自发发射过程的效率)和 B_{21}(受激过程的效率)之间的关系强烈依赖于频率。在低频率下,受激过程占主导地位,而在较高频率下,自发过程变得更有效。实际的结论是,在红外光谱(低频)中,通常使用受激过程(吸收光谱),而在可见光和紫外分析中(更高频率),荧光光谱已成为一种极其重要的光谱方法。

现在来介绍偶极近似下 A_{21} 的推导。

首先,要记住,无论是否存在入射光波,都会发生自发发射的过程。然而,在第10.3节方程(10.24)的理论中,当激发波的场强为零时,不允许发生量子跃迁。因此,到目前为止,发展的理论通常不允许任何自发跃迁过程。然而,这些跃迁过程在实际中确实存在的。那么理论与实验不一致的原因是什么呢?

结果发现,正是微扰算符方程(10.23)的假设与导致光子发射的自发量子跃迁存在不相容。在经典电动力学中,在电场强度消失的情况下,电磁场的能量为零。完整的量子力学处理(包括场本身的量化)将导致稍微不同的结果。与量子力学谐振子的情况一样,电磁场具有由 $\hbar\omega(N+1/2)$ 给出的能量本征值。与10.5节一样,N 是光子数。请注意,此方程与假设推导的方程(10.30)不同,但是可以很容易地检查它不会影响10.5.2节中得到的结论。

特别是在没有光子的情况下,场的基态能量仍然是 $\hbar\omega/2$。在没有光子的情况下,电磁场的"零振荡"是导致光谱中自发效应的量子力学微扰,其中包括光的自发发射。

如前所述,我们不会在本书的体系中推导二次量子化的数学理论。相反,将使用一种基于对应原理的稍微不同的方法。回顾我们对爱因斯坦系数的认识,根据方程(10.26)和方程(10.39),并考虑到 $p = qx$,爱因斯坦系数可以写成下式:

$$A_{21} = C |x_{21}|^2 \tag{10.40}$$

C 是常数,它可以根据分析计算所能得到的任何特殊情况来确定。确定 C 后,可以写出爱因斯坦系数的最终表达式。我们选择谐振子作为特例,并计算振子中累积能量的衰减速率,当后者因光子的自发发射而耗散时。根据对应原理,可以写为

$$E \to \infty : \left. \frac{dE}{dt} \right|_{经典} = \left. \frac{dE}{dt} \right|_{量子力学} \tag{10.41}$$

这意味着,对于足够高的能量,量子力学表达式变得与经典表达式相同。根据经典电动力学,我们知道:

$$\left. \frac{dE}{dt} \right|_{经典} = \frac{q^2}{6\pi\varepsilon_0 c^3} \langle \ddot{x}^2 \rangle \Big|_t \tag{10.42}$$

该平均值是在相关时间段内得出的,例如沿 x 轴的一次振荡的持续时间。对于经典谐振子运动,有:

$$x = x_0 \cos\omega t \quad \text{和} \quad E = \frac{m\omega^2 x_0^2}{2} \tag{10.43}$$

当振幅 x_0 在一个周期内没有明显变化时,通过方程(10.42)和方程(10.43)取平均值后,我们发现:

$$\left. \frac{dE}{dt} \right|_{经典} = \frac{q^2 \omega^2}{6\pi\varepsilon_0 c^3 m} E \tag{10.44}$$

现在转向量子力学的情况。谐振子的能量由下式给出:

$$E_n = \hbar\omega\left(n + \frac{1}{2}\right) \Rightarrow E_{n \to \infty} \approx \hbar\omega n \tag{10.45}$$

从能级 n 到能级 $n-1$ 的任何量子跃迁都会导致每个时间间隔的能量衰减(比较方程(10.3)和方程(10.40)),具体计算方程如下:

$$\left. \frac{dE}{dt} \right|_{量子力学} = \hbar\omega A_{n,n-1} = \hbar\omega C |x_{n,n-1}|^2 \tag{10.46}$$

式中:谐振子坐标 x 的矩阵元在量子力学中是众所周知的,它由下式给出。

$$|x_{n,n-1}|^2 = \frac{\hbar n}{2\omega m} \approx \frac{E}{2\omega^2 m} \tag{10.47}$$

因此有

$$\left. \frac{dE}{dt} \right|_{量子力学} = \frac{\hbar C E}{2\omega m} \tag{10.48}$$

结合方程(10.41)(10.44)和方程(10.48),可以很容易得到常数 C:

$$C = \frac{q^2 \omega^3}{3\varepsilon_0 \pi \hbar c^3}$$

因此,从方程(10.40)可以得到爱因斯坦系数 A_{21}:

$$A_{21} = \frac{q^2\omega^3 |x_{21}|^2}{3\varepsilon_0 \pi \hbar c^3} = \frac{\omega^3 |p_{21}|^2}{3\varepsilon_0 \pi \hbar c^3} \quad (10.49)$$

其他系数根据方程(10.39)和方程(10.7)得到:

$$B_{21} = B_{12} = \frac{\pi |p_{21}|^2}{3\varepsilon_0 \hbar^2} \quad (10.50)$$

方程(10.49)和方程(10.50)是在偶极近似下爱因斯坦系数的最终表达式,如10.3节方程(10.3)所提到的。

注释:我们使用尼尔斯·玻尔(Niels Bohr)提出的对应原理作为对光与物质相互作用的半经典处理中一种方便的启发式理论。正如 R. B. Laughlin (A different Universe:Reinventing Physics from the Bottom Down;Basic Books,New York (2005))所提到的,这个原理在数学上是无法证明的。然而,在这种情况下我们注意到,本书中通过对应原理得到的任何结果都与强量子力学处理的相应结果一致,而后者则是通过更多的数学手段获得的。这一点读者可以自己参考量子力学教科书进行验证。

由于这是一个相当冗长而复杂的推导,因此提供一个综述可能有助于回顾推导爱因斯坦系数的主要步骤。如表10.1所示。

表10.1 爱因斯坦系数推导

章 节	方 程	结 果
10.3	(10.3)	爱因斯坦系数 A_{21},B_{21} 和 B_{12} 的介绍/定义
10.3	(10.7)	从热力学考虑,$B_{12} = B_{21}$
10.4	(10.26)	从微扰理论来看,即 $B_{12} \propto |p_{12}|^2$
10.5		普朗克方程的推导
10.6	(10.39)	作为普朗克方程的结果,我们得到 $\frac{A_{21}}{B_{21}} = \frac{\hbar\omega^3}{\pi^2 c^3}$
10.6	(10.49)	基于 $A_{21} = C|x_{21}|^2$ 的假设根据对应原理计算 A_{21}
最终表达式: $A_{21} = \frac{\omega^3 |p_{21}|^2}{3\varepsilon_0 \pi \hbar c^3}$; $B_{21} = B_{12} = \frac{\pi |p_{21}|^2}{3\varepsilon_0 \hbar^2}$		

在完成本节时,我们做最后两个评论。

首先,推导是基于微扰算符方程(10.23),它描述了电偶极相互作用。因此,得到的爱因斯坦系数仅在(电)偶极子近似中有效。如果由于任何原因禁止偶极跃迁,则量子跃迁可能是其他类型相互作用的结果,例如磁偶极相互作用、电四极相互作用等。可以类似地推导出相应的爱因斯坦系数。然而,当允许电偶极跃迁时,在非相对论情况下,它通常比其他相互作用项强得多。因此,在电磁波与物质相互作用的多极展开中,通常考虑第一项就足够了。

在没有入射辐射($u=0$)的情况下,激发量子态的集居数根据下式衰减(与方程(10.3)比较):

$$\frac{dN_2}{dt} = -N_2 A_{21}$$

因此有:

$$N_2 = N_{20} e^{-A_{21} t} \equiv N_{20} e^{-\frac{t}{\tau}} \qquad (10.51)$$

A_{21}的倒数值可以解释为激发态量子能级的寿命。注意方程(10.51)和方程(4.1)、方程(4.2)之间的相似性。实际上,方程(10.49)使我们可以估计第4.1节中引入的能量衰减时间,因此,仅通过辐射弛豫过程就可确定相应的自然线宽。

从方程(10.49)和方程(10.51)可以得到在偶极近似中两能级系统中激发态的辐射寿命为

$$\tau = \frac{3\varepsilon_0 \pi \hbar c^3}{q^2 \omega^3 |x_{21}|^2} = \frac{3\varepsilon_0 \pi \hbar c^3}{\omega^3 |p_{21}|^2} \qquad (10.52)$$

对于允许的偶极子跃迁,方程(10.52)为大约10^{-8}s量级的寿命。这些弛豫过程的测量需要使用超快光谱手段。另一方面,当偶极子算符的矩阵元消失时,辐射寿命变得无限长。当我们通过偶极辐射激发(无论任何方式)一个不能弛豫到基态的量子能级时,这种激发态可能会保持相当长的激发时间。当然,这个时间不会无限长,因为事实上除了偶极辐射外还存在其他弛豫通道,辐射寿命可以轻松地延长数分钟或数小时,这是各种物质磷光现象的原因。

10.7 激光器

10.7.1 粒子数反转和光放大

现在让我们来看一下到目前为止本章得出的理论最重要的实际应用。从方程(10.2)、方程(10.3)和方程(10.7),可以得到:

$$\frac{dN_2}{dt} = (N_1 - N_2)(2B_{12}u + A_{21}) - N_0 A_{21} \quad (10.53)$$

在稳态情况下，当 $dN_2/dt = 0$ 时，稳态解为

$$(N_1 - N_2) = \frac{N_0 A_{21}}{2B_{12}u + A_{21}} > 0 \,\forall\, u \quad (10.54)$$

无论场的强度如何，只要我们处理一个两能级系统，基态的稳态集居数总是高于激发态。当然，只有受激能级仅由来自基态的光泵浦来填充，这个结论才是正确的。在这种情况下，不可能实现平稳的粒子数反转（$N_2 > N_1$）。相反，当 u 足够高时，N_1 和 N_2 变得几乎相等。在这种情况下，从能级 1 到能级 2 的跃迁被称为饱和。

另一方面，粒子数反转（如果可以实现）将提供可能的物理效应。让我们暂时假设，量子系统满足 $N_2 > N_1$ 条件。从方程（10.53）可以发现：

$$N_2 > N_1 \Rightarrow \frac{dN_2}{dt} < 0$$

只要在两能级系统中实现粒子数反转，吸收和发射过程就倾向于将系统从激发态转移到基态。当自发发射过程可以忽略时，这个结论尤其正确。因此，能量从两能级系统转移到辐射场。当通过具有粒子数反转的介质时，入射光束可能会被放大。因此，粒子数反转对于光放大器的制造非常重要。

这个简单的讨论使我们对量子力学中吸收系数的结构有了非常重要的结论。我们必须假设，吸收系数明确地取决于粒子数差 $N_1 - N_2$。特别是，粒子数差的符号对于决定物质是吸收（正吸收系数）还是放大（负吸收系数）是至关重要的。在饱和条件下，吸收和受激发射过程是相互补偿的，因此在这种情况下，光束将穿过介质而没有任何衰减或增强。这种介质看起来是透明的，相应的吸收系数为零。

10.7.2 反馈

现在让我们假设，准备一个具有粒子数反转的两能级系统。实际上，例如可以通过电子与原子的碰撞来实现粒子数反转，该碰撞将原子转移到激发态。例如，氦-氖气体激光器就是应用了这个原理。另一种方法是使用光泵浦三能级或四能级系统，如图 10.5 所示。

在进一步讨论中，我们将简单地假设已经实现了粒子数反转。在激光物理学的术语中，这种介质称为激活介质。要记住，激活介质的吸收系数是负的，根据兰伯特定律方程（2.19），有：

$$I = I_0 e^{-\alpha x} = I_0 e^{|\alpha| x} \quad (10.55)$$

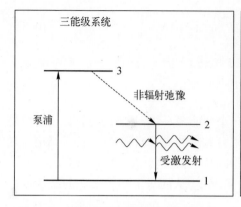 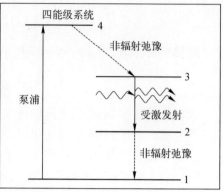

图 10.5 通过光泵浦实现粒子数反转的三能级和四能级系统。在三能级系统中,在第一能级和第二能级之间完成粒子数反转,红宝石激光器利用三能级系统工作。在四能级系统中,在第二能级和第三能级之间实现粒子数反转(例如 Nd-YAG 激光器)

因此,在激活介质中,传播光波的强度预计将呈指数增长,我们通过这种方式获得电磁波放大器。完全可以与电子学进行类比,只需要向放大器添加正反馈就可以产生电磁波。由受激发射而产生的光放大与反馈机制相结合,得到一种称为激光的特殊光源。

图 10.6 中描述了将放大元件与反馈机制结合在一起的想法。

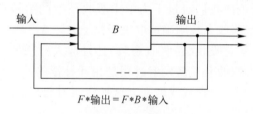

图 10.6 带反馈的放大器

从左侧开始,假设外部输入为电磁波。放大元件的作用应是通过复因子 B 对输入进行放大。通过放大器一次后,根据以下条件获得输出:

$$\text{输出} = B \cdot \text{输入}, |B| > 1 \tag{10.56}$$

现在讨论当上述反馈机制发挥作用时会发生什么。输出的一部分(额定输出乘以常数 F,其中 F 又可能是复数,并且($|F| < 1$)被传送回输入侧,再次放大,依此类推。然后,与方程(10.56)给出的简单输出不同,我们得到了一个有效输出,这是由反馈机制通过无限循环放大得到的。在数学上,可以用以下方式表达:

$$\begin{aligned}
\text{有效输出} &= \left[(1-F)+(1-F)BF+(1-F)B^2F^2+\cdots\right]\text{输出} \\
&= B(1-F)\sum_{j=0}^{\infty}(BF)^j \text{输入} \equiv B_{\text{eff}}\text{输入}
\end{aligned}$$

$$\text{这里}, B_{\text{eff}}=(1-F)B\sum_{j=0}^{\infty}(FB)^j=\frac{(1-F)B}{1-FB} \quad \text{如果}\ |FB|<1 \tag{10.57}$$

特别是,方程(10.57)在 $BF\to 1$ 极限条件下将产生一个无限大的有效增强因子。在这种情况下,必须满足两个条件:

$$\begin{cases} |B|\to |F^{-1}| \\ \phi_B+\phi_F=2j\pi \quad \text{这里 j 为整数} \\ \text{假设}: B\equiv |B|e^{i\phi_B}; F\equiv |F|e^{i\phi_F} \end{cases} \tag{10.58}$$

在有效增强变得无限大的情况下,任意小的输入(例如由于自发发射过程而意外发射的单个光子)可能导致系统产生有效输出(在我们讨论的情况下是电磁辐照)。这一点与能量守恒没有矛盾,因为放大元件(在本例中是激活介质)是由外部能源泵浦的。这样的系统用作光的发生器并且被称为激光器。当然,当光放大率 B 大于由方程(10.58)定义的阈值时,它也会产生光。

因此,必须满足两个条件才能构成光发生器。首先,必须注意光的放大足够大,以补偿离开系统的光损耗。从技术上讲,这是通过在激活介质中进行足够高的集居粒子数反转来实现的,相应的数学准则称为激光条件,这里就不做推导了。

为了实现增益反馈,通常将有源介质置入谐振腔中,谐振腔是由两个平行的反射镜构成。这种情况看起来类似于之前在图 10.3 中描述的情况,设 L 为谐振腔长。通常,激活介质不会填满整个谐振腔,其长度设为 l,如图 10.7 所示。

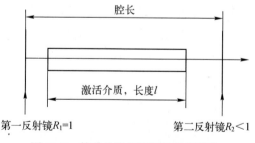

图 10.7 简单的激光谐振腔几何结构

现在根据图 10.7 中系统结构重写方程(10.58)。设想光波在谐振腔内进行一个循环。让我们根据光强度而不是电场来讨论光放大。在谐振腔中进行一次循环时,光波必须穿过激活介质两次,因此其强度将增加一个因子 $e^{2l\alpha l}$。另一方面,在第二个反射镜处,一些光将从谐振腔中逸出,因此在一个循环后,光波的强度变为

$$I(一个循环后) = I_0 e^{2l\alpha l} R_2 \quad (10.59)$$

方程(10.59)描述了极为简化的情况,因为没有考虑谐振腔中损耗的情况,但原理很清楚。值 $\sqrt{e^{2l\alpha l}}$ 即为方程(10.58)中固定乘积 BF 的绝对值。因此,对于光的产生必须满足下列条件:

$$\sqrt{R_2 e^{2l\alpha l}} \geq 1 \Rightarrow e^{2l\alpha l} \geq (R_2)^{-1} \quad (10.60)$$

位相条件可以用类似的简单方法写出。根据方程(10.58),在一个循环之后,光波相位仅只改变了 2π 的整数倍。因此有:

$$\varphi(一个循环后) = \varphi_0 + 2j\pi \quad (10.61)$$

相位增益等于 $2j\pi$。另一方面,在方程(7.15)中,已经计算了两个界面之间的光波单次循环的相位增益,在折射率等于 1 的情况下,其增益等于 $4\pi L/\lambda$。这显然是一种粗略的简化,但它仍然能够突出激光器工作的主要原理。此外,为了使情况尽可能简单,在我们的处理中也没有考虑反射镜反射时产生的相移。

因此得到如下条件:

$$2j\pi = \frac{4\pi L}{\lambda} \Rightarrow \lambda = \lambda_j = \frac{2L}{j} \quad (10.62)$$

必须同时满足方程(10.60)和方程(10.62)才能使激光器工作。因此,需要分析它们的共同解。

我们将从方程(10.60)开始。显然,它定义了放大系数的阈值,放大系数必须超过该阈值才能使激光工作。由于放大系数与波长相关(而不是熟悉的吸收线,这里定义为放大线),因此可以设想方程(10.60)确定了一个或多个光谱区,其中放大系数足够大就可以实现光的产生。为了以更方便的数学方式处理这个问题,让我们以更形象的方式重写方程(10.60):

$$|\alpha| = |\alpha(\omega)| \geq 阈值 \quad (10.63)$$

根据方程(10.60),阈值由第二个反射镜的反射率和激活介质的长度决定。通常,谐振腔中也可能存在其他损耗。在这种情况下,阈值将有所提高,但方程(10.63)的一般方程保持不变。当然,阈值本身也可能取决于频率。

另一方面,方程(10.62)定义了一系列在等频率间隔的离散波长值,前提是折射率恒定(在我们的情况下,无论频率如何,它都等于1)。实际上,根据方程(10.62)

可以用以下方程计算允许的频率值：

$$\omega_j = \frac{2c\pi}{\lambda_j} = j\frac{c\pi}{L} \qquad (10.64)$$

式中：$c\pi/L$ 是角频率间隔值。方程(10.64)定义了允许纵向谐振模式集。

满足方程(10.63)和方程(10.64)两个准则的光频率由限定在方程(10.63)定义的频率范围内一组离散谱线给出。图10.8以简化的方式阐述了这种情况。

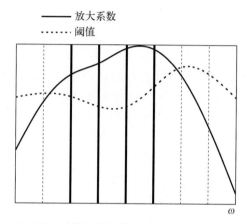

图10.8 激光的频谱。垂直线表示纵向谐振模式。只有当放大系数(实线)超过阈值(虚线)时才会产生激光。因此，在所有纵向谐振模式中，只有图中的粗体模式构成了激光光谱

通常，我们期望激光器能产生一定频率的光。

我们得出的结论是，激光器是一种灵活的光源，可以根据其几何结构特征和激活介质的类型输出不同频率的光。特别是，可以专门设计激光器以满足不同的技术需求。如果对高度单色光感兴趣，那么需要设计一种仅产生某一特定纵向谐振模式的激光器。但是，如果对非常短的光脉冲激光源感兴趣，那么就不能使用单纵模。原因是短光脉冲具有宽频谱(参考第9.2节)，激光器必须提供这种宽频谱的光。因此，在实践中需要根据具体应用，选择不同类型和设计的激光器。

问题在于，很难实现单一模式(高单色性)和宽频谱等距谐振模式(短脉冲激光器所必需条件)的极端情况。激光器本身倾向于产生几种纵模下的光(不需要在频率范围内相邻)，这些模式可能随着时间快速变化。原因是，模式彼此不相关，因为它们全部来自相同的激活介质(假设放大线不是非均匀展宽)。因此，模式竞争可以看成是纵模之间的某种达尔文选择导致了"适者生存"。在如图10.7所示的谐振腔中，通常可能存在几种模式，这是由于在这种谐振腔中观察到的驻波引起的。从图10.3可以看出，在这样的驻波中，存在电场强度的波

节和波腹。在波腹的空间区域，由于受激发射，强纵模倾向于将原子从激发态转移到基态，从而破坏了粒子数反转，结果是许多其他纵向模式无法生存。另一方面，该模式不会影响波节区域的粒子数反转，从而为在这些区域中具有波腹的几种模式提供生存机会。因此，这种可以形成驻波的谐振腔结构不适合制造单模激光器。

因此，单模激光器通常被制作成环形激光器，其谐振模式不会形成驻波，而是作为行波传播。在这种情况下，并且在没有任何非均匀的放大线展宽机制下，模式之间的竞争可能导致仅存在一种模式，从而能提供高度单色的激光。

另一方面，当需要构造短脉冲激光器时，必须激发大量相互邻近的纵向模式（详见后面的12.5.2节问题9）。这可以通过调制频率模式间隔为$c\pi/L$的谐振特性来实现。这种调制会对已经被激发的纵向模式产生边带，纵模再次被调制，这样新的边带就产生了，直到当一个相邻模式的宽谱被激发时该过程结束。

本节中给出的图像非常简化，但可以定性地了解激光器的工作情况。仍然存在一个问题：这与薄膜光学有什么联系？

实际上，图10.7所示的谐振腔完全类似于具有负吸收系数的单层薄膜。从薄膜方程(7.13)可以容易地获得方程(10.59)~方程(10.62)，只不过需要假定透射率$T\to\infty$（无输入时有限输出）并且设定$d=l=L$、$n=1$。

第 11 章　介电函数的半经典处理

摘　要：推导出具有离散能级量子系统的线性极化率的一般表达式，通过相互作用中的密度矩阵形式来进行计算。与经典处理一样，线性极化率是复数且依赖于频率。

11.1　第一个建议

在第 10 章中，我们对光与物质相互作用的量子力学处理的特定理论有了初步的认识。特别是，发现这种相互作用的效率至少由三个因素决定：

（1）微扰算符（在例子中是电偶极子）矩阵元绝对值的平方（它定义了振子的强度）。

（2）入射电磁波频率与无微扰材料系统能级的能量间隔之间的关系定义了共振频率（共振条件）。

（3）参与量子跃迁能级上的粒子数总差。

为了对薄膜材料中折射和吸收过程进行方便的量子力学描述，在薄膜光学的任何计算中都需要得到介电函数的半经典表达式。因此，折射率和吸收系数符合方程（2.18）。定性地说，我们可能已经猜测出介电函数的量子力学表达式的结构，从方程（4.6）开始：

$$\beta = \frac{q^2}{\varepsilon_0 m} \sum_{j=1}^{M} \frac{f_j}{\omega_{0j}^2 - \omega^2 - 2\mathrm{i}\omega \Gamma_j} = \frac{3}{N} \frac{\hat{n}^2 - 1}{\hat{n}^2 + 2} = \frac{3}{N} \frac{\varepsilon - 1}{\varepsilon + 2}$$

该等式通过微观极化率在经典理论体系定义了介电函数。在量子力学中，需要用方程（10.19）跃迁频率取代方程（4.6）的共振频率，而 f 因子依赖于跃迁矩阵元以及集居粒子数差。因此，从方程（4.6）开始，可以根据以下条件推测微观极化率的结构以及相应的介电函数：

$$\beta \propto \frac{q^2}{\varepsilon_0 m} \sum_{l} \sum_{n>l} \frac{|x_{nl}|^2 [W(l) - W(n)]}{\omega_{nl}^2 - \omega^2 - 2\mathrm{i}\omega \Gamma_{nl}} = \frac{3}{N} \frac{\varepsilon - 1}{\varepsilon + 2} \quad (11.1)$$

这里，为简单起见，假设以满足 $E_n > E_l$ 的方式对量子态进行计数。值 $W(l)$ 是第 l 个能级被填充的统计概率。

在某种程度上，方程(11.1)可以被视为本章的最终结果。当然，我们的猜测不能被认为是一个严肃的推导，所以需要证明方程(11.1)是真的正确。更重要的是，只要比例常数未知，方程(11.1)就不能用于绝对计算。因此，仍然有必要提供介电函数表达式的相关推导，这将在第11章中完成。对于那些不想深入了解这些细节的读者，方程(11.1)可能就足够了，可以跳过以下部分。

注释： 根据方程(11.1)，只要相应的能级被填充并且跃迁不饱和，所有允许的量子跃迁都可以对系统的极化做出主要贡献。特别是在粒子数反转的情况下，我们得到了极化率的负贡献（光放大而不是吸收）。另一项注释涉及方程(3.17)。在线性光学中，由方程(2.4)定义的极化率不应依赖于电场强度本身（否则，方程(3.17)定义的极化率与电场强度呈非线性关系）。因此，方程(11.1)仅在场强值足够低的情况下定义线性极化率，以便入射光波不影响系统概率$W(l)$。一旦光强度改变了量子态的集居数，就离开了线性光学领域而进入非线性光学领域。

11.2 用密度矩阵计算介电函数

11.2.1 相互作用表象

对于那些愿意继续阅读本章以获得完全推导的线性极化率半经典表达式的读者，现在必须提前进行一些纯数学的工作，这将使进一步推导变得容易更简洁。因此，我们介绍一下所谓的相互作用表象。

本节的目的是给出薛定谔方程的另一种写法，有利于达到我们的目的。与10.4节一样，按以下方式写出哈密顿量：

$$H = H_0 + V$$

式中：V描述了材料系统与辐照之间的相互作用，而H_0描述了材料系统的无微扰哈密顿量。薛定谔方程的解为

$$i\hbar \frac{\partial \psi}{\partial t} = H\psi$$

为我们提供了ψ，在薛定谔表象中称为波函数。现在定义算符U_0和U_0^{-1}：

$$U_0 \equiv e^{-i\frac{H_0 t}{\hbar}}; U_0^{-1} \equiv e^{i\frac{H_0 t}{\hbar}}$$

$$e^{i\frac{H_0 t}{\hbar}} \equiv 1 + i\frac{H_0}{\hbar}t + \frac{1}{2}\left(i\frac{H_0}{\hbar}t\right)^2 + \cdots \tag{11.2}$$

波函数

$$\Psi_w \equiv U_0^{-1}\Psi \tag{11.3}$$

(根据定义)称为相互作用表象中的波函数。稍后会理解为什么这个定义如此方便。

当然,在相互作用表象以及薛定谔表象中,波函数应该是正交化的。因此,我们发现:

$$\int \Psi^* \Psi d^3 r = 1 = \int \Psi_w^* \Psi_w d^3 r$$

下式成立:

$$\Psi_w^* = \Psi^* U_0 \tag{11.4}$$

我们已经知道,几个量子力学算符的矩阵元对于描述辐射与物质的相互作用至关重要。让我们考虑作用于波函数 Ψ 的任意算符 A。在由 Ψ 描述的量子态中,A 的量子力学期望由下式给出:

$$\langle A \rangle = \int \Psi^* A \Psi d^3 r \tag{11.5}$$

该期望值对应于物理测量的结果,因此应独立于具体的量子表象。因此,有:

$$\langle A_w \rangle = \langle A \rangle = \int \Psi^* A \Psi d^3 r = \int \Psi_w^* A_w \Psi_w d^3 r = \int \Psi^* U_0 A_w U_0^{-1} \Psi d^3 r$$

当 A 在相互作用表象中读为

$$A_w = U_0^{-1} A U_0 \tag{11.6}$$

最后在相互作用表象中写下薛定谔方程。我们发现:

$$i\hbar \frac{\partial}{\partial t}\Psi_\omega = -H_0 U_0^{-1}\Psi + U_0^{-1} \cdot i\hbar \frac{\partial \Psi}{\partial t} = U_0^{-1}(-H_0\Psi + H\Psi)$$

$$= U_0^{-1} V \Psi = U_0^{-1} V U_0 U_0^{-1} \Psi = V_w \Psi_w$$

$$\Rightarrow i\hbar \frac{\partial}{\partial t}\Psi_w = V_w \Psi_w \tag{11.7}$$

这显然是一个比薛定谔表象更简洁的方程。特别地,当相互作用电势 V 不为零时,波函数只与时间有关。

11.2.2 密度矩阵的介绍

计算介电函数的总体思路与经典理论完全相似。我们从微观偶极矩的计算开始。将所得的表达式与方程(3.17)进行比较以确定极化率。最后,从洛伦兹-洛伦茨方程中得到了介电函数。

量子力学理论的主要差异在于计算偶极矩的方法。在经典理论中,我们简单地求解了有限质量振荡电荷的牛顿运动方程。在量子力学中,系统以波函数 Ψ 为特征,偶极矩<p>根据以下方法计算得到:

$$\langle p \rangle = \int \Psi^* p \Psi \mathrm{d}^3 r \tag{11.8}$$

在这里 p 是偶极矩算符,积分必须在遇到波函数 Ψ 的系统的所有坐标上执行。

事实上,情况通常更为复杂。让我们假设,与光相互作用的系统没有永久偶极矩的分子。然后,<p>描述了由于分子与入射光波的电场相互作用而在分子中诱导的偶极矩。问题是,分子本身不仅与外部光相互作用,而且与环境相互作用。因此,根据分子坐标和电磁场描述的分子+辐射系统的波函数基本不存在。很可能,存在更一般的波函数,它依赖于描述周围介质特性的各种坐标,但是这种波函数对于方程(11.8)的计算没有帮助。

因此,在光与物质相互作用的半经典理论中,有必要寻找另一种描述。从纯热力学的观点来看,这一点很明显:任何高激发的分子都会为了达到热力学平衡而失去能量。但由于方程(10.11)描述的量子态不依赖于时间,所以不能以这种方式考虑弛豫过程。因此,由方程(10.11)所描述的能级是绝对尖锐的,光学跃迁势必会产生具有无限小线宽的吸收或发射线。这些事实显然与现实相矛盾,这样就必须将弛豫过程纳入我们的描述中。

在这里,我们将不会发展一般理论,仍然专注于特定的任务。首先假设处理的物质系统可以仅由取决于系统坐标的波函数 Ψ 描述,这种系统被称为处于纯量子态。系统的波函数可以展开为一系列系统无微扰哈密顿量的本征函数,如下:

$$\Psi(r,t) = \sum_n a_n(t) \psi_n(r) \tag{11.9}$$

偶极算符的量子力学期望由方程(11.8)计算(此处为任意相关算符编写):

$$\begin{aligned}
\langle A \rangle &= \int \Psi^* A \Psi \mathrm{d}^3 r = \sum_n \sum_m a_n^* a_m \int \psi_n^* A \psi_m \mathrm{d}^3 r \\
&= \sum_n \sum_m a_n^* a_m A_{nm} \equiv \sum_n \sum_m \sigma_{mn} A_{nm} = \sum_n (A\sigma)_{nn} \\
&= Tr(A\sigma)
\end{aligned} \tag{11.10}$$

给定(纯)量子态下,σ_{nm}值被称为系统的密度矩阵元。根据方程(11.10),关于密度矩阵的知识可以计算给定量子态中算符的量子力学期望值。特别是,对于特殊情况 $A=1$,得到:

$$1 = Tr\boldsymbol{\sigma} = \sum_n \sigma_{nn} \tag{11.11}$$

根据方程(11.10),密度矩阵对角线元 σ_{nn} 与测量过程中在第 n 个量子态中发现系统的概率相同。

现在寻找描述密度矩阵元随时间演化的方程。根据薛定谔方程,得到:

$$i\hbar \frac{\partial \Psi}{\partial t} = H\Psi = i\hbar \sum_m \frac{\partial}{\partial t} a_m \psi_m = \sum_m a_m H\psi_m | \cdot \psi_n^* ; \int d^3 r$$

$$\Rightarrow i\hbar \frac{\partial}{\partial t} a_n = \sum_m H_{nm} a_m$$

$$\Rightarrow i\hbar \frac{\partial}{\partial t} a_n^* = -\sum_m H_{nm}^* a_m^* = -\sum_m a_m^* H_{mn}$$

$$\Rightarrow i\hbar \frac{\partial}{\partial t} \sigma_{mn} = i\hbar a_n^* \frac{\partial}{\partial t} a_m + i\hbar a_m \frac{\partial}{\partial t} a_n^* = \sum_l \left(H_{ml} \underbrace{a_l a_n^*}_{\sigma_{ln}} - H_{ln} \underbrace{a_l^* a_m}_{\sigma_{ml}} \right)$$

$$\Rightarrow i\hbar \frac{\partial}{\partial t} \sigma_{mn} = \sum_l \{H_{ml}\sigma_{ln} - H_{ln}\sigma_{ml}\} = \{H\boldsymbol{\sigma} - \boldsymbol{\sigma}H\}_{mn}$$

我们得到的是密度矩阵元的所谓刘维尔方程:

$$i\hbar \frac{\partial}{\partial t} \sigma_{mn} = \{H\boldsymbol{\sigma} - \boldsymbol{\sigma}H\}_{mn} \tag{11.12}$$

在算符的表达方式中,方程(11.12)可以写成(冯·诺依曼方程):

$$i\hbar \frac{\partial}{\partial t}\boldsymbol{\sigma} = [H, \boldsymbol{\sigma}] \tag{11.13}$$

现在来讨论具体问题。转向上述的更复杂情况,即我们所观察的系统与光波的电磁场相互作用,也与可以被看作是环境的另一种物质系统相互作用。为了简化任务,我们假设周围的介质本身不与电磁波发生相互作用。这种情况如图 11.1 所示。

它显示了所考虑的系统 S(例如分子)及其环境(系统 U)。微扰 V 仅与系统 S 相互作用。另外,系统 S 通过相互作用哈密顿量 H_{SU} 与环境 U 相互作用。单个系统 S 和 U 本身被认为是由哈密顿量 H_{0S} 和 H_{0U} 描述的。整个问题由哈密顿量描述:

$$H = H_{0U} + H_{0S} + H_{SU} + V$$

式中:只有算符 V 明确地依赖于时间。

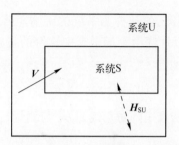

图 11.1 系统 S 与微扰 V 及其环境 U 的相互作用

我们假设,整个系统(S+U)的纯态可以用波函数 $\Psi^{(j)}$ 或密度矩阵 $\sigma^{(j)}$ 来描述,而 j 是用于计算整个系统的量子态的量子数。$\sigma^{(j)}$ 满足方程(11.13):

$$i\hbar \frac{\partial \sigma^{(j)}}{\partial t} = [\boldsymbol{H}, \boldsymbol{\sigma}^{(j)}] \tag{11.14}$$

我们还将假设,已经知道哈密顿量 H_{0S} 的本征函数,如下:

$$\boldsymbol{H}_{0S}\psi_n(\boldsymbol{r}) = E_n \psi_n(\boldsymbol{r}) \tag{11.15}$$

通过将方程(11.14)左边乘以 ψ_n^* 和右边乘以 ψ_m 并对所有坐标积分,得到:

$$i\hbar \frac{\partial}{\partial t}\sigma_{nm}^{(j)} = [\boldsymbol{H}, \boldsymbol{\sigma}^{(j)}]_{nm} \tag{11.16}$$

在一般情况下,我们不能确定整个系统(S+U)的实际量子态。虽然可以控制子系统 S 的态,但外部环境的态很难处理。尽管如此,还是可以找到一种令人满意的数学解决方案,将量子力学处理和经典的平均方法相结合。

当我们假设系统 S+U 足够大并可以被视为宏观系统时,这种处理特别明显,可以用经典统计力学方法成功地描述这样的系统。因此,假设可以确定在量子态 j 中找到整个系统的特定经典概率 $w(j)$。系统 S 的密度矩阵绝对不是纯态(而是所谓的混合态),它由以下方程定义:

$$\rho_{nm} \equiv \sum_j w^{(j)} \sigma_{nm}^{(j)} \tag{11.17}$$

综合方程(11.17)和方程(11.16)得到:

$$i\hbar \frac{\partial}{\partial t}\rho_{nm} = [\boldsymbol{H}, \boldsymbol{\rho}]_{nm} \tag{11.18}$$

这又是冯·诺依曼方程,以混合态应用于系统 S 的密度矩阵。通过算符:

$$U_0 = e^{-\frac{i}{\hbar}(H_{0S}+H_{0U})t}$$

$$U_0^{-1} = e^{\frac{i}{\hbar}(H_{0S}+H_{0U})t}$$

方程(11.18)可以转换为相互作用表象。与前面的小节完全相似,此过程导致

从方程(11.18)中消除哈密顿量 H_{0S} 和 H_{0U},得到:

$$i\hbar \frac{\partial}{\partial t}\rho_{w_{nm}} = [\boldsymbol{V}_w, \boldsymbol{\rho}_w]_{nm} + [\boldsymbol{H}_{SU_w}, \boldsymbol{\rho}_w]_{nm} \quad (11.19)$$

在后面的内容中,我们将假设所有算符都基于相互作用表象,因此在大多数情况下,为了简单起见,略过脚标 w。

仔细看看方程(11.19),显然,第一项描述了系统 S 与电磁辐射的相互作用,因此,它应包含有关光诱导量子跃迁的信息,这些信息决定了系统的光学行为,就像一个孤立的系统一样。另一方面,第二项描述了系统与环境 U 的相互作用,环境 U 可以看成一个蓄热体。因此,它负责将微扰密度矩阵弛豫到热平衡状态。

从方程(11.10)计算期望值,我们发现:

$$\langle A \rangle = Tr(\boldsymbol{A\sigma}) = \sum_n (\boldsymbol{A\sigma})_{nn}$$

任何纯态 j 都与统计概率 $w(j)$ 相关。因此,通过执行经典的平均方法,可以得到:

$$\langle A \rangle = \sum_j w^{(j)} \sum_n (\boldsymbol{A\sigma}^{(j)})_{nn} = \sum_n (\boldsymbol{A\rho})_{nn} \quad (11.20)$$

同样,关于密度矩阵的知识将使我们可以计算出必要的期望值。

最后,让我们了解密度矩阵对角元的意义。

$$\rho_{nn} = \sum_j w^{(j)} \sigma_{nn}^{(j)}$$

式中:ρ_{nn} 是在进行相应测量之后找到处于第 n 个量子态的系统概率。如果系统与其环境处于热力学平衡状态,则该概率将由下式给出:

$$\rho_{nn} = \frac{e^{-\frac{E_n}{k_B T}}}{\sum_n e^{-\frac{E_n}{k_B T}}} \quad (11.21)$$

如果系统与温度保持为 T 的环境处于或接近平衡状态,可以使用方程(11.21)来描述密度矩阵的对角元。

在后面的内容中,我们的任务是为选定的系统求解方程(11.19),以获得有关密度矩阵的知识。在计算出密度矩阵后,根据方程(11.20)计算偶极算符 p 的期望值。然后,根据方程(3.17)获得极化率,继而可以写出介电函数的表达式。这样就能完成先前设定的获得线性光学常数的量子力学描述的任务。

11.2.2.1 极化率的半经典计算

我们从最简单的量子力学模型系统开始,即先前在第 10 章中讨论的两能级

系统。现在我们的目的是获得这种系统线性极化率的半经典表达式。根据方程(11.20),偶极矩的期望值由下式给出:

$$\langle p \rangle = \text{Tr}(p\boldsymbol{\rho}) \tag{11.22}$$

密度矩阵元可以从方程(11.19)解出:

$$i\hbar \frac{\partial}{\partial t}\rho_{nm} = [\boldsymbol{V},\boldsymbol{\rho}]_{nm} + [\boldsymbol{H}_{\text{SU}},\boldsymbol{\rho}]_{nm} \tag{11.23}$$

式中:$[\boldsymbol{H}_{\text{SU}},\boldsymbol{\rho}]$项描述了两能级系统与其周围物质之间的相互作用。对于两能级系统,算符 $\boldsymbol{p}$ 和 $\boldsymbol{\rho}$ 可写为

$$\boldsymbol{p} = \begin{pmatrix} p_{11} & p_{12} \\ p_{21} & p_{22} \end{pmatrix}$$

$$\boldsymbol{\rho} = \begin{pmatrix} \rho_{11} & \rho_{12} \\ \rho_{21} & \rho_{22} \end{pmatrix}$$

为了排除介质中的永久偶极矩,假定偶极算符的对角元为零。所以从方程(11.22)可以得到:

$$\text{Tr}(\boldsymbol{p}\boldsymbol{\rho}) = \langle p \rangle = p_{12}\rho_{21} + p_{21}\rho_{12} \tag{11.24}$$

我们发现有必要计算密度矩阵的非对角元,以便获得偶极矩期望值的表达式。此外,当矩阵元 p_{12} 变为零时,该期望值肯定为零。因此,前面在第 10 章中推导出的电偶极跃迁的选择规则是在本章中应用的更复杂的自然结论。

为了求解方程(11.23),必须寻找$[\boldsymbol{H}_{\text{SU}},\boldsymbol{\rho}]$项的合适表达式。根据经典表象中关于弛豫过程的假设,我们将假设介质的自由极化呈指数衰减。这将符合以下的假设:

$$[\boldsymbol{H}_{\text{SU}},\boldsymbol{\rho}]_{nm} \equiv -\frac{i\hbar\rho_{nm}}{T_{2(nm)}}$$

式中:T_2 是横向弛豫时间。在这方面让我们提一下,为密度矩阵的对角元引入相应的弛豫时间,使量子能级的数量达到平衡态,称为纵向弛豫时间 T_1。与经典处理类似,根据方程(4.4)可知 T_2 导致均匀线宽,而根据方程(4.2) T_1 导致自然线宽。

现在将方程(11.23)应用于两能级系统。必须计算密度矩阵的两个非对角元,相应的方程变为

$$\begin{cases} \dfrac{\partial}{\partial t}\rho_{21} + \dfrac{\rho_{21}}{T_2} = -\dfrac{i}{\hbar}[\boldsymbol{V},\boldsymbol{\rho}]_{21} \\ \dfrac{\partial}{\partial t}\rho_{12} + \dfrac{\rho_{12}}{T_2} = -\dfrac{i}{\hbar}[\boldsymbol{V},\boldsymbol{\rho}]_{12} \end{cases} \tag{11.25}$$

如前所述，相互作用算符 V 由下式给出：
$$V = -pE = -pE = -pE_0 \mathrm{e}^{-\mathrm{i}\omega t} \quad (11.26)$$
式中：E 为电场强度，假设光学各向同性。请注意，在微观系统的情况下，微观系统是更广泛而密集的宏观系统的重要组成部分，因此必须再次将电场理解为局域场或微观场（比较第 3.2.2 节）。然后可以得到 $V\rho$ 和 ρV：

$$V\rho = -E \begin{pmatrix} p_{12}\rho_{21} & p_{12}\rho_{22} \\ p_{21}\rho_{11} & p_{21}\rho_{12} \end{pmatrix}$$

$$\rho V = -E \begin{pmatrix} \rho_{12}p_{21} & \rho_{11}p_{12} \\ \rho_{22}p_{21} & \rho_{21}p_{12} \end{pmatrix}$$

我们发现：
$$[V,\rho]_{21} = -Ep_{21}(\rho_{11}-\rho_{22})$$
$$[V,\rho]_{12} = -Ep_{12}(\rho_{22}-\rho_{11})$$

因此，方程(11.25)可以重写为

$$\begin{cases} \dfrac{\partial}{\partial t}\rho_{21} + \dfrac{\rho_{21}}{T_2} = \dfrac{\mathrm{i}}{\hbar}Ep_{21}(\rho_{11}-\rho_{22}) \\ \dfrac{\partial}{\partial t}\rho_{12} + \dfrac{\rho_{12}}{T_2} = \dfrac{\mathrm{i}}{\hbar}Ep_{12}(\rho_{22}-\rho_{11}) \end{cases} \quad (11.27)$$

根据方程(11.6)，在相互作用表象中偶极算符的矩阵元必须与时间相关。通过变换方法得到：

$$A_w = U_0^{-1} A U_0 = \mathrm{e}^{\mathrm{i}\frac{H_{0S}t}{\hbar}} A \mathrm{e}^{-\mathrm{i}\frac{H_{0S}t}{\hbar}}$$

因此，当 ψ_n 和 ψ_m 是先前假设的 H_{0S} 的本征函数时，相互作用表象中算符 A 的矩阵元可以写成：

$$A_{wnm} = \int \psi_n^* \mathrm{e}^{\mathrm{i}\frac{H_{0S}t}{\hbar}} A \mathrm{e}^{-\mathrm{i}\frac{H_{0S}t}{\hbar}} \psi_m \mathrm{d}^3 r = \mathrm{e}^{\mathrm{i}\omega_{nm}t} A_{nm} \quad (11.28)$$

因此，根据方程(11.28)，在方程(11.27)中出现的非对角矩阵元 p 与时间相关。此外，根据方程(11.26)，电场也与时间有关。因此，假设密度矩阵的非对角元随时间振荡是有意义的，并且符合：

$$\rho_{12} = P_{12} \mathrm{e}^{\mathrm{i}(\omega_{12}-\omega)t}$$
$$\rho_{21} = P_{21} \mathrm{e}^{\mathrm{i}(\omega_{21}-\omega)t}$$

式中：P_{12} 和 P_{21} 是常数。只要场足够弱这种方法就是合理的，因此它不会改变决定能级 1 和能级 2 数量的密度矩阵对角元。也就是说，对角元不应随时间变化。然后得到密度矩阵：

$$\rho_{21} = \frac{Ep_{21}}{\hbar} \frac{\rho_{11}-\rho_{22}}{\omega_{21}-\omega-\mathrm{i}\Gamma}$$

$$\rho_{12} = \frac{Ep_{12}}{\hbar} \frac{\rho_{11}-\rho_{22}}{\omega_{21}+\omega+\mathrm{i}\Gamma}$$

$$\Gamma \equiv T_2^{-1}$$

对于偶极矩：

$$\begin{aligned}\langle p \rangle &= p_{12}\rho_{21} + p_{21}\rho_{12} \\ &= \frac{|p_{12}|^2 E}{\hbar}(\rho_{11}-\rho_{22})\left[\frac{1}{\omega_{21}-\omega-\mathrm{i}\Gamma} + \frac{1}{\omega_{21}+\omega+\mathrm{i}\Gamma}\right] \\ &= \frac{|p_{12}|^2 E \cdot 2\omega_{21}(\rho_{11}-\rho_{22})}{\hbar} \cdot \frac{1}{\omega_{21}^2+\Gamma^2-\omega^2-2\mathrm{i}\omega\Gamma}\end{aligned} \quad (11.29)$$

由于假定自由极化呈指数衰减，我们在偶极矩的表达式中得到了熟悉的洛伦兹型共振项。

我们还没有讨论方程(11.29)中出现的密度矩阵对角元，只假设它们与时间无关。另一方面，当我们寻找线性极化率表达式时，要求方程(11.29)在电场强度上是线性的。因此，密度矩阵的对角元不应取决于所施加的电场。因此，可以合理地假设它们等于在没有施加电磁场且系统与其环境达到平衡状态时的平衡值。用上标"(0)"表示这些值，它们可以根据方程(11.21)计算。

从物质方程开始（在凝聚态中 E 必须与局域场或微观场相关联）：

$$p = \varepsilon_0 \beta E$$

我们发现：

$$\beta = \frac{|p_{12}|^2}{\varepsilon_0 \hbar} \cdot 2\omega_{21} \frac{(\rho_{11}^{(0)}-\rho_{22}^{(0)})}{\omega_{21}^2+\Gamma^2-\omega^2-2\mathrm{i}\omega\Gamma} \quad (11.30)$$

式中：$(\rho_{11}^{(0)}-\rho_{22}^{(0)})$ 表示与场无关的总粒子数差。注意方程(11.30)与先前猜测的方程(11.1)之间的相似性。如果必须考虑两个以上的能级，可以根据以下方程推广方程(11.30)：

$$\beta = \sum_l \sum_{n>l} \frac{|p_{nl}|^2}{\varepsilon_0 \hbar} \cdot 2\omega_{nl} \cdot \frac{(\rho_{ll}^{(0)} - \rho_{nn}^{(0)})}{\omega_{nl}^2 + \Gamma_{nl}^2 - \omega^2 - 2\mathrm{i}\omega\Gamma_{nl}} \quad (11.31)$$

方程(11.31)给出了具有离散能级的量子系统极化率的一般半经典表达式。得到极化率后，介电函数和光学常数可以根据方程(3.25)得出。

注释：在第5章问题12中，我们得到了一种具有孔隙的光学材料的折射率温度依赖性，该孔隙可能会因温度而部分填充水，这是一个外在的温度效应。另一方面,方程(11.31)与方程(11.21)相结合描述了光学材料固有的温度依赖性,因为单个能级的总体将受到温度的影响。此外,方程(11.31)中的线宽值也与温度有关。通常随着温度的升高线宽变宽。因此,在实际的光学薄膜材料中,可能有几种物理机制随着温度的变化而改变光学常数,而折射率是否随温度的升高而升高或降低的问题,这将取决于哪个机制是主导机制。

由于这是一个相当复杂的推导,所以表11.1着重给出了推导出方程(11.31)最终表达式的主要逻辑步骤,并因此得出了所考虑材料光学常数的表达式。在这里,左列回顾了根据多振子模型(第3章和第4章)推导介电函数经典表达式的主要步骤。然后,在经典表象下推导过程中的单个步骤与光学常数的半经典处理过程中使用的相应表达式相对应(右列)。

表11.1 光学常数的经典表达式(左列)和半经典处理(右列)的逻辑步骤推导

经典推导	半经典推导	
基本方程		
牛顿方程: $F = ma$	薛定谔方程: $i\hbar \dfrac{\partial \Psi}{\partial t} = H\Psi$	冯·诺依曼方程: $i\hbar \dfrac{\partial}{\partial t} \rho = [H, \rho]$
模型假设		
$F = F_{恢复} + F_{阻尼} + F_{库仑}$	$H = H_{0U} + H_{0S} + H_{SU} + V$	
"无微扰"系统		
$F_{恢复} = -m\omega_0^2 x$	$H = H_{0U} + H_{0S}$	
阻尼(与环境相互作用)		
$F_{阻尼} = -2\gamma m \dot{x}$	$[H_{SU}, \rho]_{nm} \equiv -\dfrac{i\hbar \rho_{nm}}{T_{2(nm)}}$	
与微扰波的(局域)电场的相互作用		
$F_{库仑} = qE \to qE_{微观}$	$V = -pE \to -pE_{微观}$	
牛顿运动方程: $qE = m\ddot{x} + 2\gamma m \dot{x} + m\omega_0^2 x$	在相互作用表象下的冯·诺依曼方程: $i\hbar \dfrac{\partial}{\partial t} \rho_{nm} = [V, \rho]_{nm} + [H_{SU}, \rho]_{nm}$	
微观偶极矩		
$p = qx$	$p \to \langle p \rangle = \mathrm{Tr}(p\rho)$	
微观线性物质方程: $p = \varepsilon_0 \beta E_{微观}$		

(续)

经典推导	半经典推导
微观极化率	
单振子模型：$\beta=\beta(\omega)=\dfrac{q^2}{\varepsilon_0 m}\dfrac{1}{\omega_0^2-\omega^2-2\mathrm{i}\omega\gamma}$	两能级系统：$\beta=\beta(\omega)=\dfrac{|p_{12}|^2}{\varepsilon_0\hbar}\cdot 2\omega_{21}\dfrac{(\rho_{11}^{(0)}-\rho_{22}^{(0)})}{\omega_{21}^2+\Gamma^2-\omega^2-2\mathrm{i}\omega\Gamma}$
推广到多振子模型：$\beta=\beta(\omega)=\dfrac{q^2}{\varepsilon_0 m}\displaystyle\sum_{j=1}^{M}\dfrac{f_j}{\omega_{0j}^2-\omega^2-2\mathrm{i}\omega\Gamma_j}$	推广到多能级系统：$\beta=\beta(\omega)=\displaystyle\sum_{l}\sum_{n>l}\dfrac{|p_{nl}|^2}{\varepsilon_0\hbar}\cdot 2\omega_{nl}\cdot\dfrac{(\rho_{ll}^{(0)}-\rho_{nn}^{(0)})}{\omega_{nl}^2+\Gamma_{nl}^2-\omega^2-2\mathrm{i}\omega\Gamma_{nl}}$
宏观介电函数和光学常数	
$\dfrac{\varepsilon(\omega)-1}{\varepsilon(\omega)+2}=\dfrac{N\beta(\omega)}{3}\Leftrightarrow\hat{n}(\omega)=n(\omega)+\mathrm{i}K(\omega)\equiv\sqrt{\varepsilon(\omega)}$	

现在，我们的任务是将通用方程(11.31)应用于薄膜光学中常用材料的描述。首先，我们将关注典型晶体和无定形固体的特性，该主题将着重在本书的第12章展开讨论。分子光谱的特定知识对于理解通过范德瓦尔力结合的薄膜的光学特性至关重要，但不在本书的讨论范围之内。感兴趣的读者可以参考相关的专业文献，例如 W. Demtröder: Molekülphysik, 2nd Edition, Oldenburg Wissenschaftsverlag GmbH(2013)，其中对本主题进行了详细说明。关于分子薄膜的主要光谱特征能级和矩阵元的细节，也可以在以下文献中找到一个不太精确但简明的综述：O. Stenzel: Optical coatings. Material aspects in theory and practice, Springer(2014)。

第 12 章 固 体 光 学

摘　要：从量子系统线性极化率的一般表达式出发，推导出光学各向同性固体的介电函数表达式。讨论了晶体中的直接和间接吸收过程，以及无定形固体光学特性的基本特征。推导出用于描述固体吸收边光谱形状的典型幂律关系式。

12.1　晶体介电函数的方程化处理（直接跃迁）

本章的目的不是为读者提供固体电子特性的完整理论，也不是从中推导出固体中光学跃迁的理论。相关内容，读者可以参考固体物理教科书。相反，在这里我们假设读者熟悉固体物理学的一般概念。特别是，需要熟悉关于结晶固体的能带结构基本知识以及声子和激子的基础知识。

在本节中，尝试将前一章的处理方法应用于固体光学常数中。我们将寻找一个介电函数的表达式，它似乎是第 11 章中通用表达式的特例。在第 11 章中我们推导出方程（11.31）：

$$\beta = \frac{2}{\varepsilon_0 \hbar} \sum_l \sum_{n>l} |p_{nl}|^2 \omega_{nl} \frac{(\rho_{ll}^{(0)} - \rho_{nn}^{(0)})}{\omega_{nl}^2 + \Gamma_{nl}^2 - \omega^2 - 2\mathrm{i}\omega \Gamma_{nl}}$$

让我们从晶体的情况开始。从固体物理学中可以知道，在周期性电势中运动的单个电子（单电子近似）具有连续的能量本征值谱，而不是到目前为止讨论的离散能级。"允许"能量值区域似乎被"禁止"能量区域彼此分开。根据晶体的定义特征，它们的存在是原子排列中平移对称性的直接结果。因此，在晶体物理学中，人们只讲"能带"而不是"能级"。此外，在每个能带中，电子能量是电子波矢 k 的连续函数。下面给出的主要理论适用于不同种类的晶体，无论它们是绝缘体，还是半导体或金属。然而，我们经常使用半导体领域的术语，原因很简单，在光谱学中检测到的电子跃迁通常发生在晶体的价带和导带之间。好的绝缘体通常在价带和导带之间具有很宽的能量间隔，因此它们在 NIR/VIS 区被视为透明的。相反，半导体中的吸收起始波长要长得多，在对半导体进行光谱分析时必须考虑吸收带的形状。因此，在多数情况下，我们将在价带和导带之间跃迁的讨论中使用半导体光学术语。

由于上面提到的能带结构,我们无法进一步使用第 10 章和第 11 章中假定的离散能级 E_n,需要用函数 $E_n(\boldsymbol{k}_n)$ 代替它们:

$$E_n \rightarrow E_n(\boldsymbol{k}_n)$$

量子数 n 现在用于计算能带而不是能级。因此,必须根据以下内容替换方程(10.19)跃迁频率:

$$\omega_{nl} = \frac{E_n - E_l}{\hbar} \rightarrow \frac{E_n(\boldsymbol{k}_n) - E_l(\boldsymbol{k}_l)}{\hbar}$$

因此,光的吸收可以使第 l 个能带、初始波矢量为 $\boldsymbol{k}_l$ 的电子跃迁到第 n 个能带。一般而言,由于准动量守恒其波矢也可能变为 $\boldsymbol{k}_n$。只要 $l \neq n$ 成立,这种跃迁称为带间跃迁。如果 $l = n$,称为带内跃迁,因为量子的初态和终态属于同一个能带。

在直接带间跃迁(没有声子产生或湮灭)的情况下,有:

$$\boldsymbol{k}_l \approx \boldsymbol{k}_n \equiv \boldsymbol{k} \Rightarrow \frac{E_n(\boldsymbol{k}_n) - E_l(\boldsymbol{k}_l)}{\hbar} = \frac{E_n(\boldsymbol{k}) - E_l(\boldsymbol{k})}{\hbar} \equiv \omega_{nl}(\boldsymbol{k})$$

原因在于,光的波长比晶格的周期大得多,因此,与布里渊区的尺寸相比,光波矢可以忽略不计。直接跃迁在图中用垂直箭头直观表示,如图 12.1 所示。请注意,直接跃迁只能作为带间跃迁发生。相反,任何带内跃迁必须是间接的($k_n \neq k_l$),这可以很容易地从图 12.1 中猜测到。在一般情况下,准动量不需要在动量的强烈意义上守恒,但可以随倒格矢的任意整数倍而改变。相应的跃迁称为倒逆过程,在此处不予讨论。

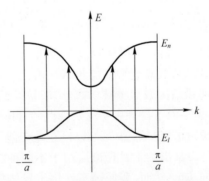

图 12.1　第 l 和第 n 个能带之间的直接转跃迁(带间跃迁),a 是晶格周期

与跃迁频率类似,方程(11.31)的其他值也依赖于电子波矢,尽管依赖性可能相对较弱。让我们进一步回顾一下,周期性电势中的电子波函数是非定域的。并且相比于局域电场,运动的电子可能会更容易受到介质电场的影响(比较表 3.2)。在这种情况下,根据洛伦兹-洛伦兹方程进行处理是没有意义的。因此,假设:

$$\varepsilon = 1 + N\beta$$

然而,根据泡利原理,任何量子态只能被一个电子占据。对所有被占据的量子态求和时就会自动对电子数求和。我们得到:

$$\varepsilon(\omega) = 1 + \frac{2}{\varepsilon_0 \hbar} \sum_k \sum_l \sum_{n>l} \frac{[\rho_{ll}^{(0)}(\boldsymbol{k}) - \rho_{nn}^{(0)}(\boldsymbol{k})] |p_{nl}(\boldsymbol{k})|^2 \omega_{nl}(\boldsymbol{k})}{\omega_{nl}^2(\boldsymbol{k}) + \Gamma_{nl}^2(\boldsymbol{k}) - \omega^2 - 2i\omega\Gamma_{nl}(\boldsymbol{k})}$$

$$= 1 + \frac{1}{4\pi^3 \varepsilon_0 \hbar} \int d^3\boldsymbol{k} \sum_l \sum_{n>l} \frac{[\rho_{ll}^{(0)}(\boldsymbol{k}) - \rho_{nn}^{(0)}(\boldsymbol{k})] |p_{nl}(\boldsymbol{k})|^2 \omega_{nl}(\boldsymbol{k})}{\omega_{nl}^2(\boldsymbol{k}) + \Gamma_{nl}^2(\boldsymbol{k}) - \omega^2 - 2i\omega\Gamma_{nl}(\boldsymbol{k})}$$

(12.1)

在推导方程(12.1)中,使用了如下变换:

$$\sum_k \rightarrow \frac{1}{(2\pi)^3} \int d^3\boldsymbol{k}$$

仅涉及直接跃迁时,方程(12.1)表示电子对晶体介电函数的贡献。而且,在目前的形式下,该方程仅在单个电子表象中有效,而不受电子间库仑相互作用的任何影响。当然,在具有充分填充电子带的固体中,必须用费米-狄拉克统计量(Fermi-Dirac)来计算密度矩阵的对角元,而不是使用玻尔兹曼统计量。

在固体物理学中,通常用电子动量算符而不是偶极矩算符的跃迁矩阵元来表示跃迁概率(就像我们所做那样)。在这种情况下,方程(12.1)也成立,但必须附加一个前置因子$[e/(m\omega)]^2$。

让我们看一些例子,以便对方程(12.1)描述的介电函数的形状有所了解。让我们考虑第 l 和第 n 能带的带间跃迁对介电函数的贡献。简单地说,假设第 l 个能带几乎完全填满($\rho_{ll}^{(0)} \approx 1 \; \forall k$;例如半导体的价带),而第 n 个能带基本上是空的($\rho_{nn}^{(0)} \approx 0 \; \forall k$;可能是导带)。在如图 12.1 所示的能带图中(假设各向同性),共振频率可由下式给出:

$$\omega_{nl}(\boldsymbol{k}) = \frac{1}{\hbar}\left[E_g + \frac{B}{2}(1-\cos ka)\right]$$

(12.2)

式中:E_g 是直接带隙;B 是表征带宽的常数。让我们进一步忽略方程(12.1)中其他参数对 k 的依赖性。然后,可以对方程(12.1)进行数值积分,直接计算 $l \rightarrow n$ 跃迁对系统介电函数的贡献。有趣的是,在带宽 B 和均匀线宽 Γ 的不同假设值下来进行计算。图 12.2 给出了两个例子。

在 $B \ll \Gamma$ 的情况下,能带结构不产生任何影响,根据经典图像或离散能级系统的量子力学处理可知,介电函数的虚部表现为典型的洛伦兹线形。相反,当均匀线宽 Γ 与带宽 B 相比可忽略时,介电函数的虚部在 $\hbar\omega = E_g$(所谓的吸收边)处显示出陡峭的起始点。因此,光学吸收特性的测量可以用来确定晶体中的直接带隙。对于 $\hbar\omega > E_g$，介电函数虚部的增加像在直接带隙附近允许电子跃迁的典型行为那样：

$$\mathrm{Im}\varepsilon \propto \sqrt{\hbar\omega - E_g}$$

在第 12.2 节中，将以不太正式的方式再现和解释这种行为。

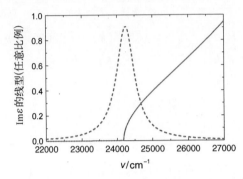

图 12.2　由方程(12.1)和方程(12.2)计算的介电函数虚部的形状，假设 $E_g = 3\mathrm{eV}$：实线，$B = 1\mathrm{eV}$，$\Gamma = 1\mathrm{cm}^{-1}$；虚线，$B = 0.01\mathrm{eV}$，$\Gamma = 300\mathrm{cm}^{-1}$

另一方面，根据系统的维数来检查介电函数的行为是很有趣的。图 12.2 清楚地对应于三维(3D)情况，并且根据以下方式在球坐标下进行计算：

$$3\mathrm{D}: \mathrm{d}^3\boldsymbol{k} = \mathrm{d}k_x \mathrm{d}k_y \mathrm{d}k_z \to 4\pi k^2 \mathrm{d}k$$

对 2D 和 1D 情况也可以进行相同的计算，我们获得：

$$2\mathrm{D}: \mathrm{d}^2\boldsymbol{k} = \mathrm{d}k_x \mathrm{d}k_y \to 2\pi k \mathrm{d}k$$

$$1\mathrm{D}: \mathrm{d}\boldsymbol{k} = \mathrm{d}k_x \to \mathrm{d}k$$

图 12.3 表示出在吸收边附近给出的介电函数虚部的形状，假设条件如下：

$$E_g = 3\mathrm{eV}; B = 1\mathrm{eV}; \Gamma = 1\mathrm{cm}^{-1}$$

很明显，这种依赖关系

$$\mathrm{Im}\varepsilon \propto \sqrt{\hbar\omega - E_g}$$

仅适用于三维情况。在二维情况下，更倾向于得到 $\mathrm{Im}\varepsilon \propto \mathrm{const}$。而在一维情况下：

$$\mathrm{Im}\varepsilon \propto \frac{1}{\sqrt{\hbar\omega - E_g}} \quad \text{适用}$$

在所谓的量子阱结构或超晶格理论中，电子在周期性电势中的二维运动的介电函数的上述行为是至关重要的。一维情况实际上与所谓的量子线有关。特别是，直接间隙处的奇异性对于实现发光元件所需的高振荡器强度具有重要的实际意义。

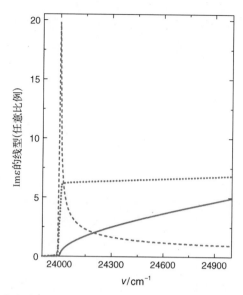

图 12.3 根据方程(12.1)和方程(12.2)计算的吸收边附近的介电函数虚部形状。实线表示 3D,点表示 2D,虚线表示 1D

12.2 联合态密度

现在我们进一步定性地理解方程(12.1)的物理意义。本节的目的是为读者提供图 12.2 和图 12.3 中所示光谱形状的简洁推导。在直观层面上,很明显,介电函数的虚部应该与偶极算符的跃迁矩阵元的平方与在给定跃迁频率下有助于跃迁的量子态密度 D 的乘积成正比,写成下式:

$$\mathrm{Im}\varepsilon \propto D(\omega_{nl})|p_{nl}|^2 \qquad (12.3)$$

让我们再次集中讨论直接跃迁的情况,此时电子波矢量不会因量子跃迁而改变。ω_{nl} 由同一波矢量中两个能带之间的能量间隔给出,得到:

$$\mathrm{Im}\varepsilon \propto D[E_n(\boldsymbol{k})-E_l(\boldsymbol{k})]|p_{nl}(\boldsymbol{k})|^2$$

如在 12.1 节中,我们在开始时假设跃迁矩阵元是不等于零的常数。在这种情况下,介电函数的行为由成对的量子态的密度决定,这些量子态对具有相同的波矢,并以给定的合适能量间隔彼此分开。我们将这种态密度称为联合态密度,因为它取决于参与量子跃迁的两个能带的特征。

让我们仔细研究尚未定量定义的 D 值。对于如图 12.1 所示的能带结构,参数 $E_n(k)-E_l(k)$ 如图 12.4 所示。在半导体物理学中,当上述的两个带分别与价带和导带相关时,$E_n(k)-E_l(k)$ 的最小值就称为半导体的直接带隙。

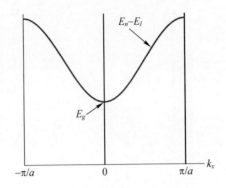

图 12.4　图 12.1 中能带的能量间隔作为电子波矢量的函数

想象一下,对于具有如图 12.4 所示 $E_n(k) - E_l(k)$ 特性的系统,用足够低频率的光照射,从而满足 $\hbar\omega < E_g$,显然该系统没有光的吸收。在 $\hbar\omega = E_g$ 处开始产生强烈的吸收,其对应于布里渊区中心的跃迁($k = 0$)。原因是,在 $k = 0$ 时,导数:

$$\frac{d[E_n(\boldsymbol{k}) - E_l(\boldsymbol{k})]}{d\boldsymbol{k}} = 0$$

因此,大量的量子态对参与了光学跃迁,这通常导致光吸收光谱中的尖锐吸收特征,对于 $k \pm \pi/a$ 同样成立。

我们得出结论,介电函数虚部的显著特征由导数的特性决定:

$$\frac{d[E_n(\boldsymbol{k}) - E_l(\boldsymbol{k})]}{d\boldsymbol{k}}$$

特别地,该导数等于零的点被称为范霍夫奇点。实际上这意味着,在范霍夫奇点中,第 l 和第 n 个能带中的色散曲线 $E(k)$ 彼此局部平行(图 12.1)。因此,在范霍夫奇点中,我们观察到大量相同能量间隔的量子态对。当光子能量与该特定能量间隔共振时,这就产生了光谱的特征。

现在让我们推导联合态密度的定量表达式。在给定 k 区间中的量子态数由下式给出:

$$dZ = \frac{2V}{(2\pi)^3} dk_x dk_y dk_z$$

引入因子 2 是为了解释量子态电子自旋的简并性。在球坐标系中(在光学各向同性材料中有意义),有:

$$3\mathrm{D}: \mathrm{d}k_x \mathrm{d}k_y \mathrm{d}k_z = 4\pi k^2 \mathrm{d}k \Rightarrow \mathrm{d}Z = \frac{8\pi k^2 V}{(2\pi)^3}\mathrm{d}k$$

$$= \frac{Vk^2}{\pi^2 \dfrac{\mathrm{d}[E_n(k)-E_l(k)]}{\mathrm{d}k}} \mathrm{d}[E_n(k)-E_l(k)] \tag{12.4}$$

因此,态密度 $D(k)$ 由下式给出:

$$\mathrm{d}Z \equiv D(k)\mathrm{d}k \Rightarrow D(k) = \frac{Vk^2}{\pi^2}$$

完全类比,联合态密度 $D[E_n(k)-E_l(k)]$ 可以定义为

$$\mathrm{d}Z = D[E_n(k)-E_l(k)]\mathrm{d}[E_n(k)-E_l(k)] \tag{12.5}$$

最后比较方程(12.4)和方程(12.5),得到表达式:

$$D[E_n(k)-E_l(k)] = \frac{Vk^2}{\pi^2 \dfrac{\mathrm{d}[E_n(k)-E_l(k)]}{\mathrm{d}k}} \tag{12.6}$$

方程(12.6)显然只在三维情况下有效,它在范霍夫奇点确实表现出奇异行为。通常,它由所考虑材料的特定能带结构决定。

现在来看图 12.4 的情况。当 $k \to 0$ 时,显然有:

$$E_n(k) - E_l(k) = E_g + \mathrm{const.}^* k^2 = \hbar\omega$$

所以

$$k \propto \sqrt{\hbar\omega - E_g}$$

和

$$\frac{\mathrm{d}[E_n(k)-E_l(k)]}{\mathrm{d}k} \propto k \propto \sqrt{\hbar\omega - E_g}$$

从方程(12.6)可以得到

$$D[E_n(k)-E_l(k)] \propto \sqrt{\hbar\omega - E_g}; \hbar\omega > E_g \tag{12.7}$$

这在三维情况下对于略高于吸收边的光频率是有效的。根据方程(12.3),我们必须期望介电函数虚部的形状类似于 $(\hbar\omega - E_g)$ 的平方根,这就解释了图 12.2 和图 12.3 中实线的特性。

对于 2D 和 1D 的情况可以进行类似的讨论,读者自己可以轻松地完成。我们得到 ($\hbar\omega > E_g$):

$$\begin{cases} 3\mathrm{D}: \mathrm{d}^3\boldsymbol{k} = \mathrm{d}k_x \mathrm{d}k_y \mathrm{d}k_z \to 4\pi k^2 \mathrm{d}k \Rightarrow D[E_n(k) - E_l(k)] \propto \sqrt{\hbar\omega - E_g} \\ 2\mathrm{D}: \mathrm{d}^2\boldsymbol{k} = \mathrm{d}k_x \mathrm{d}k_y \to 2\pi k \mathrm{d}k \Rightarrow D[E_n(k) - E_l(k)] \propto \mathrm{const} \\ 1\mathrm{D}: \mathrm{d}\boldsymbol{k} = \mathrm{d}k_x \to \mathrm{d}k \Rightarrow D[E_n(k) - E_l(k)] \propto \dfrac{1}{\sqrt{\hbar\omega - E_g}} \end{cases} \quad (12.8)$$

我们发现,图 12.3 中的不同曲线与相关维度的联合态密度的形状类似,与其他任何东西都不相似。

正如在本节开头已经提到的那样,我们假设方程(12.3)中的跃迁矩阵元不等于零,且不强烈依赖于电子波矢量 k,这对于所谓"允许的"电子跃迁是正确的。

现在我们将通过一个特例解释"禁止电子跃迁"这个令人困惑的名称。在晶体光学中,这意味着在布里渊区的中心($k=0$)禁止跃迁,但允许 k 值不等于零。跃迁矩阵元很正式地可以根据以下条件展开为幂级数:

$$p_{nl}(\boldsymbol{k}) = p_{nl}(0) + \frac{\partial p_{nl}(0)}{\partial k} k + \cdots$$

在禁止跃迁的情况下,$p_{nl}(0) = 0$,并且对于 $k \to 0$,其结果是

$$p_{nl}(\boldsymbol{k}) \propto k$$

在这种情况下,从方程(12.3)可以得到以下表达式:

$$\mathrm{Im}\varepsilon \propto D[E_n(\boldsymbol{k}) - E_l(\boldsymbol{k})] k^2 \propto \sqrt{\hbar\omega - E_g}^3; \quad \hbar\omega > E_g \quad (12.9)$$

式(12.9)对于三维情况仍然有效。

到目前为止,我们的讨论仅限于在周期电势中运动的单个电子的光学响应。我们将不讨论考虑电子之间的库仑相互作用的多电子理论。但到目前为止,我们所获得的知识足以解释半导体光学中最重要的另一个效应:想象一下图 12.1 所示的情况。众所周知,从 l 能带(价带)到 n 能带(导带)激发的电子将在价带中留下空穴。在它们各自的能带中,所产生的传导电子和空穴都将以与带能量相对于波矢量的一阶导数确定的群速度运动(对比方程(9.11))。在一般情况下,这些速度是不同的,因此电子和空穴会迅速彼此分开。然而,在带边处群速度是相同的,因此电子和空穴在空间上保持彼此接近,并形成新的准粒子,即万尼尔-莫特(Wannier-Mott)激子。类似于氢原子,这种激子具有类似里德堡的能级,有助于半导体的光吸收行为。如图 12.5 所示,在吸收边区出现了不同激子能级激发的尖锐吸收线。

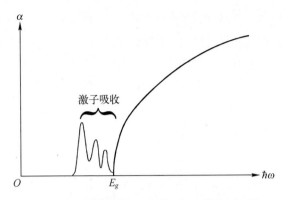

图 12.5 直接带隙半导体吸收边区的激子吸收

12.3 间接跃迁

到目前为止,我们只考虑了直接跃迁。在实际的半导体中,似乎许多半导体都属于间接型半导体。在间接半导体中,价带和导带之间的间接带间跃迁会发生在光子能量低于直接带隙的情况。换句话说,当下列条件满足时,半导体是间接的:

间接带隙 $E_{g,\text{ind}}$
$$\equiv [E_n(\boldsymbol{k}_n) - E_l(\boldsymbol{k}_l)]|_{k_n \neq k_l} < \min [E_n(\boldsymbol{k}_n) - E_l(\boldsymbol{k}_l)]|_{k_n = k_l}$$
$$\equiv 直接带隙 \ E_g$$

这种情况如图 12.6 所示。

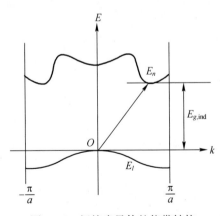

图 12.6 间接半导体的能带结构

现在让我们看看间接间隙的吸收线形状是怎样的。

与之前讨论的直接跃迁情况的主要区别在于,不符合电子准动量守恒。实际上,当光的吸收伴随着一个或多个声子的产生或湮灭时,处于初态和终态的电子波矢量会有明显差异。忽略光波矢,准动量守恒得出:

$$\boldsymbol{k}_n - \boldsymbol{k}_l \approx \pm \sum \boldsymbol{k}_{声子} (\pm 倒格矢)$$

此外,根据能量守恒有:

$$E_n - E_l = \hbar\omega \pm \sum E_{声子}$$

这里,符号"+"对应于声子湮灭,而"-"表示声子的产生。由于不符合电子准动量守恒,因此联合态密度与吸收过程的定量描述无关。取而代之的是,考虑到量子的初态和终态的密度卷积更有意义。因此,使用以下方程代替方程(12.3):

$$\mathrm{Im}\varepsilon \propto |p_{nl}|^2 \int_{-\infty}^{\infty} D_l(E) D_n(E + \hbar\omega \pm \sum E_{\mathrm{phonon}}) \mathrm{d}E \qquad (12.10)$$

式中:D为方程(12.10)中下角标所示的对应能带中的通常态密度。同样,在如图12.6所示的$E(k)$关系图的极值附近,能量与波矢的平方成正比。与前一节中的处理类似,假设:

$$\mathrm{d}Z = D(k)\mathrm{d}k = \frac{D(k)}{\dfrac{\mathrm{d}E}{\mathrm{d}k}}\mathrm{d}E \equiv D(E)\mathrm{d}E \Rightarrow D(E) \propto k(E)$$

$$\Rightarrow D_l(E) \propto \sqrt{-E}; E<0; D_n(E) \propto \sqrt{E-E_{g,\mathrm{ind}}}; E>E_{g,\mathrm{ind}}$$

然后,从方程(12.10)得到:

$$\mathrm{Im}\varepsilon \propto \int_{0 \mp \sum E_{声子}}^{E_{g,\mathrm{ind}}-\hbar\omega \mp \sum E_{声子}} \sqrt{-E} \sqrt{E - E_{g,\mathrm{ind}} + \hbar\omega \pm \sum E_{声子}} \mathrm{d}E; \hbar\omega > E_{g,\mathrm{ind}}$$

我们不需要精确地计算这个积分,只想知道介电函数与频率依赖关系。通过替换:

$$-z = -E_{g,\mathrm{ind}} + \hbar\omega \pm \sum E_{\mathrm{phonon}}$$

我们发现:

$$\mathrm{Im}\varepsilon \propto \int_0^z \sqrt{Ez - E^2} \mathrm{d}E$$

被积函数本身表示直径为z的半圆,其中心在横坐标上为$z/2$。因此,它包括与z^2成比例的面积。积分函数与z^2成正比,我们得到介电函数:

$$\mathrm{Im}\varepsilon(\omega) \propto (\hbar\omega - E_{g,\mathrm{ind}} \pm \sum E_{声子})^2; \hbar\omega > E_{g,\mathrm{ind}} \mp \sum E_{声子} \qquad (12.11)$$

我们看到,方程(12.11)与方程(12.7)和方程(12.9)不同,它适用于直接跃迁。

在转向讨论下节中的另一类重要固体(无定形固体)之前,简要总结一下迄今为止我们对晶体及其光学特性的相关认识。

重点是,在固态物理学中,我们处理能带问题而不是原子或分子能级。在晶体物理学中,这些能带由 $E(k)$ 表征。如同在分子一样,电子激发会伴随振动自由度的激发,从而导致晶体中的光学跃迁分为直接跃迁和间接跃迁。两种类型的跃迁在它们的能量平衡和吸收开始附近的吸收形状上彼此不同。图 12.7 总结了这些因素。

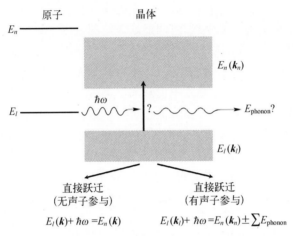

图 12.7　晶体中的光学带间跃迁,E_p 表示声子能量

表 12.1 总结了幂律关系的类型,用来描述吸收边区(带间跃迁)晶体介电函数虚部的光谱特征。

表 12.1　描述晶体吸收边形状幂律的总结

跃迁类型	Im$\varepsilon \propto$
3D,允许直接跃迁	$(\hbar\omega - E_g)^{\frac{1}{2}}$
2D,允许直接跃迁	$(\hbar\omega - E_g)^0$
1D,允许直接跃迁	$(\hbar\omega - E_g)^{-\frac{1}{2}}$
3D,禁止直接跃迁	$(\hbar\omega - E_g)^{\frac{3}{2}}$
3D,间接跃迁	$(\hbar\omega - E_g \pm \sum E_{\text{phonon}})^2$

12.4 无定形固体

12.4.1 主要考虑

现在让我们来讨论无定形固体。一般而言，无定形固体在原子排列中缺乏长程有序（晶体的特征）但存在短程有序。光学玻璃是无定形固体作为光学材料的典型应用实例。

应该指出的是，无定形固体不应与完全无序的物质相混淆。例如，稀释气体中的原子位置完全呈现出无序状态，明显缺乏短程有序。另一方面，在无定形固体中，短程有序对其电学和光学特性非常重要。理查德·扎伦（Richard Zallen）提到了一个非常简单而有用的思想实验，用以区分无定形固体和无序系统：想象一个记忆力不好的人（当然不是本书的读者），他从一个无定形结构和一个无序系统中只是拿走一个原子。几天后，他想将原子重新插入原来的位置。显然，他已经忘记了原子被拿走的位置。但毫无疑问，只要看一下无定形结构中剩余原子的位置，就可以识别被拿走原子的邻位，这样他就可以将原子重新插入原来的位置。然而，在无序系统中，剩余的原子位置将不会为拿走的原子位置提供任何线索，所以将无法识别先前的原子位置。当然，记忆力差的女性进行该实验同样会成功。

实际上，无定形固体可以用原子的径向分布函数（RDF）来识别，例如通过电子衍射等实验来确定。在有限温度下的实际晶体中，RDF 在十几个配位壳层中显示出清晰的峰。在无序系统中，通常不存在峰，但 RDF 随原子间的距离呈平滑抛物线状增长。在无定形固体中，RDF 会呈现分别对应于第一、第二和第三相邻距离的峰，其他部分就像稀薄气体的无序结构一样。因此，无定形固体类似于其晶体的一些性质（短程有序），而基于长程有序的特性在无定形固体中找不到。

这些一般性考虑在这里可以作为无定形固体光学特性的介绍。为了与前几章的内容相对应，我们将着重讨论无定形半导体，无定形半导体在薄膜太阳能电池中是非常重要的。

在无定形固体中，原子间距离与晶体中的距离相当。因此，原子的电子波函数的空间重叠产生类似于晶体的具有允许电子能量值的宽能量区。另一方面，由于原子排列中不存在平移不变性，因此不能使用布洛赫定理来描述电子波函数。这有几个结论：

(1) 尽管存在允许电子能量值的宽能区，但是没有像晶体一样的与 $E(k)$ 的关系。然而,在无定形半导体理论中谈论能带是很常见的。

（2）除了周期电势特征的非定域电子态特征外,还可能存在电子局域量子态(安德森(Anderson)局域化),它们甚至可以延伸到禁带区(图 12.8 中未显示)。

（3）光学跃迁中没有准动量守恒。

（4）没有联合态密度。

然而,我们仍然可能会引入一个传统的态密度定义:

$$dZ \equiv D(E)dE$$

式中:dZ 还是给定 E 间隔中的量子态总数。在无定形半导体物理学中,存在几种模型来描述价带和导带中的态密度。图 12.8 显示了价带和导带之间能隙附近的态密度例子。其特征在于,在能带边附近,电子态是空间局域化的(图 12.8 中的灰色区域)。这种处于局域量子态的电子仅具有很小的迁移率,因此 E_C 和 E_V 被称为迁移率边,而 E_C-E_V 的值表示为"迁移率隙",这对于描述无定形半导体的电特性是至关重要的。

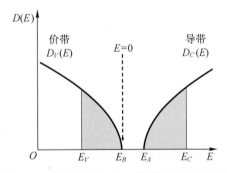

图 12.8　无定形半导体中态密度的可能形状

关于光学特性(特别是光的吸收),在如图 12.8 所示的系统中,我们需要区分两种完全不同的情况:

（1）量子跃迁的初态和终态都是空间局域化。

（2）至少有一个参与的量子态是非定域的。

对于非零的跃迁矩阵元,有必要使量子态的初态和终态的波函数在空间上重叠(见方程 10.21),这对于非定域态的量子跃迁是满足的。然而,对于局域量子态,即使量子态之间的能量间隔合适,该要求也不可能导致发生量子跃迁。因此,可以想象,与局域态之间的跃迁相比,涉及非定域量子态的跃迁对全吸收光谱的贡献更大。

介电函数虚部的计算符合 12.3 节的理论(间接跃迁)。由于忽略电子准动

量守恒,因此可以根据方程(12.10)得到:

$$\mathrm{Im}\varepsilon \propto |p_{nl}|^2 \int_0^{-\hbar\omega} D_V(E) D_C(E+\hbar\omega) \mathrm{d}E \qquad (12.12)$$

让我们假设,足够高的光频率可以产生从价带底到导带的跃迁。因此,我们将考虑无结构的导带,它可用以下阶跃函数来描述:

$$D_C(E) \propto \theta(E-E_C) \Rightarrow D_C(E+\hbar\omega) \propto \theta(E-E_C+\hbar\omega)$$

从方程(12.12)得到:

$$\mathrm{Im}\varepsilon \propto |p_{nl}|^2 \int_0^{E_C-\hbar\omega} D_V(E) \mathrm{d}E \Rightarrow \frac{\mathrm{d}}{\mathrm{d}\omega}\left[\frac{\mathrm{Im}\varepsilon(\omega)}{|p_{nl}|^2}\right] \propto D_V(E_C-\hbar\omega) \quad (12.13)$$

因此,只要导带可以被认为是无结构的,就可以了解介电函数和跃迁矩阵元的行为,从而确定价带的形状。

12.4.1.1 Tauc 带隙和 Urbach 尾

现在来看一个不常发生但更有趣的例子,使量子跃迁预计发生在带边区。这将使我们对无定形半导体中吸收边的形状有所了解。为了简单起见,完全类比于晶体中的间接跃迁,假设能带边为抛物线形状,我们得到:

$$D_V(E) \propto \sqrt{-E}; D_C(E+\hbar\omega) \propto \sqrt{E+\hbar\omega-E_0} \Rightarrow$$
$$\mathrm{Im}\varepsilon(\omega) \propto |p_{nl}|^2 (\hbar\omega-E_0)^2 \qquad (12.14)$$

式中:E_0 表示材料的光学带隙(对于图 12.8 所示的系统,它总是低于迁移率隙)。如果在感兴趣的频率范围内折射率色散可以忽略不计,并且如果方程(12.14)中偶极算符的矩阵元也是常数,则从方程(12.14)、方程(2.18)和方程(2.20a)可以得到吸收系数如下:

$$\sqrt{\frac{\alpha(\omega)}{\omega}} \propto (\hbar\omega-E_0) \qquad (12.15)$$

这个方便的表式达将吸收系数与光学带隙联系起来,因此,光学带隙可以根据吸收系数的实验数据确定,并通过方程(12.15)拟合数据得到。由此得到的光学带隙称为 Cody 带隙,它与要求偶极算符跃迁矩阵元为常数有关。

当假设动量算符矩阵元为常数时,稍微修改可以得到吸收系数的关系。我们必须要求 $|p_{nl}|^2\omega^2 = $ 常数,代替方程(12.15)有:

$$\sqrt{\alpha(\omega)\omega} \propto (\hbar\omega-E_0) \qquad (12.16)$$

由此定义的光学带隙称为 Tauc 带隙。它可以方便地从所谓的 Tauc 图中确定,其中

$$\sqrt{\alpha(\omega)\omega}$$

是相对于光子能量绘制的,Tauc 带隙在实际应用中通常用于表征无定形材料的

光学特性。

尽管如此,本节中定义的所有光学带隙都是像方程(12.15)和方程(12.16)这样依赖关系的拟合参数。这与晶体中定义的禁带不同。在晶体中能带与$E(k)$直接相关,而在无定形固体中,即使在如图12.8中的"禁带",还存在一定的局域态密度。因此,对于无定形半导体,不能很好地定义"光学带隙"的界限。另一方面,通过类似于方程(12.16)的依赖性引入光学间隙,至少给出了用于明确且方便地确定参数的方法,该参数可在光学应用时判断制备的材料的特性。因此,这些参数被广泛用于半导体应用的研究。

注释: 再次注意,仅在假定折射率色散可忽略不计时,尤其是与频率无关的跃迁矩阵元,才从方程(12.14)推出方程(12.15)和方程(12.16)。对于接近方程(12.15)或方程(12.16)带隙的光子能量,从图12.8可以看出,局域到局域的跃迁对方程(12.14)中的积分有贡献,但它们的跃迁矩阵元模量肯定小于涉及非定域态的跃迁矩阵元模量。因此方程(12.15)或方程(12.16)的应用似乎与光子能量有关,而光子能量略高于光学带隙。在实际应用中,方程(12.15)或方程(12.16)用于拟合实验确定频率大约在$10000\mathrm{cm}^{-1}$的吸收系数。

此外,应该清楚的是,根据方程(12.16)由实验确定的吸收系数不应被视为方程(12.14)中假定的态密度行为有效性的证明。可以很容易地看出,假设$D(E)$形状完全相同就可以获得相同类型的吸收系数形状。暂时回到图12.8,与图12.8展示的能带形状相反,我们假设,在带尾(图12.8中表示局域态的灰色区域)态密度随能量线性增加。例如,对于价带的带尾,我们假设:

$$D_V(E) \propto -E$$

另一方面,假设导带是无结构的:

$$D_C(E) \propto \theta(E-E_C)$$

现在考虑从价带尾到导带的跃迁。忽略局域态之间的跃迁,得到:

$$\mathrm{Im}\varepsilon \propto |p_{nl}|^2 \int_0^{-\hbar\omega} D_V(E) D_C(E+\hbar\omega)\mathrm{d}E \propto |p_{nl}|^2 \int_0^{E_C-\hbar\omega} D_V(E)\mathrm{d}E$$

$$\propto |p_{nl}|^2 \int_0^{E_C-\hbar\omega} E\mathrm{d}E \propto |p_{nl}|^2 (\hbar\omega - E_C)^2 \qquad (12.17)$$

注意,可以直接从方程(12.13)获得相同的结果。它与方程(12.14)中的频率依赖关系完全相同,尽管后者是通过假设能带边为抛物线形状获得的。方程(12.17)中光学带隙的物理意义与方程(12.14)中的光学带隙不同,现在与

(E_C-E_B)相同。我们也可以扩展到从价带到导带尾的跃迁,在这种情况下,观察到的光学带隙对应于(E_C-E_B)和(E_A-E_V)的较低值。

我们已经提到过,通常会观察到大于 10000cm^{-1} 的基本吸收边处吸收系数的幂律关系为方程(12.14)~方程(12.17)。在较低吸收的频率区,经常观察到吸收系数随频率呈指数增加,这种所谓的 Urbach 尾是固体光学中一种普遍的无序诱导特征。由于晶格原子的热运动,它在晶体中的基本吸收边也是明显的。在 Urbach 尾部频率区的吸收系数由下式给出:

$$\alpha(\omega) = \alpha_{00} e^{\frac{\omega}{\omega_{00}}} \quad (12.18)$$

式中:α_{00} 和 ω_{00} 是常数。对吸收系数的指数特性有几种解释。根据方程(12.12),它可能是由带尾的态密度呈指数增长引起的。指数行为也可能由于矩阵元的频率依赖性所导致的。我们不会讨论这些理论,而是看一个例子,方程(12.18)和方程(12.16)所描述的吸收定律如何在实践中起作用。

例如,看一下沉积在熔融石英基板上的无定形氢化碳(a-C:H)薄膜。碳膜是通过等离子体沉积技术制备的,其厚度约 820nm。该样品的实测透射和反射光谱如图 12.9(a)和 12.10(a)所示,分别由实心圆和空心圆表示(其下标为"exp")。然后通过曲线拟合的方法拟合光谱(见 7.4.6 节)。根据方程(4.9),假设折射率为

$$n^2 = A + B\nu^2$$

使用方程(12.16)或方程(12.18),在全光谱区都不能完全拟合实测光谱。因此,将光谱细分成两个频率区,分别在这两个频率区拟合,假设:

$$v < 13000\text{cm}^{-1}: \alpha(v) = \alpha_{00} e^{\frac{v}{v_{00}}} (\text{Urbach})$$

$$v > 13000\text{cm}^{-1}: \sqrt{\alpha(v)v} = \text{const} \cdot (hcv - E_0) (\text{Tauc})$$

在每一个吸收系数方程中,仅需要通过拟合确定两个参数。图 12.9(a)显示了低波数下的拟合效果,假设根据 Urbach 定律吸收系数呈指数增加。在较高的波数下,理论计算的光谱(下标为"theor")与实测光谱("exp")有明显偏差。图 12.9(b)给了相应的光学常数,对 13000cm^{-1} 以下的波数有效。除了吸收系数的指数增加外,我们注意到折射率的正常色散。所有的拟合都是根据方程(7.25)、方程(7.26)和方程(7.12)~方程(7.15)对方程(7.27)进行最小化处理。

图 12.10(a)显示了较高波数的拟合效果,假设吸收系数满足 Tauc 定律。高波数处的拟合非常好,但是在低波数处拟合不理想。光学常数(图 12.10(b))表明折射率具有反常色散,这在高吸收区是合理的。通过这种方式确定 Tauc 带隙 E_0 等于 1.14eV。

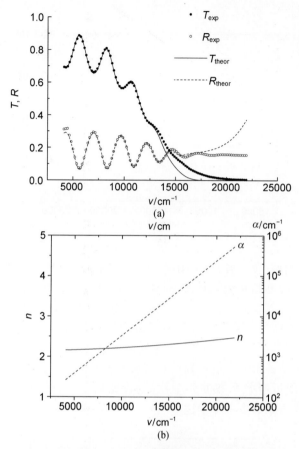

图 12.9 (a) 熔融石英基板上 a-C:H 薄膜的长波光谱拟合,假设(12.18)为
吸收系数,(4.9)为折射率;(b) 对应于(a)中理论光谱的光学常数。

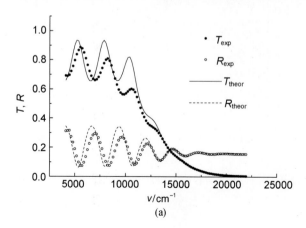

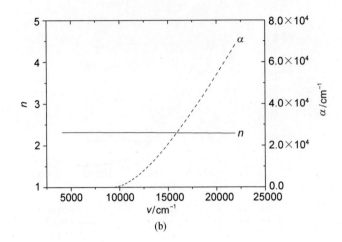

图 12.10 （a）熔融石英基板上 a-C:H 薄膜的短波光谱拟合结果,假设根据方程(12.16)获得为吸收系数,根据方程(4.9)获得折射率;(b) 对应于(a)中理论光谱的光学常数

最后结合两种拟合结果就可以获得最终结果。如图 12.11 所示,绘制出了全波长范围内的光学常数。显然,从波数为 $13000cm^{-1}$ 以下几乎连续的特征可以看出,两个模型获得的光学常数都具有良好的一致性。因此,图 12.11 绘制了在基本吸收边附近吸收系数的典型特征:较低频率处有指数关系的 Urbach 尾区,在吸收区吸收系数由幂律描述。

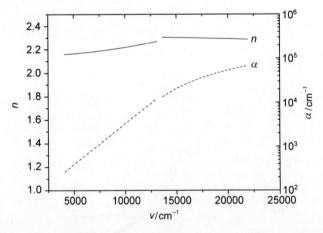

图 12.11 通过联合方程(12.18)和方程(12.16)得到的光学常数

12.5 第 10~11 章及本章内容回顾

12.5.1 主要结果概述

第 10~11 章和本章的主要内容是专门讨论了不同物质光学常数的半经典理论。现在简要回顾本书第三部分的主要结果。

(1) 对于具有离散能级的量子系统,介电函数由入射光诱导的量子跃迁的共振频率和强度决定。它具有与经典理论中多振子模型相同的频率依赖关系。在量子力学描述中,经典的共振频率用能级之间的跃迁频率取代。量子跃迁的强度由微扰算符的跃迁矩阵元和参与能级的集居粒子数决定。

(2) 给定微扰算符的跃迁矩阵元允许将量子跃迁分类为允许或禁止的跃迁。在光谱学中,通常将材料系统(原子、分子或晶体中的晶格)之间的电偶极相互作用看成引起跃迁的微扰是足够的。如果偶极跃迁矩阵元为零,则跃迁是偶极禁戒的。如果矩阵元不为零,则相应的跃迁是允许的。

(3) 如果在两个能级之间发生了粒子数反转,则系统不会以相应的共振频率吸收光,而是倾向于通过受激发射放大入射光,这种效应就是激光器工作原理的基础。

(4) 在晶体固体中,用能带代替离散的能级。从准动量守恒出发,在直接跃迁的情况下,联合态密度决定了介电函数特征,这在宽能带共价材料中尤其明显。在分子固体中,分子之间的电子波函数重叠可能很小,因此计算出的带宽也很小。这种材料的光学特性接近于构成固体的分子的特性。因此,这些薄膜的光谱可以用一些洛伦兹振子近似。例如,图 12.12(a) 显示了在熔融石英上 18nm 厚酞菁铜(CuPc)薄膜的正入射透射和反射光谱。在图 12.12(b) 可以看到相应的光学常数,它们与多振子模型中已知的结果高度接近(图 4.2)。

1. Aspnes D. E., Studna A. A.: Dielectric functions and optical parameters of Si, Ge, GeAs, GeSb, InP, InAs and InSb from 1.5 to 6.0 eV // Phys. Rev. B. - 1983. -27, N2. -P. 985-1009.
2. Соболев В. В., Алексеев С. А., Донецких В. И. Расчеты оптических функций полупроводников по соотношениям Крамерса-Кронига. -Кишинев: Штиинца, 1976(in Russian) (engl.: calculation of semiconductor optical functions from Kramers-Kronig-relations)

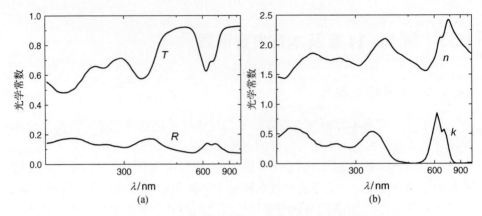

图 12.12 CuPc 薄膜的光谱(a)和相应的光学常数(b)

当必须明确考虑能带结构 $E(k)$ 时,所得到的介电函数的形状变得更加复杂。虽然它可以用洛伦兹振子的连续分布来近似(对于直接跃迁,根据方程(12.1)得出),但它由联合态密度决定,特别是范霍夫奇点。例如,图 12.13 和图 12.14 显示了硅和锗的介电函数。在这些实验曲线中,给定的光子能量范围内所有直接和间接跃迁都影响介电函数。

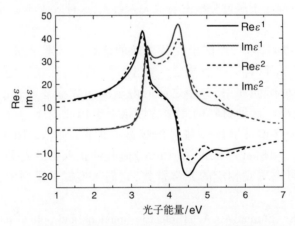

图 12.13 从两处文献获得的晶体硅的介电函数与光子能量的关系(见彩插)

在无定形固体中,吸收边通常由幂律吸收区决定,在较高的波长下则是 Urbach 带尾区。

12.5.2 问题

(1) 估计被激发的离散量子态的寿命,该量子态通过偶极辐射发射光子而弛豫到基态。在方程(10.52)中,电荷等于基本电荷,坐标的跃迁矩阵元为 10^{-8} cm,辐射波长为 500nm。

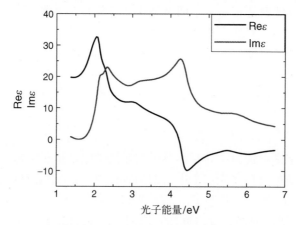

图 12.14 晶体锗的介电函数与光子能量关系,数据来自图 12.13 中的参考文献 2(见彩插)

答案:$\tau \approx 1.6 \times 10^{-8}$ s

注释:这是允许偶极跃迁的典型辐射寿命(比较 4.1 节),跃迁矩阵元的绝对值越小寿命越长。

(2) 根据普朗克方程,讨论地面的太阳光光谱,并将其与你在陆地条件下获得的经验进行比较。太阳的表面温度接近 6000K。

(3) 想象一下一个电子,它被允许在两个长度为 L 的不渗透壁之间进行一维运动(如图 10.3 所示)。电子波函数由下式给出:

$$\psi_n(x) = \sqrt{\frac{2}{L}} \sin\left(\frac{n\pi x}{L}\right); n = 1, 2, 3, \cdots$$

本征值为

$$E_n = \frac{\hbar^2 \pi^2 n^2}{2mL^2}; n = 1, 2, 3, \cdots$$

计算两个任意能级 l 和 n 之间的电偶极子的跃迁矩阵元,结果为 $p_{nl}^2 = q^2 \frac{64L^2}{\pi^4} \frac{n^2 l^2}{(n-l)^4 (l+n)^4} (l-n \text{ 为奇数})$

并且当 $(l-n)$ 为偶数时,$p_{nl} = 0$。q 和 m 分别表示电子电荷和质量。

注释：大量的量子跃迁实际上是偶极禁戒的。这是从量子力学中推导出的更普遍的选择规则的一个特别结论：在中心对称势中，在坐标图中薛定谔方程的解是相对于空间反演中心坐标的偶函数或奇函数，这些量子态被称为具有偶宇称或奇宇称。因为坐标本身是奇函数，所以看起来偶极跃迁可能仅发生在具有不同奇偶性的量子态之间。实际上，所考虑的量子阱是中心对称的，并且允许的跃迁对应于从偶数到奇数函数的跃迁，反之亦然，但从偶函数到偶函数或从奇函数到奇函数是禁止的。

奇偶选择定则在任何中心对称系统的光谱学中都是非常重要的。该选择规则的一个特殊结论是振动光谱学中所谓的替代规则：在中心对称系统中，红外主动跃迁（红外中允许偶极跃迁，这是振动光谱学中的典型跃迁）不能是拉曼主动跃迁（在拉曼光谱中允许），反之亦然。原因如图12.15所示。

在图12.15中，通过另一个奇偶性中间能级的拉曼过程，可以在两个相同奇偶性能级之间进行光学跃迁。另一方面，拉曼过程不能在不同奇偶性能态之间发生，因为中间能级必须与能级1和能级2之一具有相同的奇偶性。因此，红外（透射或反射）光谱和拉曼光谱是互补的，并可能产生不同的量子跃迁信息。这在中心对称分子系统以及特殊晶体中非常重要。

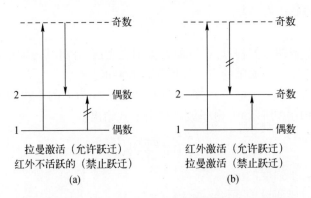

图12.15　替代规则的可视化。(a) 1和2之间的跃迁是偶极子禁止的，但允许拉曼跃迁；(b) 1和2之间的跃迁允许偶极子，但禁止拉曼跃迁

在薄膜技术方面，可以将金刚石薄膜（不应与类金刚石薄膜混淆）作为一个典型例子：通常金刚石薄膜的拉曼光谱是衡量薄膜质量的一个标准，其原因是金刚石薄膜的带中心光学声子是拉曼活性，而不是红外活性。

(4) 能态 l 和 n 之间单电子的量子跃迁振子强度定义为

$$f_{nl} = \frac{2m \, |x_{nl}|^2 \omega_{nl}}{\hbar}$$

基于对应原理,推导出振子强度的求和规则:

$$\sum_{n \neq l} f_{nl} = 1 \, !$$

解:联合方程(5.10)、方程(11.31)与方程(3.24),进一步可以得到经典和量子力学中介电函数的表达式,其对于无穷大光子能量($\omega \to \infty$)具有相同的渐近线。从而可以发现:

$$\sum_{l} \sum_{n>l} \frac{|x_{nl}|^2}{\hbar} \cdot 2\omega_{nl} \cdot m(\rho_{ll}^{(0)} - \rho_{nn}^{(0)}) = 1$$

通过代数运算可以得到:

$$\frac{2m}{\hbar} \left\{ \sum_{l} \sum_{n>l} |x_{nl}|^2 \omega_{nl} \cdot \rho_{ll}^{(0)} + \sum_{l} \sum_{n>l} |x_{nl}|^2 \omega_{ln} \cdot \rho_{nn}^{(0)} \right\}$$

$$= \frac{2m}{\hbar} \left\{ \sum_{l} \sum_{n>l} |x_{nl}|^2 \omega_{nl} \cdot \rho_{ll}^{(0)} + \sum_{n} \sum_{l<n} |x_{nl}|^2 \omega_{ln} \cdot \rho_{nn}^{(0)} \right\}$$

$$= \frac{2m}{\hbar} \left\{ \sum_{l} \sum_{n>l} |x_{nl}|^2 \omega_{nl} \cdot \rho_{ll}^{(0)} + \sum_{n} \sum_{n<l} |x_{nl}|^2 \omega_{nl} \cdot \rho_{ll}^{(0)} \right\}$$

$$= \sum_{l} \left[\sum_{n \neq l} \frac{2m \, |x_{nl}|^2 \omega_{nl}}{\hbar} \right] \rho_{ll}^{(0)} = 1$$

这应该适用于任何与时间无关的固定值 $\rho_{ll}^{(0)}$。因此,括号中的项不依赖于 l。另一方面,有:

$$\sum_{l} \rho_{ll}^{(0)} = 1$$

由此看来,下式必须满足:

$$\sum_{n \neq l} \frac{2m \, |x_{nl}|^2 \omega_{nl}}{\hbar} = 1$$

(5) 从振子强度的求和规则开始,计算一维坐标的谐振子跃迁矩阵元的绝对值。您只需要假设选择规则 $n \to n \pm 1$ 对谐振子有效。答案:见方程(10.47)。

注释: 该方程已经由维尔纳·海森堡(Werner-Heisenberg)根据他的量子力学矩阵理论早于薛定谔方程一年提出的。

(6) 基于问题 3,计算在两壁之间电子的允许偶极跃迁的振子强度(一维情况)。结果:

$$f_{nl} = \frac{64}{\pi^2} \frac{n^2 l^2}{(n-l)^3 (l+n)^3} (n-l \text{ 为奇数})$$

对于一些$(n-l)$对,举例说明求和规则对于振子强度的有效性。需要记住,振子强度可能是负的。

(7) 确保方程(11.31)计算的极化率具有正确的量纲(m^3)。根据方程(12.1)对介电函数重复相同的过程,这应该是无量纲的。

(8) 根据透明基板上无定形半导体薄膜的垂直入射低透射区的透射光谱估算 Tauc 带隙。

答案:$E_0 \approx \dfrac{hc}{\sqrt{\lambda_1 \lambda_2}} \dfrac{\sqrt{-\lambda_2 \ln T(\lambda_2)} - \sqrt{-\lambda_1 \ln T(\lambda_1)}}{\sqrt{-\lambda_1 \ln T(\lambda_2)} - \sqrt{-\lambda_2 \ln T(\lambda_1)}}$

解:对于高吸收情况,从方程(7.13)、方程(7.15)和方程(7.25)得

$$T \approx f(n, n_{\text{sub}}) e^{-\alpha d}$$

式中:d 为薄膜厚度。由此,假设吸收系数满足幂律方程(12.16),我们得到:

$$\alpha d = \ln \frac{f}{T} = \frac{\text{const.}^* d}{\omega} (\hbar \omega - E_0)^2$$

$f(1 > f \gg T)$ 为有限波长范围中的常数,并且考虑两个波长值 λ_1 和 λ_2,可以从等式中消去乘积 $\text{const.}^* d$,由此获得最终结果。

通过一个简单的例子证明这种方法的相对精度。让我们看图 12.10(a) 中的透射光谱。从光谱中选择两个数据点:对应于 $T(\lambda_1) = 0.11$ 的 $\lambda_1 = 640$nm 和对应于 $T(\lambda_2) = 0.05$ 的 $\lambda_2 = 586$nm。从推导出的方程估计带隙为 1.12eV,非常接近从光谱拟合获得的更精确值 1.14eV。随着折射率和折射率色散的增加,用该方程估算的禁带的优点逐渐减弱。

(9) 如 10.7.2 节最后提到的,使激光器可以提供短脉冲激光,而不是连续光,需要激发大量相互邻近的纵向谐振模式。实际上,为了使激光产生一系列的短脉冲激光,可以充分利用相互相位关系(所谓的锁模机制)激发这些激光模式。现在应该从理论上证明,将等距不同频率和相同的零相位值的行进电磁波序列叠加,确实与行进的短脉冲序列相同。为简单起见,可以假设所有参与的光波具有相同的振幅 E_0。

解:我们假设在长度为 L 的谐振腔中激发了 M 个相邻模式。它们的角频率值由下式给出:

$$\omega, \omega - \frac{c\pi}{L}, \omega - \frac{2c\pi}{L}, \cdots, \omega - \frac{(M-1)c\pi}{L}$$

假设它们具有相同的零相位值,可以根据以下方程计算全电场强度:

$$E = E_0 e^{-i\omega t} + E_0 e^{-i\omega t} e^{i\frac{c\pi}{L}t} + \cdots = E_0 e^{-i\omega t} \sum_{j=1}^{M} \left[e^{i\frac{c\pi}{L}t} \right]^{j-1} = E_0 e^{-i\omega t} \frac{e^{i\frac{Mc\pi}{L}t} - 1}{e^{i\frac{c\pi}{L}t} - 1}$$

光的强度与电场振幅的模平方成比例。因此我们需要讨论这个函数：

$$|E|^2 = |E_0|^2 \frac{\left(\cos\frac{Mc\pi}{L}t - 1\right)^2 + \sin^2\frac{Mc\pi}{L}t}{\left(\cos\frac{c\pi}{L}t - 1\right)^2 + \sin^2\frac{c\pi}{L}t} = |E_0|^2 \frac{\left(1 - \cos\frac{Mc\pi}{L}t\right)}{\left(1 - \cos\frac{c\pi}{L}t\right)}$$

$$= |E_0|^2 \frac{\sin^2\frac{Mc\pi}{2L}t}{\sin^2\frac{c\pi}{2L}t}$$

从这里可以看到，光强度随着时间呈现周期性变化，重复时间周期为 $2L/c$。这正是光在谐振腔中一个循环所需的时间。因此，将产生周期性的激光强度分布，如图 12.16 所示，此时刻 M 具有不同值：

$$t_m = \frac{2L}{c}m \equiv T_0 m; m = 0, 1, 2, \cdots$$

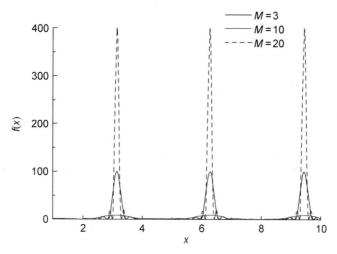

图 12.16　函数 $f(x) = \sin^2(Mx)/\sin^2 x$ 的线形（见彩插）

当满足如下关系时，此函数达到最大值：

$$|E|^2_{\max} = |E_0|^2 M^2$$

该过程涉及的模式越多，峰值就越强。请注意，这个结果与假定模式具有相同零相位值紧密相关：在这种（相干）情况下，场强值叠加就得到全场强度，它与

M 成正比。因此,强度与 M 的平方成正比。如果相位以随机方式(非相干叠加)分布,则必须叠加每个波列的强度,因此产生的强度与 M 成比例,其物理意义与在 7.2 节中讨论的相同。

我们得出的结果是,在锁模条件下,激光器产生一系列重复率为 T_0^{-1}、脉冲宽度为 $2T_0/M$ 的强短脉冲光。同样,该过程涉及的模式越多脉冲就越短。这与不确定性原理一致,因为更多纵向模式与更宽的激光光谱宽度相关,这是产生更短时间脉冲所必需的条件。实际上,通过锁模可以产生亚皮秒光脉冲。

注释:这是一个很好的例子,证明激光可以达到非常高的电场强度和强度值。正如我们在 2.2 节中提到的那样,线性物质方程(2.4)对应于将极化展开为泰勒幂级数的线性项。显然,在很高的场强值下,仅保留线性项是不够的,相反,我们必须考虑非线性极化项。这意味着,正确描述强激光与物质的相互作用需要更通用的描述,这是非线性光学领域的问题。因此,本书的最后一部分致力于与非常高的电场强度值有关的非线性光学基本效应。

第四部分　非线性光学基础知识

"Hiddenseewelle"（希登湖岛的波浪）
雕塑和照片由德国耶拿的阿斯特里德·莱特（Astrid Leiterer）提供
（www.astrid-art.de）。照片经许可转载。

非线性波动方程可能会产生令人惊讶的解，甚至类似于海岸的破浪形状。但是在本章中，我们将限制相当弱的非线性，不是求解流体动力学方程，而是应用于光与物质的相互作用。

第 13 章 非线性光学的一些基本效应

摘　要：介绍了二阶和三阶非线性光学极化率。简要讨论了基本的二阶和三阶非线性光学效应，包括谐波产生以及非线性吸收和折射现象。介绍了基于密度矩阵的非线性极化率的半经典计算方法。

13.1　非线性极化率：唯象学方法

13.1.1　总体思路

在第 2 章中，我们将线性物质方程(2.4)作为更通用方程(2.3)的特例。到目前为止，基于方程(2.4)描述的所有光学效应属于线性光学(LO)领域。

另一方面，显而易见，方程(2.3)的有效性可能需要将极化展开为场强的幂级数时考虑高阶项。方程(2.9)自然概括为

$$D = \varepsilon_0 E + P = \varepsilon_0 E + P^{(1)} + P^{(2)} + P^{(3)} + \cdots \\ = \varepsilon_0 \{ E + \chi^{(1)} E + \chi^{(2)} : EE + \chi^{(3)} \vdots EEE + \cdots \} \quad (13.1)$$

式中：极化中的上标(1)~(3)分别表示以场强度的线性(1)、二次方(2)或三次方(3)的方式表示极化贡献，甚至更高阶的极化项也是可能的。但是，我们的讨论限制在三次方以内。$P^{(1)}$ 表示所谓的线性极化强度，而所有高阶极化项就是非线性极化强度，它们产生非线性光学(NLO)的效应，这与线性光学中发现的完全不同。

在方程(13.1)中，$\chi^{(1)}$ 值是熟悉的由方程(2.7)定义的线性极化率。比例系数 $\chi^{(2)}$、$\chi^{(3)}$ 等表示二次、三次和更高阶的极化率。与线性光学相似，它们包含了有关与光波相互作用的材料特定信息。

无论线性和非线性极化率的具体值如何，当电场强度变得足够小时，方程(13.1)显然收敛到线性方程(2.9)。图 13.1 说明了电场强度对极化贡献的原理上依赖性。在弱场中，线性贡献占主导地位，在这种情况下，前面讨论的线性光学(LO)效应足以描述材料的光学特性。在较高的场强下，非线性极化变得显著，从而进入了非线性光学领域。在此必须考虑到线性和非线性对全极化的贡

献。实际上,当我们处理激光时这通常是有意义的。一种通俗的说法是,表现为非线性光学特性的介质有时被称为非线性介质。

方程(13.1)以某些符号的方式写出。事实上,方程(13.1)右边的乘积必须被理解为张量积,极化率本身就是代表不同阶的张量。现在将给出如方程(13.1)物质方程的替代方程。

设 P_i 是极化强度的第 i 个笛卡儿分量($i=x,y,z$),我们可以写:

$$\begin{cases} \boldsymbol{P}^{(1)} = \varepsilon_0 \chi^{(1)} \boldsymbol{E} & \Leftrightarrow \quad P_i^{(1)} = \varepsilon_0 \sum_{j=x,y,z} \chi_{ij}^{(1)} E_j \\ \boldsymbol{P}^{(2)} = \varepsilon_0 \chi^{(2)} \boldsymbol{EE} & \Leftrightarrow \quad P_i^{(2)} = \varepsilon_0 \sum_{j=x,y,z} \sum_{k=x,y,z} \chi_{ijk}^{(2)} E_j E_k \\ \boldsymbol{P}^{(3)} = \varepsilon_0 \chi^{(3)} \boldsymbol{EEE} & \Leftrightarrow \quad P_i^{(3)} = \varepsilon_0 \sum_{j=x,y,z} \sum_{k=x,y,z} \sum_{l=x,y,z} \chi_{ijkl}^{(2)} E_j E_k E_l \end{cases} \quad (13.2)$$

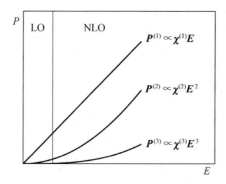

图 13.1 非线性介质的线性和非线性极化贡献

方程(13.2)中的第一个方程只是线性各向异性物质方程的一般写法,见 6.5 节。根据 6.5 节线性极化率为 3×3 二次矩阵。因此,线性物质方程的另一种书写形式是:

$$\boldsymbol{P}^{(1)} = \begin{pmatrix} p_x^{(1)} \\ p_y^{(1)} \\ p_z^{(1)} \end{pmatrix} = \varepsilon_0 \begin{pmatrix} \chi_{xx}^{(1)} & \chi_{xy}^{(1)} & \chi_{xz}^{(1)} \\ \chi_{yx}^{(1)} & \chi_{yy}^{(1)} & \chi_{yz}^{(1)} \\ \chi_{zx}^{(1)} & \chi_{zy}^{(1)} & \chi_{zz}^{(1)} \end{pmatrix} \begin{pmatrix} E_x \\ E_y \\ E_z \end{pmatrix}$$

二阶极化率 $\chi^{(2)}$ 为 27 个分量的 3×3×3 张量,$\chi^{(3)}$ 有 81 个分量。

13.1.2 方程化处理和简单的二阶非线性光学效应

为了对先前介绍的非线性极化率的频率相关性参数有所了解,我们将必须像在线性物质方程(2.4)中一样进行处理。因此,当从方程(2.3)开始,假设非线性物质方程,同时满足因果性和均质性的要求,可以写成下式:

$$P(t) = P^{(0)} + P^{(1)} + P^{(2)} + P^{(3)} + \cdots$$

$$= \varepsilon_0 \text{const.} + \varepsilon_0 \int_0^\infty \kappa^{(1)} \xi E(t-\xi) \mathrm{d}\xi$$

$$+ \varepsilon_0 \int_0^\infty \int_0^\infty \kappa^{(2)}(\xi_1, \xi_2) E(t-\xi_1) E(t-\xi_1-\xi_2) \mathrm{d}\xi_1 \mathrm{d}\xi_2$$

$$+ \varepsilon_0 \int_0^\infty \int_0^\infty \int_0^\infty \kappa^{(3)}(\xi_1, \xi_2, \xi_3) E(t-\xi_1) E(t-\xi_1-\xi_2)$$

$$E(t-\xi_1-\xi_2-\xi_3) \mathrm{d}\xi_1 \mathrm{d}\xi_2 \mathrm{d}\xi_3 + \cdots \quad (13.3)$$

方程(13.3)只不过是方程(2.5)的非线性推广。不考虑铁电体,因此将与场无关的常数贡献 $p^{(0)}$ 假定为零。在方程(13.3)中,响应函数 $\kappa^{(i)}$ 再次表示为根据方程(13.2)的范围张量。

当比较方程(2.5)和方程(13.3)时,我们注意到非线性光学过程的数学处理进一步复杂化。由于电场强度和极化强度都是实数物理值,所以响应函数 $\kappa^{(i)}$ 也必须是实数。然而,在线性光学中,我们已习惯于处理复数的场和极化。原因是,可以利用线性方程(2.5)中的叠加原理。关于恒等式:

$$|E_0|\cos(\omega t+\varphi) = \frac{1}{2}\left[|E_0|\mathrm{e}^{\mathrm{i}\omega t}\mathrm{e}^{\mathrm{i}\varphi} + |E_0|\mathrm{e}^{-\mathrm{i}\omega t}\mathrm{e}^{-\mathrm{i}\varphi}\right] = \frac{1}{2}\left[E_0^* \mathrm{e}^{\mathrm{i}\omega t} + E_0 \mathrm{e}^{-\mathrm{i}\omega t}\right]$$

并且

$$E_0 \equiv |E_0|\mathrm{e}^{-\mathrm{i}\varphi}$$

对于线性极化,发现方程(2.5):

$$P(t) = \frac{\varepsilon_0}{2}\left[E_0 \mathrm{e}^{-\mathrm{i}\omega t}\int_0^\infty \kappa(\xi)\mathrm{e}^{\mathrm{i}\omega\xi}\mathrm{d}\xi + E_0^* \mathrm{e}^{\mathrm{i}\omega t}\int_0^\infty \kappa(\xi)\mathrm{e}^{-\mathrm{i}\omega\xi}\mathrm{d}\xi\right]$$

这个关系定义了实数的极化,因为第一项(类似于方程(2.6))与第二项是相互共轭的。因此,第二项不包含任何新的物理信息,并且线性光学中的所有推导可以只是基于第一项进行,这样也便于复数极化的操作。当最终结果中需要实数极化时,只需要添加共轭复数项即可(在本文中比较方程(1.1)~方程(1.5))。

这种处理在非线性光学中是不正确的,因为这样的处理会导致极化项的损失。这可以通过一个简单的例子来证明。让我们根据简化方程来考虑二次非线性:

$$P^{(2)} = \varepsilon_0 \chi^{(2)} E^2$$

假设

$$E = \frac{E_0}{2}\mathrm{e}^{-\mathrm{i}\omega t}$$

这导致：

$$P^{(2)} = \varepsilon_0 \chi^{(2)} \frac{E_0^2}{4} e^{-2i\omega t} \qquad (13.4a)$$

为简单起见，在整个讨论过程中，电场强度的振幅都是实数。我们发现，假定电场的时间依赖性会导致介质中的极化，其振荡频率是入射场频率的两倍。当然，这种振荡极化会导致在角频率 2ω 处产生电磁波。这意味着，入射波中至少一部分能量被转移到新的倍频波，这种效应被称为二次谐波产生（SHG）。SHG 是具有二次非线性介质中最显著的非线性光学效应。

现在看另一个例子。我们猜测：

$$E = \frac{E_0}{2} e^{+i\omega t}$$

产生二阶极化的结果是：

$$P^{(2)} = \varepsilon_0 \chi^{(2)} \frac{E_0^2}{4} e^{2i\omega t} \qquad (13.4b)$$

两个方程(13.4a)和方程(13.4b)描述了以 2ω 频率振荡的极化。将方程(13.4a)和方程(13.4b)相加得出极化的实数值，但不会产生任何新的物理效应。

现在让我们考虑一个实数场强度，它是由目前讨论的方程的代数和给出。假设：

$$E = \frac{E_0}{2}(e^{+i\omega t} + e^{-i\omega t}) = E_0 \cos\omega t$$

相应的二阶极化强度变为：

$$P^{(2)} = \varepsilon_0 \chi^{(2)} \frac{E_0^2}{4}(e^{2i\omega t} + e^{-2i\omega t} + 2) \qquad (13.4c)$$

这比由方程(13.4a)和方程(13.4b)的代数和预测的要多。尽管 SHG 项如预期那样存在，但是还有一项与时间无关的（静态）极化，被称为光整流的非线性效应。方程(13.4c)指出，由于单色波与物质的非线性相互作用，出现二阶极化项，这些二阶极化项是恒定的并且以输入波的两倍频率振荡。

我们看到，在处理非线性光学时，使用简化的复数电场将导致严重的信息损失。因此，在本章中，将始终根据以下方程而不是方程(2.12)来表示电场的实数表达：

$$E(t) = \frac{1}{2} \sum_j E_{0j} e^{-i\omega_j t} + c.c. \qquad (13.5)$$

式中：$c.c.$ 是前一项的共轭复数值。

有了如方程(13.5)的电场表达式,我们可以讨论方程(13.3)的二次极化的完整输出。为简单起见,让我们使用方程(13.3)的标量形式,标量电场振幅为方程(13.5)。得到:

$$P^{(2)}(t) = \varepsilon_0 \int_0^\infty \int_0^\infty \kappa^{(2)}(\xi_1,\xi_2) \cdot \left[\frac{1}{2}\sum_j E_{0j}e^{-i\omega_j t}e^{i\omega_j \xi_1} + c.c.\right]$$

$$\times \left[\frac{1}{2}\sum_l E_{0l}e^{-i\omega_l t}e^{i\omega_l \xi_1}e^{i\omega_l \xi_2} + c.c.\right] d\xi_1 d\xi_2$$

$$= \frac{1}{4}\varepsilon_0 \int_0^\infty \int_0^\infty \kappa^{(2)}(\xi_1,\xi_2) f(t,\xi_1,\xi_2) d\xi_1 d\xi_2$$

并且

$$f = \sum_j (E_{0j}e^{-i\omega_j t}e^{i\omega_j \xi_1} + E_{0j}^*e^{i\omega_j t}e^{-i\omega_j \xi_1})$$

$$\times \sum_l (E_{0l}e^{-i\omega_l t}e^{i\omega_l \xi_1}e^{i\omega_l \xi_2} + E_{0l}^*e^{i\omega_l t}e^{-i\omega_l \xi_1}e^{-i\omega_l \xi_2})$$

$$= \sum_j E_{0j} \sum_l [E_{0l}e^{-i(\omega_j+\omega_l)t}e^{i(\omega_j+\omega_l)\xi_1}e^{i\omega_l \xi_2}]$$

$$+ \sum_j E_{0j}^* \sum_l [E_{0l}e^{-i(\omega_l-\omega_j)t}e^{i(\omega_l-\omega_j)\xi_1}e^{i\omega_l \xi_2}]$$

$$+ \sum_j E_{0j} \sum_l [E_{0l}^* e^{-i(\omega_j-\omega_l)t}e^{i(\omega_j-\omega_l)\xi_1}e^{-i\omega_l \xi_2}]$$

$$+ \sum_j E_{0j}^* \sum_l [E_{0l}^* e^{+i(\omega_j+\omega_l)t}e^{-i(\omega_j+\omega_l)\xi_1}e^{-i\omega_l \xi_2}]$$

结果是:

$$P^{(2)}(t) = \frac{1}{4}\varepsilon_0 \sum_j \sum_l E_{0j}E_{0l} e^{-i(\omega_j+\omega_l)t} \int_0^\infty \int_0^\infty \kappa^{(2)}(\xi_1,\xi_2) e^{i(\omega_j+\omega_l)\xi_1}e^{i\omega_l \xi_2} d\xi_1 d\xi_2$$

$$+ \frac{1}{4}\varepsilon_0 \sum_j \sum_l E_{0j}^*E_{0l} e^{-i(\omega_l-\omega_j)t} \int_0^\infty \int_0^\infty \kappa^{(2)}(\xi_1,\xi_2) e^{i(\omega_l-\omega_j)\xi_1}e^{i\omega_l \xi_2} d\xi_1 d\xi_2$$

$$+ \frac{1}{4}\varepsilon_0 \sum_j \sum_l E_{0j}E_{0l}^* e^{-i(\omega_j-\omega_l)t} \int_0^\infty \int_0^\infty \kappa^{(2)}(\xi_1,\xi_2) e^{i(\omega_j-\omega_l)\xi_1}e^{-i\omega_l \xi_2} d\xi_1 d\xi_2$$

$$+ \frac{1}{4}\varepsilon_0 \sum_j \sum_l E_{0j}^*E_{0l}^* e^{i(\omega_l+\omega_j)t} \int_0^\infty \int_0^\infty \kappa^{(2)}(\xi_1,\xi_2) e^{-i(\omega_j+\omega_l)\xi_1}e^{-i\omega_l \xi_2} d\xi_1 d\xi_2$$

(13.6)

从方程(13.6)得到的一般结论是,非线性二阶极化随着方程(13.5)的基频产生的所有和频和差频振荡。相应地,我们讨论了非线性光学中的和频产生(SFG)和差频产生(DFG)。在方程(13.6)中,即当$\omega_j = \omega_l$时,先前认为的二次谐波产生和光学整流效应表现为特殊情况。

与线性情况下的处理完全相似,方程(13.6)中的积分项构成了二阶极化率。由于它们取决于两个入射频率以及它们与极化频率结合的特定方式,因此它们比线性极化率表现出稍微复杂的色散行为。在形式上方程(13.6)可以改写为:

$$P^{(2)}(t) = \frac{1}{4}\varepsilon_0 \sum_j \sum_l E_{0j}E_{0l}e^{-i(\omega_j+\omega_l)t}\chi^{(2)}(\omega = \omega_j + \omega_l) + c.c.$$

$$+ \frac{1}{4}\varepsilon_0 \sum_j \sum_l E_{0j}^* E_{0l}e^{-i(\omega_l-\omega_j)t}\chi^{(2)}(\omega = \omega_l - \omega_j) + c.c. \quad (13.7)$$

与方程(13.6)相比,得到了$\chi^{(2)}$的具体表达式。

方程(13.7)中的频率参数必须以如下方式理解:第一个频率表示二阶极化的频率,其他频率表示形成极化的电场频率及其特定的组合方式。因此,到目前为止所描述的效应对应于以下的极化率:

$$\chi^{(2)}(\omega = \omega_l + \omega_j) \Leftrightarrow \text{SFG}$$

$$\chi^{(2)}(\omega = \omega_l - \omega_j) \Leftrightarrow \text{SFG}$$

$$\chi^{(2)}(2\omega = \omega + \omega) \Leftrightarrow \text{SHG}$$

$$\chi^{(2)}(0 = \omega - \omega) \Leftrightarrow \text{光整流}$$

我们不会像对线性极化率那样对非线性极化率的特性进行类似详细的讨论。我们仅指出存在的几种对称关系,这些对称关系可以减少极化率的非零分量和独立分量的数量。我们的任务将是定义非线性光学效应,这可能对我们的特定主题具有重要意义,即薄膜光学和表面光学效应。

我们将讨论一个极其重要的选择规则:在具有空间反演对称中心的介质中(或所谓的中心对称材料),在偶极子近似下,任何偶数阶非线性磁化率的所有分量都为零。对于二阶极化率的特殊情况,这是从方程(13.7)直接得到的结论。想象一个像方程(13.5)那样的电场,它引起一定的二阶极化。从假定的空间反演对称性可以清楚地看出,电场强度的反转应当伴随着极化的反转:

$$E \rightarrow -E \Rightarrow P \rightarrow -P \Rightarrow P^{(2)}(-E) = -P^{(2)}(+E)$$

另一方面,从方程(13.7)可知:

$$P^{(2)}(-E) = \frac{1}{4}\varepsilon_0 \sum_j \sum_l (-E_{0j})(-E_{0l})e^{-i(\omega_j+\omega_l)t}\chi^{(2)}(\omega = \omega_j + \omega_l) + c.c.$$

$$+ \frac{1}{4}\varepsilon_0 \sum_j \sum_l (-E_{0j}^*)(-E_{0l})e^{-i(\omega_l-\omega_j)t}\chi^{(2)}(\omega = \omega_l - \omega_j) + c.c.$$

$$= P^{(2)}(+E)$$

对于任何假定的电场结构,只有当二阶极化为零时,这两个条件才能同时满足。这意味着二阶极化率必须为零。可以对任何偶数阶极化率进行这种讨论,但显然不能针对奇数阶极化率进行讨论。

正如稍后在量子力学处理中所看到的,在具有空间反演对称性的介质中,偶数阶极化率的消失是从奇偶选择规则中直接得出的结论(另参见对第12.5.2节问题3的注释)。需要注意的是,二阶(以及其他偶数阶)非线性过程只允许存在于缺乏空间反演对称性的介质中产生。另一方面,原则上在任何介质中都允许奇数阶过程。由于这个原因,偶数阶过程很少用于分析光学光谱学,因为它们不能应用于所有的块体材料。非线性光学光谱通常是基于奇数阶(基本上为三阶)的光学效应。再者,二阶过程通常用于诸如 SHG、SFG 或 DFG 的频率转换过程,利用的非线性材料具有二阶极化率张量的必要非零分量。突出的传统例子是磷酸二氢钾 KH_2PO_4(KDP)、磷酸二氢铵 $NH_4H_2PO_4$(ADP)或铌酸锂 $LiNbO_3$。现代开发追求新的二阶材料,如 $Li_2B_4O_7$(LTB)或 $YAl_3(BO_3)_4$(YAB)等。

这个规则有一个重要的例外:在两种材料之间的界面处,尽管两种特定的材料可能是中心对称的,但反演对称性总是被破坏的。因此,二阶过程可用于界面光谱学。应用于中心对称材料之间的表面或界面,其优点是提供界面区域的无背景二阶光学响应。结合局域电场强度增强机制(例如在金属-电介质界面上传播的表面等离体激元,比较第6.4.2节),二阶过程为界面和超薄吸附层光谱提供了高界面灵敏度的光谱方法。

在结束本节时,让我们简要讨论另一种二阶光学效应,对于光调制的目的具有重要实际意义,这就是所谓的线性电光效应或普克尔效应。想象由单色场和静态场(E_s)外部激发一种二阶材料。因此,该电场由下式给出:

$$E = \frac{E_0}{2}e^{-i\omega t} + c.c. + E_s$$

当计算二阶极化时,它将包含一个以频率 ω 振荡的项,由下式给出:

$$P^{(2)}|_\omega = \varepsilon_0 E_0 E_s \chi^{(2)}(\omega = \omega + 0)e^{-i\omega t} + c.c.$$

当然,线性极化也将包含有 ω 振荡的项:

$$P^{(1)}|_\omega = \frac{1}{2}\varepsilon_0 E_0 \chi^{(1)}(\omega)e^{-i\omega t} + c.c.$$

因此,对于 ω 的全极化是由下式给出(忽略高阶极化项):

$$P|_\omega = P^{(1)}|_\omega + P^{(2)}|_\omega$$

$$= \varepsilon_0[\chi^{(1)}(\omega) + 2\chi^{(2)}(\omega = \omega + 0)E_s]\frac{E_0}{2}e^{-i\omega t} + c.c \quad (13.8)$$

当将括号中的项视为有效极化率时,方程(13.8)完全类似于线性物质方程,取决于作为参数的静态场强度。因此,可以定义:

$$\chi^{(\text{eff})}(\omega) \equiv \chi^{(1)}(\omega) + 2\chi^{(2)}(\omega=\omega+0)E_s \qquad (13.9)$$

当线性极化率达到方程(13.9)规定的值时,具有频率为 ω 的电磁波将以与线性传播的相同方式在非线性介质中传播。因此,可以类似于线性光学中的处理来定义有效折射率:

$$n^{(\text{eff})}(\omega) = \sqrt{\varepsilon^{(\text{eff})}(\omega)} \equiv \sqrt{1+\chi^{(\text{eff})}(\omega)}$$
$$= \sqrt{1+\chi^{(1)}(\omega)+2\chi^{(2)}(\omega=\omega+0)E_s} = n^{(\text{eff})}(\omega, E_s) \qquad (13.10)$$

根据方程(13.10),有效折射率的值可以由静态电场的强度来控制。因此,频率为 ω 的波传播特性可以由静态电场来控制。"线性电光效应"这个名字来源于有效极化率与场强的线性依赖关系。在实际应用中,普克尔效应会导致场诱导双折射的出现,或者改变已经存在的双折射。

上述所提到的效应实际上应用于所谓的普克尔池中。它们可以用来调制激光器的谐振特性,以便产生短的激光脉冲。顺便提一下,他们提供了一种方法来完成在第12章的问题9中讨论的锁模过程。当用重复时间 $2L/c$ 调制激光器的谐振腔损耗时,产生与纵向谐振腔模式完全对应的现有激光模式的边带。它们具有严格的相位关系,因为它们是由相同的调制机制产生的。因此,我们得到了第12章的问题9所讨论的情况:激光开始产生短的激光脉冲。谐振腔损耗的这种调制可以通过上面提到的普克尔池来完成,该模式锁定机制称为主动锁模。

13.1.3 某些三阶效应

完全类比于二阶极化,可以讨论方程(13.3)中的三阶项,以便研究不同介质中由于三阶非线性而产生的光学效应。对于任何光谱学家来说,熟悉三阶非线性效应是特别重要的,因为三阶非线性效应可以在任何介质中观察到,不受给定样品结构的具体对称性的影响。在我们讨论薄膜光学特性的过程中,将集中讨论一些可能有助于理解光学材料在高强度激光照射下的效应。

假设振荡电场如下:

$$E = \frac{E_0}{2}e^{-i\omega t}+c.c.$$

以与前一节相同的方式处理,我们获得三阶极化项,它以频率 3ω 振荡:

$$P^{(3)} = \cdots + \varepsilon_0 \chi^{(3)}(3\omega=\omega+\omega+\omega)\frac{E_0^3}{8}e^{-3i\omega t}+c.c.+\cdots \qquad (13.11)$$

因此,在三阶非线性介质中将产生频率为 3ω 的电磁波,该过程称为三次谐波产生 THG。然而,在实际应用中,三次谐波的产生通常不是通过三阶非线性频率变换来实现。事实证明,使用二阶过程的级联产生给定基频的高阶谐波更为有效。因此,可以通过基频的 SHG 产生二次谐波,然后在二次谐波和基频之间进行 SFG 处理。

但是让我们回到方程(13.11),特别是不会以 THG 频率振荡的项。实际上,由于三阶混频,我们得到了以基频 ω 振荡的三阶极化,由下式给出:

$$P^{(3)}|_\omega = \frac{3}{8}\varepsilon_0 \chi^{(3)}(3\omega=\omega+\omega-\omega) E_0^2 E_0^* \mathrm{e}^{-i\omega t} + c.c.$$

当然,线性极化也会对基频产生影响。因此,基频的全极化将由下式给出:

$$\begin{aligned} P|_\omega &= P^{(1)}|_\omega + P^{(3)}|_\omega \\ &= \frac{1}{2}\varepsilon_0(\chi^{(1)}(\omega) + \frac{3}{4}\chi^{(3)}(\omega=\omega+\omega-\omega)|E_0|^2) E_0 \mathrm{e}^{-i\omega t} + c.c. \end{aligned} \quad (13.12)$$

当我们讨论线性电光效应方程(13.8)时,现在的情况与上一节类似。方程(13.12)再次等效于具有有效极化率的线性物质方程,后者取决于入射光的强度。现在有效极化率由以下方程给出:

$$\chi^{(\mathrm{eff})}(\omega) = \chi^{(1)}(\omega) + \frac{3}{4}\chi^{(3)}(\omega=\omega+\omega-\omega)|E_0|^2 \quad (13.13)$$

它取决于场强的平方,代表了光学克尔效应的一种特殊形式。有效介电函数的平方根变为

$$\begin{aligned} \sqrt{\varepsilon^{(\mathrm{eff})}(\omega)} &= \sqrt{1+\chi^{(1)}(\omega) + \frac{3}{4}\chi^{(3)}(\omega=\omega+\omega-\omega)|E_0|^2} \\ &= \sqrt{\varepsilon}\sqrt{1+\frac{3}{4}\frac{\chi^{(3)}(\omega=\omega+\omega-\omega)}{\varepsilon}|E_0|^2} \end{aligned}$$

式中:通常 $\varepsilon = 1+\chi^{(1)}$。

现在假设,在给定频率下线性介电函数是纯实数。在线性光学中,介质没有吸收,其折射率由介电函数的平方根给出。现在有效折射率通过下式给出:

$$\hat{n}^{(\mathrm{eff})}(\omega) = n\sqrt{1+\frac{3}{4}\frac{\chi^{(3)}(\omega=\omega+\omega-\omega)}{n^2}|E_0|^2}$$

如果非线性贡献比线性贡献小,则这种关系可以改写为

$$\hat{n}^{(\mathrm{eff})}(\omega) \approx n + \frac{3}{8}\frac{\chi^{(3)}(\omega=\omega+\omega-\omega)}{n}|E_0|^2 \quad (13.14)$$

虽然假定线性介电函数是实数,但有效折射率可能是复数,这取决于在给定频率下的三阶极化率的特性。在任何情况下,我们都可以根据下式得到依赖于强度的有效折射率:

$$n^{(\text{eff})}(\omega) \approx n + \frac{3}{8} \frac{\text{Re}\,\chi^{(3)}(\omega=\omega+\omega-\omega)}{n} |E_0|^2 \equiv n + n_2 |E_0|^2 \qquad (13.15)$$

事实证明,它取决于电磁波的强度,数值 n_2 称为介质的非线性折射率。在三阶(甚至更高奇数阶)非线性光学介质中,折射率的强度依赖性导致了高强度光束的不同自相互作用过程,例如激光束的自聚焦或超短光脉冲的自相位调制过程,这对于产生连续白光至关重要。

现在让我们来看一下虚部。从方程(13.14)可立即给出非线性吸收系数如下:

$$\alpha_{nl}(\omega) \approx \frac{3}{4}\frac{\omega}{cn}\text{Im}\,\chi^{(3)}(\omega=\omega+\omega-\omega)|E_0|^2 \qquad (13.16)$$

随着光强度的增加,介质因此开始变得吸收。从非线性极化率的半经典表达式可以清楚地看出,由方程(13.16)描述的非线性吸收是由双光子吸收过程产生的。

这些效应为读者提供了一个简短的综述,在非线性光学领域中,可能会期待哪种新的光学效应。在这个阶段,我们完成了非线性光学效应的方程化处理,并转向半经典的极化率计算。以下部分的主要目的不是开发用于极化率计算的高等数学,而是揭示在方程上引入的极化率后的量子力学过程。

13.2 非线性光学极化率的计算方案

13.2.1 宏观极化率和微观超极化率

在开始对物质的非线性光学响应进行量子力学计算之前,我们必须进行与在线性光学情况下相同的方程化工作。问题是,在第11章中提出的量子力学计算经常涉及可接近于量子系统的微观偶极矩的计算,该量子系统可能是分子或原子。另一方面,通过宏观极化矢量由方程(13.1)引入了极化率:

$$D = \varepsilon_0 E + P = \varepsilon_0 E + P^{(1)} + P^{(2)} + P^{(3)} + \cdots$$
$$= \varepsilon_0 \{E + \chi^{(1)} E + \chi^{(2)} : EE + \chi^{(3)} \vdots EEE + \cdots\}$$

与线性光学完全相似,相应的微观物质方程可以表示为

$$p = p^{(1)} + p^{(2)} + p^{(3)} + \cdots$$
$$= \varepsilon_0 \{\beta^{(1)} E_{\text{micr}} + \beta^{(2)} : E_{\text{micr}} E_{\text{micr}} + \beta^{(3)} \vdots E_{\text{micr}} E_{\text{micr}} E_{\text{micr}} + \cdots\} \qquad (13.17)$$

方程(13.17)用局域电场或微观电场的幂级数展开描述微观偶极矩。对偶极矩的线性贡献和非线性贡献的期望值可用类似于在第11章中所做的来计算。

比例系数 $\beta^{(1)}$ 就是第 3 章中所介绍的线性极化率。数值 $\beta^{(j>1)}$ 是微观振子所谓的高阶极化率(或非线性极化率,或超极化率)。计算出偶极矩就可以立即确定它们。另一方面,为了确定极化率,有必要建立超极化率和输入到方程(13.1)的宏观非线性极化率之间的理论关系。在线性光学中,这种关系已由克劳修斯-莫索蒂方程表示。所以我们现在需要的是这个方程的非线性表示。

我们将在这里给出最终的结果,它对于球对称性是有效的,因为它是在克劳修斯-莫索蒂方程的情况下获得的。读者自己可以进行推导(比较 3.3.2 节)。结果得到:

$$\chi^{(j)}\left(\omega_{j+1} = \sum_{l=1}^{j} \omega_l\right) = N \prod_{l=1}^{j+1} \left[\frac{\varepsilon(\omega_l) + 2}{3}\right] \beta^{(j)}\left(\omega_{j+1} = \sum_{l=1}^{j} \omega_l\right) \quad (13.18)$$

式中:N 是微观偶极子的浓度。局域场校正方程(13.18)的应用必须与线性光学一样谨慎,尤其是表 3.2 中的建议也同样适用。

13.2.2 计算光学超极化率的密度矩阵法

与第 11.2.3 节类似,我们根据(仅电偶极相互作用)写出相互作用表象中密度矩阵的非对角元素的方程:

$$\frac{\partial}{\partial t}\rho_{mn} + \frac{\rho_{mn}}{T_{2,mn}} = \frac{\mathrm{i}}{\hbar}[\boldsymbol{p},\boldsymbol{\rho}]_{mn}\boldsymbol{E} \quad (13.19)$$

密度矩阵的非对角元素对于偶极矩的计算是必不可少的,因为方程(11.22):

$$\langle \boldsymbol{p} \rangle = \mathrm{Tr}(\boldsymbol{p}\boldsymbol{\rho}) = \sum_n \sum_m \boldsymbol{p}_{nm}\rho_{mn} \quad (13.20)$$

在方程(13.20)和下面,$\boldsymbol{P}$ 的粗体字只表示其矢量字符。我们再次假设:

$$\boldsymbol{p}_{nn} = 0 \,\forall\, n.$$

方程(13.19)可重写为

$$\frac{\partial}{\partial t}\rho_{mn} + \frac{\rho_{mn}}{T_{2,mn}} = \frac{\mathrm{i}}{\hbar}\sum_l (\boldsymbol{p}_{ml}\rho_{\mathrm{ln}} - \rho_{ml}\boldsymbol{p}_{\mathrm{ln}})\boldsymbol{E} \quad (13.21)$$

在没有电场的情况下,方程(13.21)的稳态解为零。我们用上标(0)标记这些解。因此,有:

$$\rho_{mn}^{(0)} = 0$$

在没有任何微扰场的情况下,密度矩阵的对角元素有望接近其平衡值。根据方程(11.21),我们假设:

$$\rho_{nn}^{(0)} = \frac{\mathrm{e}^{-\frac{E_n}{k_B T}}}{\sum_n \mathrm{e}^{-\frac{E_n}{k_B T}}}$$

该表达式至少适用于气体、分子液体和固体,我们随后的推导将处理这种情况。对于电子性质受能带结构控制的固体,密度矩阵的平衡值将由费米·狄拉克分布给出。

电场的出现将明显改变密度矩阵的元素。因此,假设:

$$\rho = \rho(E) = \rho^{(0)} + \rho^{(1)} + \rho^{(2)} + \rho^{(3)} + \cdots \quad (13.22)$$

并且

$$\rho^{(0)} \propto E^0; \rho^{(1)} \propto E^1; \rho^{(2)} \propto E^2; \rho^{(3)} \propto E^3 \quad (13.23)$$

等等。

方程(13.22)和方程(13.23)实际上代表微扰理论方法,需要级数的快速收敛,稍后将给出一些标准。为了简化处理,让我们考虑一些条件,这些条件要么是非共振的要么是共振的。如果共振发生,由于足够弱的激发,不会导致单个能级的显著变化。在这种情况下,我们可以对密度矩阵的对角元素进行简化假设,即:

$$\rho_{nn}^{(j>0)} = 0 \ \forall n \Rightarrow \rho_{nn} = \rho_{nn}^{(0)} \quad (13.24)$$

用方程(13.22)代替方程(13.21)中的 ρ_{mn},合并相同幂的电场强度项,得到方程:

$$\frac{\partial}{\partial t} \rho_{mn}^{(j+1)} + \frac{\rho_{mn}^{(j+1)}}{T_{2,mn}} = \frac{i}{\hbar} \sum_l (p_{ml} \rho_{ln}^{(j)} - \rho_{ml} p_{ln}^{(j)}) E; \quad j = 0, 1, 2, \cdots$$

$$\Rightarrow \frac{\partial}{\partial t} \rho_{mn}^{(j+1)} + \frac{\rho_{mn}^{(j+1)}}{T_{2,mn}} = \frac{i}{\hbar} \Big[p_{mn} (\rho_{nn}^{(j)} - \rho_{mm}^{(j)}) + \sum_{l \neq n} (p_{ml} \rho_{ln}^{(j)}) - \sum_{l \neq m} (\rho_{ml}^{(j)} p_{ln}) \Big] E$$

$$(13.25)$$

从方程(13.25)和方程(13.24),立即得出密度矩阵一阶和高阶贡献的不同方程:

线性例子: $\dfrac{\partial}{\partial t} \rho_{mn}^{(1)} + \dfrac{\rho_{mn}^{(1)}}{T_{2,mn}} = \dfrac{i}{\hbar} (\rho_{nn}^{(0)} - \rho_{mm}^{(0)}) p_{mn} E;$

非线性例子: $\dfrac{\partial}{\partial t} \rho_{mn}^{(j+1)} + \dfrac{\rho_{mn}^{(j+1)}}{T_{2,mn}} = \dfrac{i}{\hbar} \Big[\sum_{l \neq n} (p_{ml} \rho_{ln}^{(j)}) - \sum_{l \neq m} (\rho_{ml}^{(j)} p_{ln}) \Big] E$

$$(13.26)$$

根据方程(13.5),将微观电场写成:

$$E = \frac{1}{2} \sum_q E_q e^{-i\omega_q t} + c.c. \quad (13.27)$$

让我们求解方程(13.26)的一阶和高阶微扰情况。一阶方程变为

$$\frac{\partial}{\partial t}\rho_{mn}^{(1)} + \frac{\rho_{mn}^{(1)}}{T_{2,mn}} = \frac{i}{2\hbar}(\rho_{nn}^{(0)} - \rho_{mm}^{(0)})\boldsymbol{p}_{mn}\Big(\sum_{q}\boldsymbol{E}_{q}e^{-i\omega_{q}t} + c.c.\Big) \quad (13.28)$$

现在必须记住,在相互作用表象中,根据方程(11.28)偶极子算符 $\boldsymbol{p}_{mn}$ 的矩阵元具有时间依赖性。因此,使用与第11.2.3节相同的方法:

$$\begin{cases} \rho_{mn}^{(1)} = \sum_{q}(\rho_{mn,q}^{-} + \rho_{mn,q}^{+}) \\ \rho_{mn,q}^{(-)} = P_{mn,q}^{(-)}e^{i(\omega_{mn}-\omega_{q})t} \\ \rho_{mn,q}^{(+)} = P_{mn,q}^{(+)}e^{i(\omega_{mn}+\omega_{q})t} \end{cases} \quad (13.29)$$

式中:p 值不依赖于时间。方程(13.28)和方程(13.29)一起得出下式:

$$\rho_{mn}^{(1)} = \frac{1}{2\hbar}(\rho_{nn}^{(0)} - \rho_{mm}^{(0)})\boldsymbol{p}_{mn}\sum_{q}\left(\frac{\boldsymbol{E}_{q}e^{-i\omega_{q}t}}{\omega_{mn}-\omega_{q}-i\Gamma_{mn}} + \frac{\boldsymbol{E}_{q}^{*}e^{i\omega_{q}t}}{\omega_{mn}+\omega_{q}-i\Gamma_{mn}}\right)$$

$$(13.30)$$

从方程(13.30)和方程(13.20)现在可以计算出一阶偶极矩。这将导致一阶极化率张量分量的表达式。在光学各向同性的情况下,方程(11.31)将作为一个特殊情况。

然而,我们的目的是得到非线性极化率的表达式。这可以通过结合方程(13.20)和密度矩阵的高阶贡献方程(13.26)来完成。对于二阶极化,我们发现:

$$\frac{\partial}{\partial t}\rho_{mn}^{(2)} + \frac{\rho_{mn}^{(2)}}{T_{2,mn}} = \frac{i}{\hbar}\Big[\sum_{l\neq n}(\boldsymbol{p}_{ml}\rho_{ln}^{(1)}) - \sum_{l\neq m}(\rho_{ml}^{(1)}\boldsymbol{p}_{ln})\Big]\boldsymbol{E} \quad (13.31)$$

输入到方程(13.31)的一阶密度矩阵项现在由方程(13.30)给出。对于电场,有方程(13.27)。显然,尽管计算的一般策略很简单,但我们面临着庞大而烦琐的推导。因此,让我们集中讨论要获得的表达式的一般结构。

将方程(13.31)中的一阶表达式替换为方程(13.30),将 $\boldsymbol{E}$ 替换为方程(13.27),我们发现:

$$\frac{\partial}{\partial t}\rho_{mn}^{(2)} + \rho_{mn}^{(2)}\Gamma_{mn} = \frac{i}{2\hbar^2}\bigg\{\sum_{q'}\sum_{l}\bigg[\frac{\boldsymbol{p}_{ml}(\boldsymbol{p}_{ln}\boldsymbol{E}_{q'})e^{-i\omega_{q'}t}}{\omega_{ln}-\omega_{q'}-i\Gamma_{ln}}(\rho_{nn}^{(0)}-\rho_{ll}^{(0)}) + 3\text{项}\bigg]\bigg\} *$$

$$\left(\frac{1}{2}\sum_{q}\boldsymbol{E}_{q}e^{-i\omega_{q}t} + c.c.\right)$$

$$(13.32)$$

我们不会明确把所有的项都写出来,它们可以直接从代数中立即得到。同样,偶极算符的矩阵元具有相关的时间依赖性。它用下式表示:

$$p_{ml}p_{ln} \propto e^{i(\omega_{ml}+\omega_{ln})t} = e^{\frac{i}{\hbar}(E_{m}-E_{l}+E_{l}-E_{n})t} = e^{i\omega_{mn}t}$$

因此,对于密度矩阵,假定时间依赖性为:
$$\rho_{mn}^{(2)} \propto e^{i(\omega_{mn} \pm \omega_{q'} \pm \omega_q)t}$$

将其代入方程(13.32),我们发现密度矩阵与下式成正比:

$$\rho_{mn}^{(2)} \propto \frac{1}{\hbar^2} \sum_l \sum_{q'} \sum_q \left[\frac{(p_{ml}E_q)(p_{ln}E_{q'})(\rho_{nn}^{(0)} - \rho_{ll}^{(0)}) e^{-i(\omega_{q'}+\omega_q)t}}{(\omega_{mn} - \omega_q - \omega_{q'} - i\Gamma_{mn})(\omega_{ln} - \omega_{q'} - i\Gamma_{ln})} + 7\text{项} \right]$$
(13.33)

利用
$$\langle p^{(2)} \rangle = \sum_n \sum_m p_{nm} \rho_{mn}^{(2)}$$

我们发现了二阶极化(例如在和频处):

$$\langle p^{(2)}(\omega_q + \omega_{q'}) \rangle \propto \frac{1}{\hbar^2} \sum_n \sum_m \sum_l$$
$$\left[\frac{p_{nm}(p_{ml}E_q)(p_{ln}E_{q'})(\rho_{nn}^{(0)} - \rho_{ll}^{(0)}) e^{-i(\omega_{q'}+\omega_q)t}}{(\omega_{mn} - \omega_q - \omega_{q'} - i\Gamma_{mn})(\omega_{ln} - \omega_{q'} - i\Gamma_{ln})} + \cdots \right]$$
(13.34)

从方程(13.34)和方程(13.17)可以清楚地看出,二阶极化率的表达式具有如下数学结构:

$$\beta_{abc}^{(2)}(\omega = \omega_q + \omega_{q'})$$
$$\propto \frac{1}{\varepsilon_0 \hbar^2} \sum_n \sum_m \sum_l \left[\frac{p_{nm,a} p_{ml,b} p_{ln,c} (\rho_{nn}^{(0)} - \rho_{ll}^{(0)})}{(\omega_{mn} - \omega_q - \omega_{q'} - i\Gamma_{mn})(\omega_{ln} - \omega_{q'} - i\Gamma_{ln})} + \cdots \right]$$
(13.35)

式中:a、b 和 c 代表了相关的笛卡儿坐标。

方程(13.35)揭示了二阶超极化率表达式的一般结构。实际上,它与线性表达式的区别在于典型的附加前置因子:

$$\frac{p_{nm}}{\hbar(\omega_{mn} - \omega_q - \omega_{q'} - i\Gamma_{mn})}$$
(13.36)

稍后将在下一节中讨论这个表达式。现在让我们简短地看一下三阶极化率。

计算的原理也是一样的。必须从密度矩阵的三阶贡献计算开始,循环使用方程(13.26)得到:

$$\frac{\partial}{\partial t}\rho_{mn}^{(3)} + \frac{\rho_{mn}^{(3)}}{T_{2,mn}} = \frac{i}{\hbar} \left[\sum_{l \neq n}(p_{ml}\rho_{ln}^{(2)}) - \sum_{l \neq m}(\rho_{ml}^{(2)} p_{ln}) \right] E$$

在计算了密度矩阵的二阶贡献方程(13.33)后,可以完全类比地计算三阶密度矩阵的贡献。然后,以通常的方式计算三阶偶极矩。由此与方程(13.17)

相比,得到了三阶超极化率。

同样,我们将只介绍一般的数学结构。与前面的计算类似,在表达式的一般结构中出现了典型的前置因子方程(13.36)。所以最终获得:

$$\beta_{abc}^{(3)}(\omega = \omega_q + \omega_{q'} + \omega_{q''}) \propto \frac{1}{\varepsilon_0 \hbar^3} \sum_n \sum_m \sum_l \sum_k$$

$$\left[\frac{p_{nm,a} p_{ml,b} p_{lk,c} p_{kn,d}}{(\omega_{nm} - \omega_q - \omega_{q'} - \omega_{q''} - i\Gamma_{mn})(\omega_{ln} - \omega_{q'} - \omega_{q''} - i\Gamma_{ln})(\omega_{kn} - \omega_{q''} - i\Gamma_{kn})} + \cdots \right]$$
(13.37)

式中:a、b、c 和 d 代表相关的笛卡儿坐标。以同样的方式,可以计算高阶超极化率。

13.2.3 讨论

13.2.3.1 收敛

让我们从讨论非线性极化率的一般特性开始,考虑级数方程(13.17)的收敛性。根据方程(13.36),满足下列条件后实现快速收敛:

$$\left| \frac{|p_{nm} E_q|}{\hbar(\omega_{mn} - \sum_q \omega_q - i\Gamma_{mn})} \right| \ll 1 \quad (13.38)$$

当 $\omega_{mn} \gg \sum_q \omega_q$ 成立时,让我们确切地考虑一个非共振情形。在这种情况下,条件方程(13.38)导致:

$$\left| \frac{p_{nm} E_q}{\hbar} \right| \ll \omega_{mn} \quad (13.39)$$

在非共振情况下,条件方程(13.39)保证了非线性对介质极化的贡献很小,并且高阶非线性可以忽略。显然,这一项 $\left| \frac{p_{nm} E_q}{\hbar} \right|$ 必须具有频率的维度。实际上,它就是所谓的拉比(Rabi)频率 Ω($\Omega \equiv |p_{nm} E_q / \hbar|$),在相干光谱学中起着重要作用。

方程(13.39)相当于要求入射电场的强度比内部原子电场的强度小。在共振条件下,从方程(13.38)可以得出:

$$\left| \frac{p_{nm} E_q}{\hbar} \right| \ll \Gamma_{mn} \equiv T_{2,mn}^{-1} \quad (13.40)$$

当介质中的弛豫过程足够快,瞬间破坏由谐振电场引起的极化时,该方程将得到充分的满足。

13.2.3.2 选择规则

现在让我们来看看选择规则。根据第13.2.2节，不同阶的量子力学选择规则由以下要求决定：

$$\begin{cases} \beta_{ab}^{(1)} \neq 0 \Leftrightarrow p_{nm,a}p_{mn,b} \neq 0 \\ \beta_{abc}^{(2)} \neq 0 \Leftrightarrow p_{nm,a}p_{ml,b}p_{ln,c} \neq 0 \\ \beta_{abcd}^{(3)} \neq 0 \Leftrightarrow p_{nm,a}p_{ml,b}p_{lk,c}p_{kn,d} \neq 0 \end{cases} \quad (13.41)$$

等等。这看起来像是对常见偶极子相互作用选择规则的简单概括，例如方程(10.22)或方程(11.24)。特别是，方程(13.41)使我们得出结论，在具有空间反演对称性的量子系统中，在偶极近似下所有偶数阶光学极化率都是零。

事实上，让我们看看二阶极化率。假设 n 态是偶宇称，必须要求 m 为奇数，否则 p_{nm} 将为零。出于同样的原因，l 必须是偶宇称。但如果是这样，P_{ln} 将为零。这样就没有办法来安排量子态使乘积 $p_{nm}p_{ml}p_{ln}$ 不消失。这种论证适用于所有偶数阶极化率，但它不适用于奇数阶极化率。图13.2举例说明了线性极化(a)、SHG(b)、THG(c)和四次谐波产生(d)的特殊情况。在应用于宏观系统时，它导致了具有空间反演中心系统中的偶数阶极化率消失。

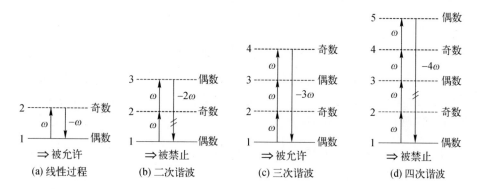

图13.2 奇偶选择规则对中心对称材料的非线性光学极化率的影响：禁止偶数阶过程(右侧，(b)和(d))，而原则上允许奇数阶过程(左侧，(a)和(c))

注释：永远不要把空间反演中心的存在和光学各向同性混淆。光学各向同性仅要求对角化的介电张量(6.5.1节)具有相同的对角元素，这不一定与空间反演系统(中心对称)的存在有关。因此，晶体铜(I)氯化物 CuCl 是光学各向同性的，但没有空间反演中心(它属于立方晶体，因此是光学各向同性的)。然而，铜和氯原子形成两个互穿的面心立方晶格,因此没有可以识别的空间反演中心)。另一方面,二氧化碳分子确实具有空间反演中心,但它的光学响应绝不是各向同性的。

13.2.3.3 共振行为

看一下方程(13.37),我们就会发现,在非线性光学中,会出现新型的共振。因此,当入射光的某个频率接近介质的跃迁频率时,三阶极化率表现出共振行为。这种类型的共振行为在线性光学中是众所周知的。但与线性光学不同的是,当多个入射频率的组合对应于一个跃迁频率时,会产生额外的共振,这些所谓的多光子共振,是非线性光学的另一个特征。

在共振条件下,三阶极化率(以及相应的极化率)具有明显的虚部。我们从13.1.3节知道,这可能导致吸收过程具有非线性吸收系数,主要取决于入射辐射的强度。因此,下面让我们以三阶极化率虚部引起的非线性吸收为例。

13.2.3.4 非线性吸收系数

在13.1.3节中,假设介质具有三阶光学非线性,由具有角频率 ω 的单色光激发。此外,假设在给定频率下线性极化率是纯实数。根据方程(13.30),在填充能级之间不应该发生单光子共振。在这种情况下,我们发现非线性吸收系数由方程(13.16)给出:

$$\alpha_{nl}(\omega) \approx \frac{3}{4} \frac{\omega}{cn} \mathrm{Im} \chi^{(3)}(\omega = \omega + \omega - \omega) |E_0|^2$$

根据方程(13.18),在给定情况下,只有当三阶超极化率具有非消失的虚部时,三阶非线性极化率的虚部才能不为零。它是由下式给出的(比较方程(13.37)):

$$\beta_{abcd}^{(3)}(\omega = \omega + \omega - \omega) \propto \frac{1}{\varepsilon_0 \hbar^2} \sum_n \sum_m \sum_l \sum_k$$

$$\left[\frac{p_{nm,a} p_{ml,b} p_{lk,c} p_{kn,d}}{(\omega_{mn} - \omega - \mathrm{i}\Gamma_{mn})(\omega_{ln} - 2\omega - \mathrm{i}\Gamma_{ln})(\omega_{kn} - \omega - \mathrm{i}\Gamma_{kn})} + \cdots \right] \quad (13.42)$$

由于单光子共振已被排除,因此产生共振的唯一可能性是:

$$2\omega \rightarrow \omega_{ln}$$

该条件描述了双光子共振,相应的吸收过程称为双光子吸收。在这个吸收过程中,两个光子的能量被瞬间用来补充能级 n 和 l 之间的能隙。在一个有点天真但简单的图像中,人们可以想象两个光子必须同时"到达",这样系统就可以利用它们的能量进行瞬间的吸收过程。在一定时间间隔内到达的光子越多,这个过程就越有可能发生。因此,双光子吸收系数取决于入射光的强度。

重新表达方程(13.42),可以写成下式:

$$\beta^{(3)}_{abcd}(\omega = \omega + \omega - \omega)$$

$$\propto \frac{1}{\varepsilon_0 \hbar^2} \sum_n \sum_l \left\{ \frac{\sum_m \frac{p_{nm,a} p_{ml,b}}{(\omega_{mn} - \omega - \mathrm{i}\Gamma_{nm})} \sum_k \frac{p_{lk,c} p_{kn,d}}{(\omega_{kn} - \omega - \mathrm{i}\Gamma_{kn})}}{(\omega_{ln} - 2\omega - \mathrm{i}\Gamma_{ln})} + \cdots \right\}$$

从这里我们看到,在能级 n 和 l 之间的双光子吸收过程的跃迁速率将不像在简单吸收的情况下那样由 p_{nl} 确定,而是由以下类型的多体过程确定:

$$\sum_k \left[\frac{p_{lk,c} p_{kn,d}}{\omega_{kn} - \omega - \mathrm{i}\Gamma_{kn}} \right] \quad (13.43)$$

相应地,选择规则是方程(13.42)不等于零。

顺便说一句,类似的表达式同样适用于拉曼散射的概率。

在简要讨论了双光子吸收作为多光子过程的一个突出例子后,我们得出两个主要结论,它们也适用于其他多光子过程。与单光子过程相比,多光子过程:

(1) 受其他选择规则的约束(在单光子过程不起作用的情况下可能有效)。

(2) 受其他共振条件的影响(不要求将入射频率调整到跃迁频率)。所以在选择光源上有更大的自由度,因此,它们在当今的光谱学中得到了广泛的应用。

13.3 本章的回顾

13.3.1 主要结果概述

到目前为止,本章已经讨论了非线性光学极化率的一些特性,这些特性对于描述不同介质中的非线性光学过程是必不可少的。由于这是一本关于薄膜光学的书,我们将不再深入研究非线性光学。然而,对非线性光学的一些基本理解,对于薄膜研究者来说也是必不可少的,因为在激光应用的情况下,非线性光学过程对于理解薄膜的性能是至关重要的。因此,本书已经包含了对非线性过程(如光学克尔效应和非线性吸收过程)的简单处理。

事实上,本书已经讨论了其他非线性光学过程。因此,对于光跃迁饱和度的简单讨论(10.7.1 节)使我们熟悉了另一个非线性光学过程:在高强度光作用下,共振激发可能改变参与量子态的集居数。然后,方程(13.24)的假设不再有效,必须考虑密度矩阵的对角元素的强度依赖性。这在两能级系统中比较容易计算,但超出了本书的范围。我们只注意到 10.7.1 节的一般结论仍然有效。对本章的教学概念感兴趣的读者,请参考德国教科书:O. Stenzel, Das Dünnschichtspektrum. Ein Zu. von den Grundlagen zur Speziliteratur, Aka. e - Verlage Berlin, 1996。

光学非线性的其他来源可能产生于由光吸收引起的样品加热,例如,由于较高能级的热填充而改变了密度矩阵的对角元素。

另一个涉及我们处理的一般思路,如 2.4 节所述。在那一节中提到,光学信号的计算包括两个主要部分:第一部分是计算相应的材料常数,而在第二部分中,必须利用之前计算的材料常数,在给定的几何结构中求解麦克斯韦方程。关于对非线性光学的处理,到目前为止可以做的唯一的一件事,就是给出一个计算材料常数的方程(非线性光学极化率)。考虑到非线性极化贡献的存在,波动方程(2.2)的解是什么?

当然,非线性光学过程的处理当然包括相应的波动方程的解。同样,在这里将不讨论该理论。我们只提到,例如,SHG 的有效频率转换不仅需要大的二阶极化率,还要注意电磁波在基频和倍频的相速度是相同的(相位匹配)。否则,将不会发生从入射波到 SHG 信号的有效能量转移。这些结果将从非线性波动方程相应的解中自然得到结论。感兴趣的读者可以参阅关于这方面的非线性光学文献。

考虑到上述情况,我们将本章的主要结果阐述如下:

(1) 我们已经熟悉了非线性物质方程中由二阶和三阶光学非线性引起的基本非线性光学过程。特别是,从物质方程的结构中,我们可以确定一些最重要的非线性光学效应,即 SHG、SFG、DFG、光学整流、普克尔斯效应、THG、光学克尔效应和非线性吸收。

(2) 基于刘维尔方程或密度矩阵的冯·诺依曼方程,我们发展了一种半经典微扰方法,用于计算偶极近似中的非线性光学极化率。在此基础上,我们可以确定两阶和更高阶的光子共振过程。此外,还推导出了一些非线性光学过程的重要选择规则。

13.3.2 问题

(1) 给出方程(13.18)的推导。

答案:在方程(3.20)中,必须考虑类似于第 3.2.2 节中的 $P = P^{\text{linear}} + P^{\text{nonlinear}}$,你会发现:

$$P^{\text{linear}} = (\varepsilon - 1)\varepsilon_0 \left(E + \frac{P^{\text{nonlinear}}}{3\varepsilon_0} \right)$$

这导致：

$$D = \varepsilon_0 E + P^{\text{linear}} + P^{\text{nonlinear}} = \varepsilon_0 \varepsilon E + \frac{\varepsilon+2}{3} P^{\text{nonlinear}}$$

$$\equiv \varepsilon_0 \varepsilon E + D^{\text{nonlinear}}$$

假设：

$D^{\text{nonlinear}} = \varepsilon_0 \chi^{(j)} E^j$ 和 $P^{\text{nonlinear}} = N\varepsilon_0 \beta^{(j)} E^j_{\text{micr}}$ 并 $E_{\text{micr}} = \frac{\varepsilon+2}{3} E$，我们获得方程(13.18)。

（2）确定第13.2.3.1节中定义的拉比频率具有正确的维度。

答案：是的，它有。

（3）假设一个类似里德堡的原子，给出方程(13.39)的物理解释。

答案：事实证明，波中的电场振幅应小于

$$\frac{1}{4\pi\varepsilon_0} \frac{e}{a_0^2}$$

式中：a_0 是玻尔半径；e 是基本电荷。对于推导，应该假设 $P_{nm} = ea_0$。这意味着，当波的场变得与原子中的电场强度相当时，非线性光学过程变得相关。

第 14 章 结 束 语

摘 要：简要回顾了所提出的物理概念和推导的数学方法的主要应用领域。在薄膜科学和技术的标准任务中讨论了逆向搜索过程。

现在，我们已经完成了关于光学薄膜和薄膜系统光学特性的基本研究。此时，有必要总结一下本书的主要论述，并强调它们与光学薄膜光谱学实际应用的关系。

首先，回顾一下本书的主题。本书为那些需要描述薄膜光谱的入门物理知识和数学方法的读者提供了一本教材。这本书绝对不是专注于薄膜设计，甚至不限于光学干涉薄膜。相反，它可以支持任何必须根据透过和/或反射光谱来判断薄膜或薄膜系统特性的人。

在这一点上，值得记住的是，科学家可能出于完全不同的原因而涉及薄膜光学。当然，在光学干涉薄膜领域有广泛的研究群体。但是，关于固体薄膜光学特性的知识在其他领域也很重要，无论是否将薄膜用于光学目的，薄膜光谱学都有助于判断任何薄膜的特性。它可以提供有关薄膜几何结构、化学计量比和结构等方面的重要信息，仅举了一些可能出现在光电子、半导体物理或物理化学领域的例子。因此，在本书中，对光学材料特性（第一部分、第三部分和第四部分）进行了广泛而详细的讨论。与那些专门研究干涉薄膜的书相比，本书对材料的吸收特性进行了广泛的讨论。这对于薄膜光谱学家是必须的，特别是在分析任务中，具有相当大的吸收光谱区比透明区更有趣。因此，当涉及如图 3.5 时，必须认识到，参与干涉薄膜设计的薄膜工程师和更具有分析能力的光谱学家都可以使用相同的材料，但他们会利用分离的光谱区。在干涉薄膜设计中，人们会尝试在所要求的光谱区应用具有尽可能低吸收损耗的材料。相反，在化学分析中，人们会特别关注吸收特征来判断样品的结构和化学计量比。

还有其他不同之处。在光学分析中，人们经常会限制在单层膜系统，而薄膜工程师必须考虑多层膜系统，这两个方面都在本书（第二部分）中得到了考虑。

光学干涉薄膜中有大量的薄膜界面，再加上低的体吸收损耗，这就导致了特殊的损耗机制,这在单层吸收薄膜系统的分析中通常可以忽略不计。在干涉薄膜理论中,界面吸收和界面散射损耗的机制可能是相关的。在本书中没有讨论这个问题,因为这是干涉薄膜领域中的一个非常特殊的问题。

最后值得注意的是,在分析薄膜光谱学以及光学薄膜设计中,都存在逆向搜索过程。在本书中,只描述了分析任务的几个方面(7.4.6节)。让我们简要说明光学薄膜设计和薄膜分析中逆向搜索的主要区别。

在分析任务(膜层表征)中,目标是从测量的光谱(在例子中为 $T(\nu)$ 和 $R(\nu)$)中确定样品的光学常数和膜层厚度。从这些光谱中,可以尝试用典型的最小化误差函数来计算光学常数,见方程(7.27)。如前所述,当应用于表征任务时,误差函数通常被称为差异函数。当在测量误差条内实现拟合时,最小化过程应该结束。由于已经使用真实存在的样品进行了测量,可以预期至少存在这种最小化问题的解(至少一对函数 $n(\nu)$ 和 $K(\nu)$),这就是实验光谱的拟合。事实上,人们经常会获得多个解。显然,这些解中只有一个对应于具体样品在物理上有意义的解,并且必须确定该唯一解。

在薄膜设计中,任务是设计符合特定技术指标的薄膜。这在数学上也是相同的最小化过程,唯一的区别是,所测量的光谱必须由所需的光谱指标代替(例如,滤光片特性),而测量误差由可接受的公差代替。这样定义的特定误差函数现在称为评价函数,尽管其数学结构看起来与方程(7.27)完全相同。

现在可以使用多种解:如果存在不同的解,那么它们对应于具有相同光谱响应的不同设计,并且可以选择最易于制造的设计。相反,也可能根本无法保证一定有解,这意味着基于可用的光学材料,可能无法在允许的公差范围内获得满足技术要求的薄膜设计。因此,开发具有定制的光学和非光学特性的新型光学材料是一项具有挑战性的任务。这一系列问题的某些方面就构成"O. Stenzel, Optical coatings. Material aspects in theory and practice, Springer, 2014"的内容。

根据前面的讨论,让我们总结一下教科书的内容,如表 14.1 所示。本书的主要内容是光干涉薄膜的实践和光学薄膜分析。这是一个简单的分类,并且肯定会出现不同于表中所述特征的情况(例如,金属干涉滤光片包含金属膜,这必然具有一些吸收)。主要的信息是,这本书为读者提供了适用于干涉薄膜物理和分析薄膜光谱学的基本理论体系。另一方面,它不涉及高度专业化的主题,如界面吸收的描述或晶体中光学过程的强量子力学处理。

表 14.1　本书的内容

	光学干涉薄膜	光学薄膜光谱分析任务	这　本　书
动机	设计符合技术要求的薄膜；质量控制	光学表征：获取有关几何结构，微结构，化学量，能带结构的信息等	解释了基础物理学并提供了基本数学方法推导的教材
逆向搜索工作的细节	多种解，但解的存在并不总能得到保证	解必须存在，但只有一个物理上有意义的解	没有设计技巧，逆向搜索的例子侧重于分析
典型光谱区	在薄膜材料本征吸收区之外	光谱吸收区	方程的推导，对于显著和可忽略吸收的光谱区有效
光学常数的典型模型	经典模型及推导(Cauchy,Sellmeier)	半经典或量子力学模型	经典与半经典描述
典型样品几何结构	表面或平板(基板)上的多层膜堆	表面、平板、表面或平板上的单层膜	表面、平板、表面或平板上的单层薄膜；表面或平板上的多层膜堆
界面或表面损耗	可能很重要	通常可以忽略不计	不考虑

O. Stenzel, Optical coatings. Material aspects in theory and practice, Springer, 2014

在将本书的内容与不同研究领域的要求相对比之后，最后回顾一下本书中描述的主要主题，并将它们与光学薄膜研究中必不可少的实际问题联系起来，如表14.2所示。我们将对此表进行评论。在本书的整个推导过程中，并不总是提到所讨论的主题与薄膜光谱学中的实际问题之间的具体关系。

表 14.2　本书所讨论主题的实际相关性

本书的主题	章　节	与薄膜实践的关系
德鲁特方程	3.1	自由电子对线性光学常数的贡献(例如金属薄膜、高掺杂半导体薄膜)
洛伦兹振子模型	3.2	束缚电子或晶格振动对单吸收线附近的线性光学常数的贡献
多振子模型	4.3	由束缚电子或晶格振动引起的复杂吸收结构；非均匀线展宽
塞默尔和柯西方程	4.4	透明区的折射率色散
混合物	4.5	薄膜污染作用(非本征吸收)；高空间频率的表面粗糙度；柱状薄膜结构,蒸发薄膜中的大孔隙；根据去极化因子对光学各向异性的简单处理；真空漂移和热漂移；离子辅助制备薄膜中的亚纳米孔隙；复合薄膜材料的性能,分析方法
Kramers-Kronig 关系	5	定量光谱学的求和规则

(续)

本书的主题	章　节	与薄膜实践的关系
菲涅耳方程	6	界面反射;斜入射时的偏振效应;在金属表面传播的表面等离激元
厚基板的 T 和 R	7.1,7.4.4	在任何入射角下可能具有吸收基板的光学特性
薄膜的 T 和 R	7.2~7.4	表面或基板上单层膜的正向和逆向搜索(薄膜表征)
折射率梯度的数学处理	8.1	梯度折射率层;褶皱滤光片
矩阵形式	8.2,9.1	多层膜
选择规则	10.4	光谱的解释
介电函数的半经典处理	11,12	本征热漂移;结晶薄膜中吸收边的形状;尺寸效应;无定形薄膜中吸收边的形状
非线性极化率	13	高激光强度下的非线性折射;高激光强度下的非线性吸收

然而,在阅读了本书之后,表 14.2 的第三列和第一列之间的关系应该很清楚。如果仍然不清楚,那么读者可以参考所推荐的文献进一步阅读相关章节的。参考文献必须理解为累积文献,它总是指:引用的参考文献和其中引用的参考文献。在做了这些最后的评论之后,我们结束了本书的最后一章。

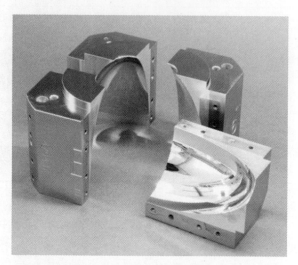

高端光学薄膜可能需要在强弯曲的表面上工作!

图的来源:Physikalisch-technische Grundlagenuntersuchungen und Testaufbau einer VUV-Multipass-Reflexionszelle(DIVE-IOF), Published Final Report to the BMBF-Project No:13N11375, Technische Informationsbibliothek (TIB) Hannover, Germany).

方程太多? —— 关于物理学家和数学的最后一句话

"……数学家回答说……物理学家们把数学当作罪犯用刑法来处理……"

Ya. G. Sinai, Mathematicians and physicists = Cats and dogs?, Bulletin(New Series) of the American Mathematical Society 43(4), 563-565(2006)

参 考 文 献

第 1 章

1. Harnessing Light, *Optical Science and Engineering for the 21th Century* (*COSE-Report*) (National Academy Press, Washington, 1998)
2. A. H. Guenther(ed.), *International Trends in Applied Optics* (SPIE-Press, Bellingham, 2002)
3. J. G. Webster(ed.), *Wiley Encyclopedia of Electrical and Electronics Engineering*, vol. 15(Wiley, New York, 1999), pp. 327-336

第 2 章到第 5 章 主要的文献

1. M. Born, E. Wolf, *Principles of Optics* (Pergamon Press, Oxford, 1968)
2. H. Robert, Good: *Classical Electromagnetism* (Saunders College Publishing, Fort Worth, 1999)
3. L. D. Landau, E. M. Lifschitz, *Lehrbuch der theoretischen Physik*, Band II: *Klassische Feldtheorie* (Akademie Verlag, Berlin, 1981) (engl.: Textbook of the Theoretical Physics, Volume II: Classical Field Theorie)
4. Д. В. Сивухин, Общий Курс Физики IV: Оптика; Москва Наука, Главная Редакция, Физико-Математической Литературы 1980 (engl.: D. V. Sivukhin, Physics IV: Optics(in russ.))
5. W. Chun Wa, *Mathematische Physik: Konzepte, Methoden, Übungen* (Spektrum Akademischer Verlag, Oxford, 1994) (engl.: Mathematical Physics: Concepts, Methods, Exercises)
6. М. Б. Виноградова, О. В. Руденко, А. П. Сухоруков, Теория Волн; Москва Наука, Главная Редакция, Физико-Математической Литературы (1979) (engl.: M. B. Vinogradova, O. V. Rudenko, A. P. Sukhorukov: Wave Theorie (in russ.); Moskau Nauka 1979)
7. H. -H. Perkampus, *Lexikon Spektroskopie* (VCH Verlagsgesellschaft Weinheim, New York, 1993) (engl.: Encyclopedia Spectroscopy)

8. Brockhaus ABC, *Physik*, Band 1 und 2 (VEB F. A. Brockhaus Verlag, Leipzig, 1989) (engl.: Brockhaus abc: Physics, Volume 1 and 2)
9. O. Stenzel, Das *Dünnschichtspektrum* (Akademie – Verlag, Berlin, 1996) (engl.: The Thin Film Spectrum)
10. R. P. Feynman, R. B. Leighton, M. Sands, *The Feynman Lectures of Physics*, vol. 2 (Addison–Wesley Publishing Company Inc., 1964)
11. R. A. Serway, R. J. Beichner, *Physics: For Scientists and Engineers with Modern Physics*, 5th edn. (Saunders College Publishing, Fort Worth, 2000)
12. D. Halliday, R. Resnick, J. Walker, *Fundamentals of Physics*, 6th edn. (Wiley, New York, 2001)
13. H. J. Hediger, *Infrarotspektroskopie* (Akademie Verlag Ges, Frankfurt/a. M, 1971) (engl.: Infrared Spectroscopy)
14. P. Klocek (ed.), *Handbook of Infrared Optical Materials* (Marcel Dekker, Inc., New York, 1991)
15. E. D. Palik (ed.), *Handbook of Optical Constants of Solids* (Academic Press, Orlando, 1998)
16. K. Kreher, *Festkörperphysik*, *Wissenschaftliche Taschenbücher Mathematik Physik*, Band 103 (Akademie – Verlag, 1973) (engl.: Solid State Physics, Academic Pocket Book, Volume 103)
17. K. Kreher, *Elektronen und Photonen in Halbleitern und Isolatoren*, *Wissenschaftliche Taschenbücher Mathematik Physik*, Band 291 (Akademie–Verlag, 1986) (engl.: Electrons and Photons in Semiconductors and Isolators, Academic Pocket Book, Volume 291)
18. S. H. Wemple, Refractive – index behavior of amorphous semiconductors and glasses. Phys. Rev. B 7, 3767–3777 (1973)
19. S. G. Lipson, H. S. Lipson, D. S. Tannhauser, *Optik* (Springer, Berlin, 1997)
20. P. A. Tipler, G. Mosca, *Physik* (Springer, Berlin, 2015)
21. M. Bartelsmann, B. Feuerbacher, T. Krüger, D. Lüst, A. Rebhan, A. Wipf, *Theoretische Physik* (Springer, Heidelberg, 2015)
22. R. Gross, A. Marx, *Festkörperphysik* (Walter de Gruyter GmbH Berlin/Boston, 2014)
23. O. Stenzel, Optical Coatings: *Material Aspects in Theory and Practice* (Springer, Berlin, 2014)

第 3 章 进一步阅读的文献

1. J. C. Phillips, Ionicity of the chemical bond in crystals. Rev. Mod. Phys. **42**, 317–356(1970)

2. K. D. Bonin, M. A. Kadar–Kallen, Linear electric–dipole polarizabilities. IJMPB 8, 3313–3370(1994)

3. P. Dub, The influence of a surface monolayer on the s–polarized optical properties of a dielectric: the classical microscopical model. Surf. Sci. **135**, 307–324(1983)

4. A. Bagchi, R. G. Barrera, R. Fuchs, Local–field effect in optical reflectance from adsorbed overlayers. Phys. Rev. **B 25**, 7086–7096(1982)

5. A. Wokaun, Surface–enhanced electromagnetic processes. Solid State Phys. 38, 223–294(1984)

6. Y. R. Shen, *The Principles of Nonlinear Optics* (Wiley, New York, 1984)

7. A. S. Davydov, *Quantenmechanik* (VEB Deutscher Verlag der Wissenschaft, Berlin, 1978) (engl.: Quantum Mechanics)

8. N. Bloembergen, *Nonlinear Optics* (Addison–Wesley Publishing Company, Inc. 1992)

第 4 章 进一步阅读的文献

1. Bergmann–Schäfer Lehrbuch der Experimentalphysik Bd. III: Optik; 9. Auflage (Walter de Gruyter, Berlin, 1993) (engl.: Textbook of Experimental Physics Volume III: Optics; 9th Edition)

2. А. Н. Матвеев, Оптика; Высшая Школа, Москва 1985 (engl: A. N. Matveev: Optics (in russ.))

3. A. B. Djurišić, E. H. Li, Modeling the index of refraction of insulating solids with a modified lorentz oscillator model. Appl. Opt. **37**, 5291–5297(1998)

4. A. Franke, A. Stendal, O. Stenzel, C. von Borczyskowski, Gaussian quadrature approach to the calculation of the optical constants in the vicinity of inhomogeneously broadened absorption lines. Pure Appl. Opt. 5, 845–853(1996)

5. M. E. Thomas, A computer code for modeling optical properties of window materials, in *SPIE 1112: Window and Dome Technologies and Materials* (1989), pp. 260–267

6. O. Stenzel, in *Optical Absorption of Heterogeneous Thin Solid Films*, ed. by B. Kramer. Advances in Solid State Physics, vol. 39 (Vieweg Braunschweig, Wies-

baden,1999),pp. 151-160

7. U. Kreibig, M. Vollmer, *Optical Properties of Metal Clusters*; Springer Series in Materials Science, vol. 25 (Springer, Heidelberg, 1995).

8. L. D. Landau, E. M. Lifschitz, *Lehrbuch der theoretischen Physik*, Band VIII: Elektrodynamik der Kontinua (Akademie-Verlag, Berlin, 1985) (engl.: Textbook of the Theoretical Physics, Volume VIII: Electrodynamics of continuous media)

9. V. M. Shalaev, *Optical Properties of Nanostructured Random Media* (Springer, Berlin, 2002)

10. D. E. Aspnes, J. B. Theeten, F. Hottier, Investigation of effective-medium models of microscopic surface roughness by spectroscopic ellipsometry. Phys. Rev. B **20**, 3292-3302 (1979)

11. W. Theiss, The Use of Effective Medium Theories in Optical Spectroscopy; Festkörperprobleme/Advances in Solid State Physics 33, Vieweg Braunschweig (1993)

12. W. A. Weimer, M. J. Dyer, Tunable surface plasmon resonance silver films. Appl. Phys. Lett. **79**, 3164-3166 (2001)

13. V. A. Markel, V. M. Shalaev, P. Zhang, W. Huynh, L. Tay, T. L. Haslett, M. Moskovits, Nearfield optical spectroscopy of individual surface-plasmon modes in colloid clusters. Phys. Rev. B **59**, 10903-10909 (1999)

14. S. J. Oldenburg, R. D. Averitt, S. L. Westcott, N. J. Halas, Nanoengineering of optical resonances. Chem. Phys. Lett. **288**, 243-247 (1998)

15. A. Wokaun, Surface-enhanced electromagnetic processes. Solid State Phys. **38**, 223-294 (1984)

16. T. Yamaguchi, S. Yoshida, A. Kinbara, Optical effect of the substrate on the anomalous absorption of aggregated silverfilms. Thin Solid Films **21**, 173-187 (1974)

17. J. R. Krenn, F. R. Aussenegg, Nanooptik mit metallischen Strukturen. Phys. J. **1** (3), 39-45 (2002) (engl.: Nano-Optics with Metallic Structures)

18. J. Bosbach, F. Stietz, F. Träger, Ultraschnelle Elektrodynamik in Nanoteilchen. Phys. Blätter **57**(3), 59-62 (2001) (engl.: Ultra Fast Electrodynamics in Nano-Particles)

19. F. Stietz, F. Träger, Monodispersive Metallcluster auf Oberflächen. Phys. Blätter **55**(9), 57-60 (1999) (engl.: Monodispersive Metal Clusters on Surfaces)

20. U. Kreibig, M. Gartz, A. Hilger, Mie resonances: sensors for physical and

chemical cluster interface properties. Ber. Bunsenges. Phys. Chem. **101**, 1593 – 1604(1997)

21. R. E. Hummel, P. Wißmann(eds.), *Handbook of Optical Properties – Volume II*: *Optics of Small Particles, Interfaces, and Surfaces*(CRC Press, New York, 1995)

22. O. Stenzel, S. Wilbrandt, A. Stendal, U. Beckers, K. Voigtsberger, C. von Borczyskowski, The incorporation of metal clusters into thin organic dye layers as a method for producing strongly absorbing composite layers: an oscillator model approach to resonant metal cluster absorption. J. Phys. D: Appl. Phys. 28, 2154 – 2162(1995)

23. O. Stenzel, A. Stendal, M. Röder, C. von Borczyskowski, Tuning of the plasmon absorption frequency of silver and indium nanoclusters via thin amorphous silicon films. Pure Appl. Opt. **6**, 577–588(1997)

24. B. Yang, B. L. Walden, R. Messier, W. B. White, Computer simulation of the cross-sectional morphology of thin films. SPIE 821: Modeling of Optical Thin Films, 68–76(1987)

25. E. E. Chain, D. M. Byrne, Microstructural information related to thin film optical measurements. Thin Solid Films **181**, 323–332(1989)

26. J. Ishikawa, Y. Takeiri, K. Ogawa, T. Takagi, Transparent carbon film prepared by massseparated negative – carbon – ion – beam deposition. J. Appl. Phys **61**, 2509 – 2515(1987)

27. E. C. Freeman, W. Paul, Optical constants of rf sputtered hydrogenated amorphous Si. Phys. Rev. B **20**, 716–728(1979)

28. M. H. Brodsky(ed.), *Amorphous Semiconductors*(Springer, New York, 1979)

29. R. Brendel, D. Bormann, An infrared dielectric function model for amorphous solids. J. Appl. Phys. **71**, 1–6(1992)

30. D. Bergman, Exactly solvable microscopic geometries and rigorous bounds for the complex dielectric constant of a two – component composite material. Phys. Rev. Lett. **45**, 148(1980)

第6章~第9章 主要的文献

1. M. Born, E. Wolf, *Principles of Optics*(Pergamon Press, Oxford, 1968)
2. S. G. Lipson, H. S. Lipson, D. S. Tannhauser, *Optik*(Springer, Berlin, 1997)
3. H. A. Macleod, *Thin-film Optical Filters*(Adam Hilger Ltd., Bristol, 1986)
4. H. Kuzmany, *Festkörperspektroskopie—Eine Einführung* (Springer, Berlin, 1989)

(engl. : Solid State Spectroscopy—Introduction)

5. R. Roland, Willey: *Practical Design and Production of Optical Thin Films* (Marcel Dekker Inc., New York, 2002)

6. N. Kaiser, H. K. Pulker (eds.), *Optical Interference Coatings* (Springer, Berlin, 2003)

7. I. J Hodgkinson, Q. H. Wu, *Birefringent Thin Films and Polarizing Elements* (World Scientific Singapore, New Jersey, 1997)

8. М. Б. Виноградова, О. В. Руденко, А. П. Сухоруков, Теория Волн, Москва Наука, Главная Редакция, Физико-Математической Литературы (1979) (engl. : M. B. Vinogradova, O. V. Rudenko, A. P. Sukhorukov: Wave Theorie (in russ.); Moskau Nauka 1979)

9. O. Stenzel, *Optical Coatings: Material Aspects in Theory and Practice* (Springer, Berlin, 2014)

10. B. T. Sullivan, J. A. Dobrowolski, Deposition error compensation for optical multilayer coatings: I. Theoretical description. Appl. Opt. **31**, 3821-3835 (1992)

11. B. T. Sullivan, J. A. Dobrowolski, Deposition error compensation for optical multilayer coatings. II. Experimental results—sputtering system. Appl. Opt. **32**, 2351-2360 (1993)

第6章 进一步阅读的文献

1. W. S. Letochow, *Laserspektroskopie*, *Wissenschaftliche Taschenbücher*, Band 165 (Akademie Verlag, Berlin, 1977) (engl. : Laser Spectroscopy, Academic Pocket Book, Volume 165)

2. H. Ehrenreich, H. R. Philipp, B. Segall, Optical properties of aluminum. Phys. Rev. **132**, 1918-1928 (1963)

3. H. Ehrenreich, H. R. Philipp, Optical Properties of Ag and Cu. Phys. Rev. **128**, 1622-1629 (1962)

4. B. R. Coopert, H. Ehrenreich, H. R. Philipp, Optical properties of noble metals. II. Phys. Rev. **138**, A494-A507 (1965)

5. H. Raether, *Surface plasmons on smooth and rough surfaces and on gratings: tracts in modern physics* 111 (Springer, Berlin, 1988)

6. R. M. A. Azzam, N. M. Bashara, *Ellipsometry and Polarized Light* (Elsevier, Amsterdam, 1987), pp. 269

7. M. F. Weber, C. A. Stover, L. R. Gilbert, T. J. Nevitt, A. J. Ouderkirk, Giant bire-

fringent optics in multilayer polymer mirrors. Science **287**,2451-2456(2000)
8. R. Strharsky,J. Wheatley,Polymer optical interference filters. Opt. Photonic News 34-40(2002)
9. R. M. A. Azzam,A. Alsamman,Quasi index matching for minimum reflectance at a dielectric - conductor interface for obliquely incident p - and s - polarized light. Appl. Opt. **47**,3211-3215(2008)

第7章 进一步阅读的文献

1. E. Nichelatti,Complex refractive index of a slab from reflectance and transmittance: analytical solution. J. Opt. A:Pure Appl. Opt. **4**,400-403(2002)
2. O. Stenzel,The spectral position of absorbance maxima in ultrathin organic solid films:dependence on film thickness. Phys. Stat. Sol. (a) **148**,K33(1995)
3. B. Harbecke,Coherent and incoherent reflection and transmission of multilayer structures. Appl. Phys. B **39**,165-170(1986)
4. J. H. Dobrowolski,F. C. Ho,A. Waldorf,Determination of optical constants of thin film coating materials based on inverse synthesis. Appl. Opt. **22**, 3191 - 3196 (1983)
5. O. Stenzel,R. Petrich,W. Scharff,V. Hopfe,A. V. Tikhonravov,A hybrid method for determination of optical thin film constants. Thin Solid Films **207**, 324 - 329 (1992)
6. O. Stenzel,R. Petrich,Flexible construction of error functions and their minimization:application to the calculation of optical constants of absorbing or scattering thin-film materials from spectrophotometric data. J. Phys. D:Appl. Phys. **28**,978-989(1995)
7. D. P. Arndt, R. M. A. Azzam, J. M. Bennett, J. P. Borgogno, C. K. Carniglia, W. E. Case, J. A. Dobrowolski, U. J. Gibson, T. T. Hart, F. C. Ho, V. A. Hodgkin, W. P. Klapp, H. A. Macleod, E. Pelletier, M. K. Purvis, D. M. Quinn, D. H. Strome, R. Swenson, P. A. Temple, T. F. Thonn,Multiple determination of the optical constants of thin-film coating materials. Appl. Opt. **23**, 3571 - 3596 (1984)
8. J. C. Manifacier,J. Gasiot,J. P. Fillard,A simple method for the determination of the optical constants n, k and the thickness of a weakly absorbing thin film. J. Phys. E:Sci. Instr. **9**,1002-1004(1976)
9. X. Ying,A. Feldman,E. N. Farabaugh,Fitting of transmission data for determining

the optical constants and thicknesses of optical films. J. Appl. Phys. **67**, 2056 – 2059(1990)
10. R. T. Phillips, A numerical method for determining the complex refractive index from reflectance and transmittance of supported thin films. J. Phys. D: Appl. Phys. **16**,489–497(1983)
11. E. Elizalde, J. M. Frigerio, J. Rivory, Determination of thickness and optical constants of thin films from photometric and ellipsometric measurements. Appl. Opt. **25**,4557–4561(1986)
12. J. P. Borgogno, B. Lazarides, E. Pelletier, Automatic determination of the optical constants of inhomogeneous thin films. Appl. Opt. **21**,4020–4028(1982)
13. P. Grosse, V. Offermann, analysis of reflectance data using kramers–kronig relations. Appl. Phys. A **52**,138–144(1991)
14. L. H. Robins, E. N. Farabaugh, A. Feldman, Determination of the optical constants of thin chemical-vapor-deposited diamond windows from 0.5 to 6.5 eV, *in Proceedings of SPIE 1534, Diamond Optics IV* (1991), pp. 105–116
15. R. W. Tustison, in *Protective, Infrared Transparent Coatings*, ed. by R. P. Shimshock. Infrared Thin Films, Proceedings of SPIE CR39, Bellingham, Washington (1991), pp. 231–240

第8章 进一步阅读的文献

1. A. Thelen, *Design of Optical Interference Coatings* (McGraw-Hill Book Company, 1989)
2. Sh. A. Furman, A. V. Tikhonravov, *Basics of Optics of Multilayer Systems* (Edition Frontieres, Paris, 1992)
3. D. Poitras, S. Larouche, L. Martinu, Design and plasma deposition of dispersion-corrected multiband rugatefilters. Appl. Opt. **41**,5249–5255(2002)
4. P. G. Verly, J. A. Dobrowolski, Iterative correction process for optical thin film synthesis with the Fourier transform method. Appl. Opt. **29**,3672–3684(1990)
5. H. W. Southwell, Using apodization functions to reduce sidelobes in rugate filters. Appl. Opt. **28**,5091–5094(1989)
6. W. H. Southwell, R. L. Hall, Rugate filter sidelobe suppression using quintic and rugated quintic matching layers. Appl. Opt. **28**,2949–2951(1989)
7. H. W. Southwell, Coating design using very thin high- and low-index layers. Appl. Opt. **24**,457–460(1985)

8. T. D. Rahmlow, Jr., J. E. Lazo-Wasem, Rugate and discrete hybrid filter designs, in *Proceedings of SPIE 3133*, *International Symposium on Optical Science, Engineering, and Instrumentation*, San Diego, 1997, pp. 58-64

9. A. V. Tikhonravov, Some theoretical aspects of thin-film optics and their applications. Appl. Opt. **32**, 5417-5426(1993)

10. B. Harbecke, Coherent and incoherent reflection and transmission of multilayer structures. Appl. Phys. B **39**, 165-170(1986)

11. J. A. Dobrowolski, S. H. C. Piotrowski, Refractive index as a variable in the numerical design of optical thin film systems. Appl. Opt. **21**, 1502-1511(1982)

12. J. A. Dobrowolski, D. G. Lowe, Optical thin film synthesis program based on the use of Fourier transforms(T). Appl. Opt. **17**, 3039-3050(1978)

13. J. P. Borgogno, P. Bousquet, F. Flory, B. Lazarides, E. Pelletier, P. Roche, Inhomogeneity in films: limitation of the accuracy of optical monitoring of thin films. Appl. Opt. **20**, 90-94(1981)

14. J. A. Dobrowolski, Completely automatic synthesis of optical thin film systems. Appl. Opt. **4**, 937-946(1965)

15. А. Г. Свешников, А. В. Тцхонравов, Математическое Моделирование - Математические Методы в Задачах Анализа и Синтеза Слоистых Сред, том 1 номер 7/1989; Москва Наука Главная Редакция Физико - Математической Литературы (1989) (engl.: A. G. Sveshnikov, A. V. Tikhonravov: Mathematical methods in analysis and synthesis tasks in thin film optics)

16. А. В. Тихонравов, Математика Кибернетика—Синтез Слоистых Сред, 1987/5; Издательство Знаниа Москва(1987)(engl.: A. V. Tikhonravov: MathematicalKybernetics—Synthesis of Thin Film Systems)

第9章 进一步阅读的文献

1. O. Stenzel, *in New Challenges in Optical Coating Design*, ed. by B. Kramer. Advance in Solid State Physics, vol. 43(Springer, New York, 2003), pp. 875-888

2. M. Nevière, E. Popov, *Light propagation in periodic media* (Marcel Dekker, Inc., New York, 2003)

3. E. Popov, L. Mashev, D. Maystre, Theoretical study of the anomalies of coated dielectric gratings. Optica Acta **33**, 607-619(1986)

4. S. S. Wang, R. Magnusson, Theory and applications of guided-mode resonance filters. Appl. Opt. **32**, 2606-2613(1993)

5. S. S. Wang, R. Magnusson, Multilayer waveguide – grating filters. Appl. Opt. **34**, 2414–2420(1995)
6. A. Sharon, S. Glasberg, D. Rosenblatt, A. A. Friesem, Metal–based resonant grating waveguide structures. J. Opt. Soc. Am. A **14**, 588–595(1997)
7. A. Sharon, D. Rosenblatt, A. A. Friesem, Resonant grating – waveguide structures for visible and near–infrared radiation. J. Opt. Soc. Am. A **14**, 2985–3993(1997)
8. F. Lemarchand, H. Giovannini, A. Sentenac, Interest of hybrid structures for thin film design: multilayered subwavelength microgratings, in *Proceedings of SPIE 3133, International Symposium on Optical Science, Engineering, and Instrumentation*, San Diego(1997), pp. 58–64
9. O. Stenzel, S. Wilbrandt, X. Chen, R. Schlegel, L. Coriand, A. Duparré, U. Zeitner, T. Benkenstein, C. Wächter, Observation of the waveguide resonance in a periodically patterned high refractive index broadband antireflection coating. Appl. Opt. **53**, 3147–3156(2014)
10. O. Stenzel, S. Wilbrandt, M. Schürmann, N. Kaiser, H. Ehlers, M. Mende, D. Ristau, S. Bruns, M. Vergöhl, M. Stolze, M. Held, H. Niederwald, T. Koch, W. Riggers, P. Burdack, G. Mark, R. Schäfer, S. Mewes, M. Bischoff, M. Arntzen, F. Eisenkrämer, M. Lappschies, S. Jakobs, S. Koch, B. Baumgarten, A. Tünnermann, Mixed oxide coatings for optics. Appl. Opt. **50**, C69–C74(2011)
11. G. Steinmeyer, A review of ultrafast optics and optoelectronics. J. Opt. A **5**, R1–R15(2003)
12. V. Pervak, I. Ahmad, M. K. Trubetskov, A. V. Tikhonravov, F. Krausz, Double – angle multilayer mirrors with smooth dispersion characteristics. Opt. Express **16**, 10220–10233(2008)

第 10 章~第 12 章　主要的参考文献

1. E. D. Palik(ed.), *Handbook of Optical Constants of Solids*(Academic Press, Orlando, 1998)
2. H. Paul, Eine Einführung in die Quantenoptik. Teubner Studienbücher: Physik (1995)(engl.: Introduction in Quantum Optics)
3. В. И. Гавриленко, А. М. Грехов, Д. В. Корбутяк, В. Г. Литовченко, Оптические Свойства: Полупроводников—Справочник, Киев Наукова Думка(1987) (engl.: V. I. Gavrilenko, A. M. Grechov, D. V. Korbutjak, V. G. Litovcenko: Optical Properties of Semiconductors – Reference Book(in russ.); Kiev Naukova

Dumka 1987)

4. L. D. Landau, E. M. Lifschitz, *Lehrbuch der theoretischen Physik*, *Band III*: *Quantenmechanik* (Akademie-Verlag, Berlin, 1979) (engl. :Textbook of the Theoretical Physics, Volume III:Quantum Mechanics)

5. H. Haken, H. C. Wolf, *Atom-und Quantenphysik*:*Einführung in die experimentellen und theoretischen Grundlagen* (Springer, New York, 1992) (engl. : Atomic and Quantum Physics:Introduction in Experimental and Theoretical Basics)

6. H. Haken, H. C. Wolf, Molekülphysik und Quantenchemie:Einführung in die experimentellen und theoretischen Grundlagen (Springer, New York, 1992) (engl. : Molecular Physics and Quantum Chemistry:Introduction in Experimental and Theoretical Basics)

第10章 进一步阅读的文献

1. C. Kittel, H. Krömer, *Physik der Wärme* (R. Oldenbourg Verlag, München Wien, 1989) (engl. :Thermal Physics)

2. W. Demtröder, Molekülphysik, 2nd edn. (Oldenburg Wissenschaftsverlag GmbH, 2013)

第11章 进一步阅读的文献

1. S. Davydov, *Quantenmechanik* (VEB Deutscher Verlag der Wissenschaft, Berlin, 1978) (engl. :Quantum Mechanics)

2. H. Schechtman, W. E. Spicer, Near infrared to vacuum ultraviolet absorption spectra and the optical constants of phthalocyanine and porphyrin films. J. Mol. Spectrosc. **33**, 28-48 (1970)

3. A. Stendal, U. Beckers, S. Wilbrandt, O. Stenzel, C. von Borczyskowski, The linear optical constants of thin phthalocyanine and fullerite films from the near infrared up to the UV spectral regions: Estimation of electronic oscillator strength values. J. Phys. B:At. Mol. Opt. Phys. **29**, 2589-2595 (1996)

第12章 进一步阅读的文献

1. C. F. Klingshirn, Semiconductor Optics (Springer, New York, 1997)

2. H. Kuzmany, *Festkörperspektroskopie—Eine Einführung* (Springer, New York, 1989) (engl. :Solid State Spectroscopy—Introduction)

3. Ch. Weißmantel, C. Hamann, *Grundlagen der Festkörperphysik* (VEB Deutscher

Verlag der Wissenschaften, Berlin, 1979) (engl.: Fundamentals of Solid State Physics)

4. C. Kittel, *Introduction to Solid State Physics* (Wiley, New York, 1971)
5. H. Ibach, H. Lüth, *Festkörperphysik: Einführung in die Grundlagen* (Springer, New York, 1990) (engl.: Solid State Physics: Introduction in the Basics)
6. V. L. Bonch-Bruevich, S. G. Kalashnikov, *Halbleiterphysik* (VEB Deutscher Verlag der Wissenschaften, Berlin, 1982) (engl: Semiconductor Physics)
7. С. Давыдов: Теория Твердого Тела; Москва Наука, Главная Редакция, Физико-Математической Литературы (1976) (engl.: A. S. Davydov: Theorie of Solid State (in russ.); Moskau Nauka 1976)
8. R. Zallen, Symmetry and reststrahlen in elemental crystals. Phys. Rev. **173**, 824–832 (1968)
9. C. A. Klein, T. M. Hartnett, C. J. Robinson, Critical-point phonon frequencies of diamond. Phys. Rev. B **45**, 12854–12863 (1992)
10. M. H. Brodsky (ed.), *Amorphous Semiconductors* (Springer, York, 1979)
11. R. Zallen, *The Physics of Amorphous Solids* (Wiley, New York, 1983)
12. N. F. Mott, E. A. Davis, *Electronic Processes in Non-Crystalline Materials* (Clarendon Press, Oxford, 1979)
13. J. Tauc, J. Non-Cryst. Solids **97 & 98**, 149–154 (1987)
14. E. C. Freeman, W. Paul, Optical constants of rf sputtered hydrogenated amorphous Si. Phys. Rev. B **20**, 716–728 (1979)
15. G. D. Cody, T. Tiedje, B. Abeles, B. Brooks, Y. Goldstein, Disorder and the optical absorption edge of hydrogenated amorphous silicon. Phys. Rev. Lett. **47**, 1480–1483 (1981)
16. T. Datta, J. A. Woollam, W. Notohamiprodjo, Optical-absorption edge and disorder effects in hydrogenated amorphous diamondlike carbon films. Phys. Rev. B **40**, 5956–5960 (1989)
17. O. Stenzel, R. Petrich, M. Vogel, The optical constants of the so-called "diamond-like" carbon layers and their description in terms of semiempirical dispersion models. Opt. Mater. **2**, 125–142 (1993)
18. P. Y. Yu, M. Cardona, *Fundamentals of Semiconductors. Physics and Material Properties*, 4th edn. (Springer, Berlin, 2010)

第 13 章

1. M. Schubert, B. Wilhelmi, Einführung in die nichtlineare Optik I und II; BSB

B. G. Teubner Verlagsgesellschaft Leipzig(1971)(engl. :Introduction in Non-Linear Optics I and II)

2. N. Bloembergen, *Nonlinear Optics* (Addison-Wesley Publishing Company, Inc., 1992)

3. Y. R. Shen, *The Principles of Nonlinear Optics* (Wiley, New York, 1984)

4. E. Poliakov, V. M. Shalaev, V. Shubin, V. A. Markel, Enhancement of nonlinear processes near rough nanometer-structured surfaces obtained by deposition of fractal colloidal silver aggregates on a plain substrate. Phys. Rev. B **60**, 10739-10742 (1999)

5. E. Y. Poliakov, V. A. Markel, V. M. Shalaev, R. Botet, Nonlinear optical phenomena on rough surfaces of metal thin films. Phys. Rev. B **57**, 14901-14913(1998)

译者简介

刘华松,男,博士,研究员,1980年生于辽宁省。任职于天津津航技术物理研究所(中国航天科工集团有限公司第三研究院第八三五八研究所),主要研究方向为固体薄膜与光学材料技术。国家"万人计划"青年拔尖人才支持计划、天津市有突出贡献专家、天津市131创新型人才培养工程第一层次人选、天津市创新人才推进计划"中青年科技领军人才"、天津市人才特殊支持计划高层次创新团队"高性能多层薄膜光学滤波器技术团队"负责人,天津市创新人才推进计划重点领域创新团队"多功能一体化光学薄膜器件技术团队"负责人。

姜玉刚,男,博士,研究员,1985年生于安徽省。任职于天津津航技术物理研究所(中国航天科工集团有限公司第三研究院第八三五八研究所),主要研究方向为激光光学薄膜技术。

冷健,男,博士,高级工程师,1983年生于山东省。任职于天津津航技术物理研究所(中国航天科工集团有限公司第三研究院第八三五八研究所),主要研究方向为红外光学薄膜技术。

内容简介

本书从薄膜光谱学者的视角来讨论薄膜光学特性,而不是从一般的固体或分子光谱学的角度来描述的。关于固体薄膜光学特性的知识在各应用领域也很重要,无论是否将薄膜用于光学目的,光谱都有助于判断任何薄膜的特性。它可以提供有关薄膜几何结构、化学计量比和结构等方面的重要信息。本书包含了固体薄膜光谱中的主要物理问题,总结了分散在光谱学、光学、非线性光学、电动力学、固体物理学和理论物理学等论文和教科书中的大量事实和结果,论述了薄膜光谱的基本特征和固体薄膜光学特性的主要机理。除了讨论各向同性的薄膜之外,还讨论了更复杂微结构的光学特性,例如衍射光栅薄膜、金属岛膜、梯度折射率薄膜、各向异性薄膜和双折射光学元件、多层膜系统和色散镜。

本书基础理论知识丰富,对于光学薄膜技术领域内的应用基础研究和工程技术研究具有重要的参考价值,适合光学薄膜技术领域工程技术人员、研究生和高年级本科生阅读和使用。

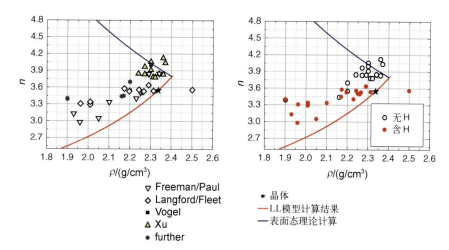

图 4.15 氢化和非氢化无定形硅薄膜得折射率和密度的文献数据综述
左图中不同的符号对应不同的来源；右图中红色的圆对应着
a-Si:H,黑色的圆对应着 a-Si。红线使用方程(3.25)计算,深蓝色线使用
方程(4.27)计算,在建模时未考虑报导的实验密度值(2.5g/cm^3)

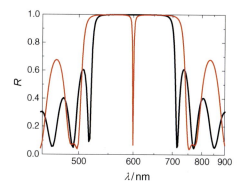

图 9.1 膜堆 1(黑色)和膜堆 2(红色)的计算反射光谱。
在这两种情况下,参考波长都是 600nm

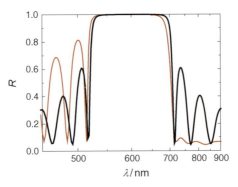

图 9.2 计算了膜堆 1(黑色)和膜堆 3(红色)的反射光谱。
在这两种情况下,参考波长为 600nm

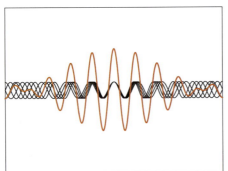 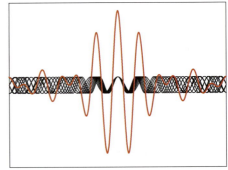

图 9.3 超短光脉冲是由等频率间距但不同模向量的谐波叠加而成。
左图中的脉冲由 5 个谐波组成。右图的脉冲由 9 次谐波组成。
右图中的脉冲具有更宽的频谱,并且在时域中显得更短

短距离传输后

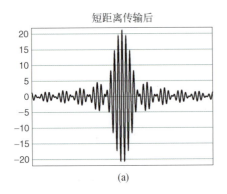 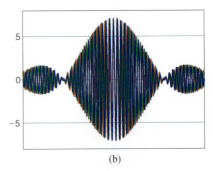

(a) (b)

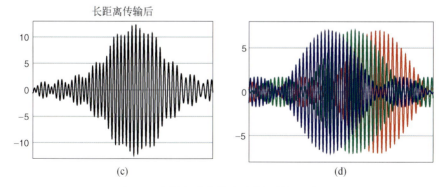

图 9.4 色散介质中脉冲展宽机制的示意图
(a) 产生的短脉冲;(b) 色散介质入口附近超短脉冲的蓝色,绿色和红色分量;
(c) 为产生的(更宽)脉冲;(d) 脉冲通过色散介质某种方式传播后的蓝色,绿色和红色分量。

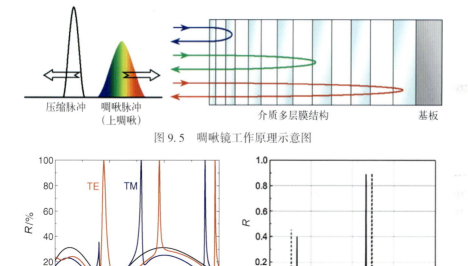

图 9.5 啁啾镜工作原理示意图

图 9.24 (a) 为计算的 GWS 正入射反射率:TM 电场垂直于凹槽方向,TE 电场平行于凹槽。波导膜的折射率 $n=2.3$,$n_{sub}=1.5$。黑色曲线 $t_{top}=t_{bottom}=0$,$d=325nm$;红色和深蓝色正弦曲线所对应的参数为:凹槽($\Lambda \approx 320nm$),$t_{top}=50nm$,$t_{bottom}=0$,$d=300nm$。使用 unigit 软件(www.unigit.com)进行计算。(b) 是 GWS 的理论 TE 反射率(对比: O. Stenzel,S. Wilbrandt,X. Chen,R. Schlegel,L. Coriand,A. Duparré,U. Zeitner, T. Benkenstein,C. Wächter,Observation of the waveguide resonance in a periodically patterned high refractive index broadband antireflection coating,Applied Optics 53,(2014),3147-3156);
实线是 17° 入射角的反射率曲线,虚线是 20° 入射角的反射率曲线

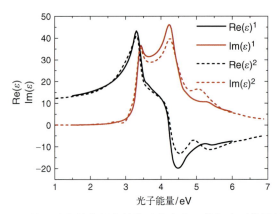

图 12.13　从两处文献获得的晶体硅的介电函数与光子能量的关系

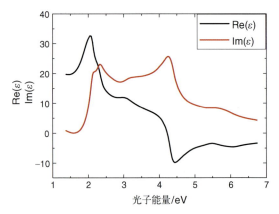

图 12.14　晶体锗的介电函数与光子能量关系,数据来自图 12.13 中的参考文献 2

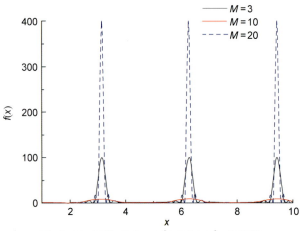

图 12.16　函数 $f(x) = \sin^2(Mx)/\sin^2 x$ 的线形